新世纪高等院校精品教材·数学类

复变函数与拉普拉斯变换

（第三版）

金忆丹　尹永成　编著

浙江大学出版社

图书在版编目（CIP）数据

复变函数与拉普拉斯变换 / 金忆丹，尹永成编著. —3
版. —杭州：浙江大学出版社，2008(2025.1重印)
ISBN 978-7-308-01471-7

Ⅰ.复… Ⅱ.①金…②尹… Ⅲ.①复变函数—高等学
校—教材②拉普拉斯变换—高等学校—教材 Ⅳ.
①O174.5②O177.6

中国版本图书馆 CIP 数据核字（2007）第 002984 号

复变函数与拉普拉斯变换

金忆丹　尹永成　编著

责任编辑	陈晓嘉　徐素君
出版发行	浙江大学出版社
	（杭州市天目山路 148 号　邮政编码 310007）
	（网址：http://www.zjupress.com）
排　　版	杭州青翊图文设计有限公司
印　　刷	杭州高腾印务有限公司
开　　本	850mm×1168mm　1/32
印　　张	8.75
字　　数	227 千
版 印 次	2003 年 6 月第 3 版　2025 年 1 月第 29 次印刷
书　　号	ISBN 978-7-308-01471-7
定　　价	25.00 元

第二版序言

复变函数是高等学校工科类学生必须具备的工程数学知识,也是高等微积分的重要后继课程之一.它的理论与方法被广泛地应用于自然科学的许多领域,如电子工程、控制工程、理论物理与流体力学、弹性力学、热力学等,是专业理论研究和实际应用方面不可缺少的有力的数学工具.

拉普拉斯变换作为复变函数在其他数学分支中的应用,同时也是工程技术中必不可少的重要数学内容.

本书是按照大学工科的工程数学教学大纲修订的,凡超过大纲的部分都打上了"＊"号(仅供需要的专业选用).

本书力求把复变函数的基本理论、概念和方法叙述并推理得清晰、透彻,例题的配备也力求使学生加深对概念和方法的理解,并得到运算上的训练.本书的特点是把一些较为抽象的复变函数理论、方法与工程技术中的应用结合起来进行介绍,使学生增强感性认识.例如关于保角映射在热传导问题上的应用等.书中增添了一些可供不同专业、不同程度的学生在保证基本要求的同时,根据需要选用的内容.如"调和函数平均值性质及泊松公式"、"解析函数在无穷远点的性态"、"积分路径(实轴)上有单极点的积分"、"保角映射的应用"等.本书的例题与习题也略有增加和调整.

本书前六章的章末都附有思考题,以帮助学生加深理解课文内容,克服概念与运算中常易发生的错误;每章还配有适量习题(书末附有习题答案或提示以供读者参考),书末附有四个附录,可供读者应用时查询.

本书由复旦大学任福尧教授主审,北京大学张顺燕教授、北京理工大学杨维奇教授、杭州大学姚璧芸教授、浙江大学郭竹瑞教授参加了评审,他们对本书提出了许多宝贵的意见,对于他们所给予的热情指教,作者在此表示衷心的感谢.

由于编者水平有限,错误与不妥之处在所难免,敬请读者批评指教.

编　者

1994 年 4 月于浙大求是园

第三版序言

本修订版是作者在对第二版经过多年的教学实践基础上修改而成的。由于本书第二版受到许多读者的欢迎，因此我们广泛吸收了使用过该书的专业师生的意见，在大的框架与内容不变的前提下，对本书第二版中的不足及谬误之处作了一些修正和补充。例如，对第四章中关于解析函数零点的唯一性定理，我们作了更为严格的叙述和证明；关于孤立奇点的等价性定理的证明，重新作了较为恰当的安排等等。同时，对于书中某些符号的书写形式也尽量规范化，例如，关于点集的描述，注意保持前后的一致性；图示中关于区域的表示力求更为清楚等等。

为答谢广大读者的厚爱，为更好的配合本课程的学习，作者将出版本修订版的配套参考书，内容包括复变函数各部分内容的要点的介绍与重要思考题解析、习题题解。

感谢孙业顺博士对本修改稿中的习题答案部分进行了认真核对与修正。本书承浙江大学出版社出版，且得到本书责任编辑陈晓嘉女士的支持和帮助，在此表示衷心的感谢。

对本书中的不足与错误之处，恳请读者批评指正。

编　者
2003 年 6 月

目　录

— 3 —

第一章　　预备知识

§1.1　复　　数

1.1.1　复数的定义

形如
$$z = x + iy \text{ 或 } z = x + yi$$
的数称为复数,其中 x 和 y 是任意实数,i 称为虚数单位($i^2 = -1$).实数 x 和 y 分别称为复数 z 的实部和虚部,记为
$$x = \text{Re}z, y = \text{Im}z.$$

实部为零且虚部不为零的复数,即 $x = 0, z = iy(y \neq 0)$,称为纯虚数.虚部为零的复数,即 $y = 0, z = x$,就是实数.可见,全体实数是全体复数的一部分.

复数 $z_1 = x_1 + iy_1$ 和 $z_2 = x_2 + iy_2$ 相等,当且仅当它们的实部和虚部分别相等.这样,一个复数 z 等于零,当且仅当它们的实部与虚部同时等于零.一般情况下,两个复数不能比较大小.

实部相同、虚部只差一个符号的两个复数互为共轭复数,即对于复数 $z = x + iy$,其共轭复数可表示为 $x - iy$,记为 $\bar{z} = x - iy$,显然 $\overline{(\bar{z})} = z$.

1.1.2　复平面与复数的模及辐角

复数 $z = x + \mathrm{i}y$ 由一个有序数对 (x, y) 唯一确定,它们之间可以建立起一一对应的关系.类似于用数轴上的点与实数建立的一一对应关系那样,我们可以借助横坐标为 x、纵坐标为 y 的二维直角坐标平面上的点 (x, y) 与复数 $z = x + \mathrm{i}y$ 建立起对应关系.今后,凡是说到点 $z(x, y)$,即与复数 $z = x + \mathrm{i}y$ 表示同一意义.

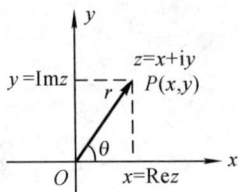

图 1-1　复数 $z = x + \mathrm{i}y$

由于 x 轴上的点对应着实数,所以称 x 轴为实轴;y 轴上的非原点的点对应着纯虚数,所以称 y 轴为虚轴.这样,我们把表示复数 z 的平面称为复平面或 z 平面或 $\mathbb{C}$ 平面,见图 1-1.

在复平面上,复数 $z = x + \mathrm{i}y$ 还可以用由原点引向点 z 的向量 Oz 来表示,这种表示方法能使复数的加(减)法如同向量的加(减)法一样,用几何图形来表示.向量 Oz 的长度称为复数 z 的模,记为 $|z|$ 或 r,因此有

$$|z| = r = \sqrt{x^2 + y^2} \geqslant 0 \qquad (1.1.1)$$

显然,$|\mathrm{Re}z| \leqslant |z| \leqslant |\mathrm{Re}z| + |\mathrm{Im}z|$,$|\mathrm{Im}z| \leqslant |z| \leqslant |\mathrm{Re}z| + |\mathrm{Im}z|$.

当 $z \neq 0$ 时,实轴正向与复数 z 所表示的向量 Oz 的夹角 θ 称为 z 的辐角,记为

$$\theta = \mathrm{Arg}\, z$$

显然有 $\tan\theta = \dfrac{y}{x}$.

任意非零复数 z 有无穷多个辐角,通常把满足条件

$$-\pi < \theta_0 \leqslant \pi \qquad (1.1.2)$$

的辐角 θ_0 称为 $\mathrm{Arg}\, z$ 的主值,记为 $\theta_0 = \arg z$,于是

$$\theta = \operatorname{Arg} z = \arg z + 2k\pi \quad (k = 0, \pm 1, \pm 2, \cdots) \qquad (1.1.3)$$

1.1.3　复数的其他表示法

利用关系

$$x = r\cos\theta, \ y = r\sin\theta$$

还可以将复数 $z = x + \mathrm{i}y$ 转化为下面的三角函数形式(简称三角形式)

$$z = r(\cos\theta + \mathrm{i}\sin\theta) \qquad (1.1.4)$$

利用欧拉(Euler)公式[参看 §2.5.1 中公式(2.5.2)]：$\mathrm{e}^{\mathrm{i}\theta} = \cos\theta + \mathrm{i}\sin\theta$，又可将复数 z 转化为指数形式

$$z = r\mathrm{e}^{\mathrm{i}\theta} \qquad (1.1.5)$$

复数的上述三种形式可以互相转换，以适应讨论不同问题及计算方面的需要. 把复数 $z = x + \mathrm{i}y$ 化为三角形式或指数形式,需计算复数 z 的模 $|z| = r$ 和辐角 $\theta = \operatorname{Arg} z$. 当 $\arg z(z \neq 0)$ 表示为辐角 $\operatorname{Arg} z$ 的主值时,它与反正切 $\operatorname{Arc\,tan} \dfrac{y}{x}$ 的主值 $\arctan \dfrac{y}{x}(-\dfrac{\pi}{2} <$ $\arctan \dfrac{y}{x} < \dfrac{\pi}{2})$ 之间有如下的关系：

$$\arg z \atop (z \neq 0) = \begin{cases} \arctan\dfrac{y}{x}, & \text{当 } x > 0(\text{I、IV 象限}) \\[2mm] \dfrac{\pi}{2}, & \text{当 } x = 0, y > 0 \\[2mm] \arctan\dfrac{y}{x} + \pi, & \text{当 } x < 0, y \geqslant 0(\text{II 象限与负实轴}) \\[2mm] \arctan\dfrac{y}{x} - \pi, & \text{当 } x < 0, y < 0(\text{III 象限}) \\[2mm] -\dfrac{\pi}{2} & \text{当 } x = 0, y < 0 \end{cases}$$

$$(1.1.6)$$

对于 $x < 0, y > 0$ 和 $x < 0, y < 0$ 的情况,见图 1-2 与图 1-3.

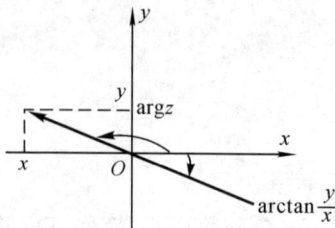

图 1-2　arg z(当 $x < 0, y > 0$ 时)　　图 1-3　arg z(当 $x < 0, y < 0$ 时)

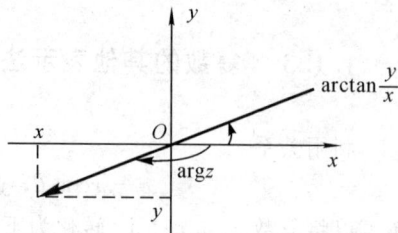

例 1　求 $\text{Arg}(-3 - 4i)$.

解　由(1.1.3)式可知

$$\text{Arg}(-3 - 4i) = \arg(-3 - 4i) + 2k\pi$$

$$(k = 0, \pm 1, \pm 2, \cdots).$$

再由(1.1.6)式知

$$\arg(-3 - 4i) = \arctan \frac{(-4)}{(-3)} - \pi = \arctan \frac{4}{3} - \pi.$$

所以有

$$\text{Arg}(-3 - 4i) = \arctan \frac{4}{3} + (2k - 1)\pi$$

$$(k = 0, \pm 1, \pm 2, \cdots).$$

例 2　计算 $z = e^{i\pi}$.

解　因为 $e^{i\pi} = \cos \pi + i \sin \pi = -1$,所以 $e^{i\pi} = -1$.

例 3　将 $z = -1 + i \sqrt{3}$ 化为三角形式和指数形式.

解　因为 $x = -1$　$y = \sqrt{3}$,所以

$$|z| = r = \sqrt{(-1)^2 + (\sqrt{3})^2} = 2,$$

由于

$$\arctan \frac{y}{x} = \arctan \frac{\sqrt{3}}{-1} = -\arctan \sqrt{3} = -\frac{\pi}{3}.$$

所以

$$\arg z = \arctan \frac{y}{x} + \pi = -\frac{\pi}{3} + \pi = \frac{2\pi}{3}.$$

从而有

$$z = -1 + i\sqrt{3} = 2(\cos\frac{2\pi}{3} + i\sin\frac{2\pi}{3}) = 2e^{\frac{2\pi}{3}i}.$$

§1.2 复数的运算

1.2.1 复数域

我们定义两个复数 $z_1 = x_1 + iy_1$ 与 $z_2 = x_2 + iy_2$ 的加法、减法及乘除法如下:

$$\begin{aligned}z_1 \pm z_2 &= (x_1 + iy_1) \pm (x_2 + iy_2) \\ &= (x_1 \pm x_2) + i(y_1 \pm y_2).\end{aligned} \tag{1.2.1}$$

$$\begin{aligned}z_1 \cdot z_2 &= (x_1 + iy_1)(x_2 + iy_2) \\ &= (x_1 x_2 - y_1 y_2) + i(x_1 y_2 + x_2 y_1).\end{aligned} \tag{1.2.2}$$

$$\begin{aligned}\frac{z_1}{z_2} &= \frac{x_1 + iy_1}{x_2 + iy_2} \\ &= \frac{(x_1 + iy_1)(x_2 - iy_2)}{(x_2 + iy_2)(x_2 - iy_2)} \\ &= \frac{x_1 x_2 + y_1 y_2}{x_2^2 + y_2^2} + i\frac{x_2 y_1 - x_1 y_2}{x_2^2 + y_2^2} \quad (z_2 \neq 0).\end{aligned} \tag{1.2.3}$$

容易验证,复数的加法与乘除法满足交换律、结合律及乘法对于加法的分配律. 减法是加法的逆运算,除法是乘法的逆运算,所以全体复数 在引进上述运算后就称为复数域. 在复数域内,我们熟知的一切代数恒等式仍然成立,例如

$$(a \pm b)^2 = a^2 \pm 2ab + b^2,$$

$$a^2 - b^2 = (a - b)(a + b)$$

等等.

例 4　找出复数 $\dfrac{z + 2}{z - 1}$ 的实部与虚部，其中 $z = x + \mathrm{i}y$.

解
$$
\frac{z + 2}{z - 1} = \frac{(x + \mathrm{i}y) + 2}{(x + \mathrm{i}y) - 1} = \frac{(x + 2) + \mathrm{i}y}{(x - 1) + \mathrm{i}y}
$$
$$
= \frac{[(x + 2) + \mathrm{i}y][(x - 1) - \mathrm{i}y]}{(x - 1)^2 + y^2}
$$
$$
= \frac{(x + 2)(x - 1) + y^2}{(x - 1)^2 + y^2} + \mathrm{i}\,\frac{-3y}{(x - 1)^2 + y^2}.
$$

从而有

$$
\mathrm{Re}\left(\frac{z + 2}{z - 1}\right) = \frac{x^2 + x - 2 + y^2}{(x - 1)^2 + y^2}.
$$

$$
\mathrm{Im}\left(\frac{z + 2}{z - 1}\right) = \frac{-3y}{(x - 1)^2 + y^2}.
$$

用向量表示复数时，复数加（减）法与向量加（减）法运算完全一样（如图 1-4 所示），由此我们可以推出如下关于复数的模的三角形不等式：

$$|z_1 + z_2| \leqslant |z_1| + |z_2|. \tag{1.2.4}$$

$$|z_1 - z_2| \geqslant ||z_1| - |z_2||. \tag{1.2.5}$$

显然，$|z_1 - z_2|$ 表示 z_1 与 z_2 两点间的距离，$\mathrm{Arg}(z_1 - z_2)$ 则表示实轴正向与点 z_2 引向 z_1 的向量之间的夹角.

一对共轭复数 z 与 $\bar{z}$ 在平面内的位置是关于实轴对称的（如图 1-5 所示），因而 $|z| = |\bar{z}|$. 如果 z 不在负实轴和原点上，还有

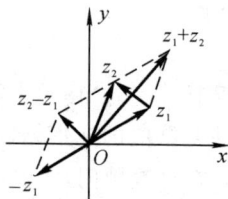

图 1-4　复数的向量加减

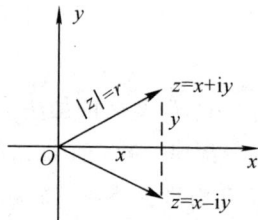

图 1-5　共轭复数

$\arg z = -\arg \bar{z}.$

1.2.2　复数的乘积与商的几何意义

我们可以利用复数的三角表示式与指数表示式来讨论复数的乘积与商,从而进一步了解复数相乘的几何意义.

设两个复数 $z_1 = r_1 \mathrm{e}^{\mathrm{i}\theta_1}, z_2 = r_2 \mathrm{e}^{\mathrm{i}\theta_2}$,则

$$z_1 z_2 = r_1 \mathrm{e}^{\mathrm{i}\theta_1} \cdot r_2 \mathrm{e}^{\mathrm{i}\theta_2} = r_1 r_2 \cdot \mathrm{e}^{\mathrm{i}\theta_1} \cdot \mathrm{e}^{\mathrm{i}\theta_2}.\text{①} \qquad (1.2.6)$$

由此得到

$$|z_1 z_2| = r_1 r_2 = |z_1||z_2|, \qquad (1.2.7)$$

$$\mathrm{Arg}(z_1 z_2) = \{\theta_1 + \theta_2 | \theta_1 \in \mathrm{Arg} z_1, \theta_2 \in \mathrm{Arg} z_2\}$$
$$= \mathrm{Arg}\, z_1 + \mathrm{Arg}\, z_2.\text{②} \qquad (1.2.8)$$

这说明,两个复数乘积的模等于它们模的乘积,乘积的辐角等于它们辐角之和.

换句话说,复数 z_1 乘以 z_2 后,其乘积的模为 $|z_1|$ 的一个 $|z_2|$ 倍的伸缩,其辐角是 z_1 的辐角 $\mathrm{Arg}\, z_1$ 按逆时针方向旋转 $\mathrm{Arg}\, z_2$ 角度,如图 1-6.

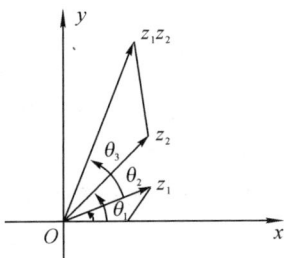

图 1-6　两个复数相乘

注意:(1)(1.2.8)式不能写成 $\arg(z_1 z_2) = \arg z_1 + \arg z_2$,这是因为该式一般是不成立的. 例如,复数 -1 与 i 的乘积 $-\mathrm{i}$,由于 $\arg(-1) = \pi, \arg(\mathrm{i}) = \dfrac{\pi}{2}$,而 $\arg(-\mathrm{i}) = -\dfrac{\pi}{2}$,显然 $\arg(-\mathrm{i}) \neq \arg(-1) + \arg(\mathrm{i})$,它们之间相差 2π 角,

---

① 利用复数的乘法及三角公式,易证 $\mathrm{e}^{\mathrm{i}\theta_1} \cdot \mathrm{e}^{\mathrm{i}\theta_2} = \mathrm{e}^{\mathrm{i}(\theta_1 + \theta_2)}$.

② 由于辐角的多值性,该等式应理解为对左边的任意一个值,右边必定有一个 $\mathrm{Arg}\, z_1 + \mathrm{Arg}\, z_1$ 的值相对应,反之亦然.

即
$$\arg(-i) + 2\pi = \arg(-1) + \arg(i).$$
见图 1-7.

(2)$n > 1$ 时，
$$\arg(z^n) \neq n\arg(z).$$

复数的除法是乘法的逆运算，若 $z_2 \neq 0$，则 z_1 可表示为
$$z_1 = \frac{z_1}{z_2} \cdot z_2.$$

于是，由(1.2.7)，(1.2.8)式就得到

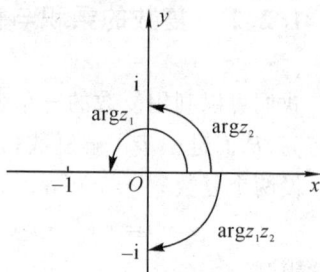

图 1-7　复数 -1 与 i 的乘积

$$|z_1| = \left|\frac{z_1}{z_2}\right||z_2|, \quad \text{Arg } z_1 = \text{Arg } \frac{z_1}{z_2} + \text{Arg } z_2,$$

即

$$\left|\frac{z_1}{z_2}\right| = \frac{|z_1|}{|z_2|}, \quad \text{Arg } \frac{z_1}{z_2} = \text{Arg } z_1 - \text{Arg } z_2. \quad (1.2.9)$$

由此可见，两个复数之商的模等于它们模的商，商的辐角等于被除数的辐角与除数辐角之差.

1.2.3　复数的乘幂与方根

设 $z = re^{i\theta}$，它的 n 次幂可利用公式(1.2.6)由归纳法得
$$z^n = [r(\cos\theta + i\sin\theta)]^n = r^n(\cos\theta + i\sin\theta)^n$$
$$= r^n(\cos n\theta + i\sin n\theta) = r^n e^{in\theta}. \quad (1.2.10)$$

从而有
$$|z^n| = |z|^n$$

式中 n 是正整数，取 $r = 1$ 即得棣莫佛(de Moivre)公式
$$(\cos\theta + i\sin\theta)^n = \cos n\theta + i\sin n\theta \quad (1.2.11)$$

复数的 n 次方根是复数 n 次乘幂的逆运算，下面我们介绍复数的

n 次方根的定义.

设 $z = r\mathrm{e}^{\mathrm{i}\theta}$ 是已知的复数,n 为正整数,则称满足方程

$$w^n = z$$

的所有 w 值为 z 的 n 次方根,并且记为

$$w = \sqrt[n]{z}.$$

事实上,设 $w = \rho\mathrm{e}^{\mathrm{i}\varphi}$,则根据复数 z 的 n 次方根的定义和(1.2.9)式得

$$w^n = \rho^n\mathrm{e}^{\mathrm{i}n\varphi} = r\mathrm{e}^{\mathrm{i}\theta},$$

记 $\theta_0 = \arg z$,从而有

$$\rho^n = r, \quad n\varphi = \theta_0 + 2k\pi \quad (k = 0, \pm 1, \pm 2, \cdots).$$

解之得

$$\rho = \sqrt[n]{r}, \quad \varphi = \frac{\theta_0 + 2k\pi}{n} \quad (k = 0, \pm 1, \pm 2, \cdots).$$

其中 $\sqrt[n]{r}$ 是算术根,所以

$$w_k = (\sqrt[n]{z})_k = \sqrt[n]{r}\,\mathrm{e}^{\mathrm{i}\frac{\theta_0 + 2k\pi}{n}} \quad (k = 0, 1, 2, \cdots, n - 1).$$

$$(1.2.12)$$

记 $\Delta = \dfrac{2\pi}{n}$,$w_0 = \sqrt[n]{r}\,\mathrm{e}^{\mathrm{i}\frac{\theta_0}{n}}$,则 w_k 又可写为

$$w_k = w_0\mathrm{e}^{\mathrm{i}k\Delta} \quad (k = 0, 1, 2, \cdots, n - 1). \qquad (1.2.13)$$

当 $k = 0, 1, 2, \cdots, n - 1$ 时,得到 n 个相异的根,且由(1.2.12)式易见,这 n 个根的模都等于 $\sqrt[n]{r}$,而辐角依次增加一个 $\Delta = \dfrac{2\pi}{n}$. 在复平面上,这 n 个根均匀分布在以原点为中心、$\sqrt[n]{r}$ 为半径的圆周上,它们是内接于该圆周的正 n 边形的 n 个顶点,见图 1-8.

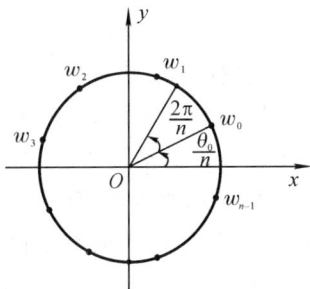

图 1-8

w_k 只取 k 从 0 到 $n-1$ 的 n 个值,这是因为当 k 为其他整数时,得到的值必是上述 n 个根值的重复出现.例如将 $k=n$ 代入,有

$$w_n = (\sqrt[n]{z})_n = \sqrt[n]{r}\, e^{i\frac{\theta_0 + 2n\pi}{n}} = \sqrt[n]{r}\, e^{i\frac{\theta_0}{n}} = w_0.$$

即 $k=n$ 与 $k=0$ 时,w_k 为同一方根值,因此 z 的 n 次方根有且仅有 n 个不同的值.

例 5 求 $z = 1 + i$ 的 4 次方根.

解 因为 $z = 1 + i = \sqrt{2}\, e^{i(\frac{\pi}{4} + 2k\pi)} \ (k = 0, \pm 1, \pm 2 \cdots)$,所以

$$w_k = (\sqrt[4]{z})_k = (\sqrt{2})^{1/4} \cdot e^{i\frac{\frac{\pi}{4} + 2k\pi}{4}} \ (k = 0, 1, 2, 3),$$

即

$$w_0 = \sqrt[8]{2}\, e^{\frac{\pi}{16}i}, \quad w_1 = \sqrt[8]{2}\, e^{\frac{9}{16}\pi i};$$

$$w_2 = \sqrt[8]{2}\, e^{\frac{17}{16}\pi i}, \quad w_3 = \sqrt[8]{2}\, e^{\frac{25}{16}\pi i}.$$

§ 1.3 复球面与无穷远点

我们利用球极平面射影法把球面射影到平面上去,以此建立球面 S 与复平面 $\mathbb{C}$ 上的点的对应,从而几何地说明引进无穷远点的合理性.

过复平面 $\mathbb{C}$ 的原点 O 作一个与平面相切的球面 S,过 O 点作一与 $\mathbb{C}$ 平面垂直的直线,交球面于点 N.我们称球面与平面的切点 O 为南极,N 点为北极,见图 1-9.

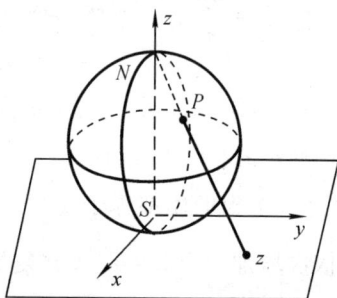

图 1-9 复球面

用直线将复平面 $\mathbb{C}$ 内的任意点 z 与北极点 N 相连接,此线段交球面 S 于一点 P;反之,球面 S 上的某一点 P_1 与 N 点相连的直线与

复平面 $\mathbb{C}$ 相交于某一点 z_1. 这样,球面 S 上异于 N 的点与复平面 $\mathbb{C}$ 上的点之间就建立起一一对应关系,那末,球面上北极点 N 对应复平面上的什么点呢?由图 1-9 可见,当点 z 无限地远离复平面的原点,即当 $|z|$ 越来越大时,球面上所对应的点 P 在三维空间中越来越接近点 N,反之亦然.由此,我们引进一个理想"点"与北极点 N 对应,称之为无穷远点,记为 ∞.加上了 ∞ 点的复平面 $\mathbb{C}$ 称为扩充复平面,记为 $\bar{\mathbb{C}} = \mathbb{C} \bigcup \{\infty\}$,那末,球面 S 与扩充复平面 $\bar{\mathbb{C}}$ 之间就建立起了一一对应关系,这样的球面 S 称为复球面,它是扩充复平面 $\bar{\mathbb{C}}$ 的几何模型.

注意:与一元函数微积分中数轴上附加的 $-\infty$ 与 $+\infty$ 所不同的是,扩充复平面 $\bar{\mathbb{C}}$ 上的 ∞ 点只有一点.

关于 ∞ 点的运算,需作如下的几个规定:

(1) $z \neq \infty$,则 $z \pm \infty = \infty \pm z = \infty$;

(2) $z \neq 0$,则 $z \cdot \infty = \infty \cdot z = \infty$;

(3) $z \neq \infty$,则 $\dfrac{\infty}{z} = \infty$,$\dfrac{z}{\infty} = 0$;

(4) $z \neq 0$,则 $\dfrac{z}{0} = \infty$;

(5) $|\infty| = +\infty$,∞ 的实部、虚部、辐角均无意义.

§1.4　复平面上的点集

下面我们所要研究的许多对象 —— 解析函数、保角映射函数等,其定义域和值域都是复平面上的某种点集,如直线、圆周、圆盘、半平面等等.因此,我们要先对平面上的点集作出定义.

1.4.1　平面点集的几个概念

（1）邻域　　把满足 $|z - z_0| < \delta (\delta > 0)$ 的点 $z \in \mathbb{C}$ 的全体,称

为 z_0 的 δ 邻域，记为

$$D(z_0,\delta) = \{z; |z - z_0| < \delta\}. \tag{1.4.1}$$

$D(z_0,\delta)\backslash\{z_0\} = \{z; 0 < |z - z_0| < \delta\}$ 称为 z_0 的去心邻域.

（2）内点、开集　　若点集 E 的点 z_0 有一邻域全含于 E 内，则称 z_0 为 E 的内点；若点集 E 的点皆为内点，则称 E 为开集.

（3）边界点、边界　　若在点 z_0 的任意领域内，既有属于点集 E 的点又有不属于点集 E 的点，则称 z_0 为 E 的边界点；点集 E 的边界点的全体为 E 的边界，记为 ∂E 或 $bd(E)$.

（4）区域　　若开集 E 内任何两点可以用包含在 E 内的一条折线连接起来，则称开集 E 为连通集. 连通的开集称为区域.

区域 D 和它的边界 C 之并集称为闭区域，记为 $\overline{D}$.

区域是开集，不包含它的边界.

无穷远点 ∞ 的邻域、扩充复平面 $\overline{\mathbb{C}}$ 的内点、区域、边界点等概念均可作出推广.

无穷远点 ∞ 的邻域是以原点为中心的某个圆的外部 $\{z; |z| > R\}$，无穷远点的去心邻域是满足 $R < |z| < +\infty$ 的点 z 的全体.

（5）有界区域　　如果存在正数 M，使对于一切 $z \in D$，有 $|z| \leqslant M$，则称 D 为有界区域，否则称 D 为无界区域.

（6）简单曲线、光滑曲线　　设 $x(t)$ 与 $y(t)$ 是实变量 t 的两个实函数，它们在闭区间 $[\alpha,\beta]$ 上连续，则由方程组

$$\begin{cases} x = x(t) \\ y = y(t) \end{cases} \quad \alpha \leqslant t \leqslant \beta \tag{1.4.2}$$

或由实自变量的复值函数

$$z = z(t) = x(t) + iy(t) \quad \alpha \leqslant t \leqslant \beta \tag{1.4.3}$$

所决定的点集 C，称为 z 平面上的一条有向曲线；(1.4.2) 或 (1.4.3) 式称为曲线 C 的参数方程. $A = z(\alpha)$ 与 $B = z(\beta)$ 分别称为曲线 C 的起点与终点，且当 $\alpha \leqslant t_1 \leqslant \beta, \alpha < t_2 \leqslant \beta, t_1 \neq t_2$ 时，有 $z(t_1) \neq z(t_2)$. 称 C 为简单有向曲线，或称简单曲线. 以 B 为起点、A 为终点逆此曲

线方向的曲线,称为 C 的反向曲线,记为 C^-[①]. $z(\alpha) = z(\beta)$ 的简单曲线(即 A 与 B 点重合)称为简单闭曲线(见图 1-10).简单闭曲线 C 把平面分成两个不相交的区域,它们以 C 为公共边界,其中一个是有界的,称为 C 的内部;一个是无界的,称为 C 的外部.

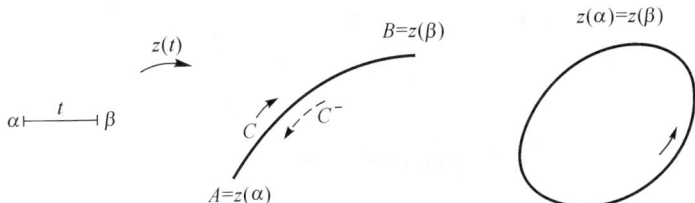

图 1-10　简单(闭)曲线

若曲线 C 在 $\alpha \leqslant t \leqslant \beta$ 上有 $x'(t)$ 与 $y'(t)$ 存在、连续且不全为零[②],则称 C 为光滑(闭)曲线[③].由有限条光滑曲线衔接而成的连续曲线,称为分段光滑曲线(见图 1-11).以后凡在本书中所述的曲线如无特别说明,均指简单的光滑(或分段光滑)曲线,不再一一强调.

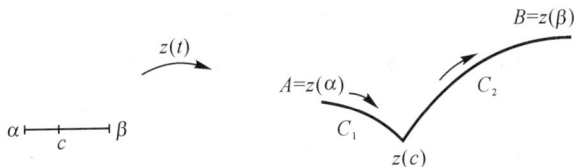

图 1-11　分段光滑曲线 $C = C_1 + C_2$

(7)单连通区域　设 D 为复平面上的区域,若在 D 内的任意简单闭曲线的内部仍属于 D,则称 D 为单连通区域,否则称多连通区域.所以,从直观上来看,单连通区域内部没有洞而多连通区域内部有洞(见图 1-12(1)(2)).

---

① 如果曲线 $C:z = z(t)$, $\alpha \leqslant t \leqslant \beta$,则 $C^-:\tilde{z} = \tilde{z}(t) = z(\alpha + \beta - t)$, $\alpha \leqslant t \leqslant \beta$.
② 记 $z'(t) = x'(t) + iy'(t)$,则 $z'(\alpha)$ 指右导数, $z'(\beta)$ 指左导数.
③ 对于光滑闭曲线,必有 $z'(\alpha) = z'(\beta)$.

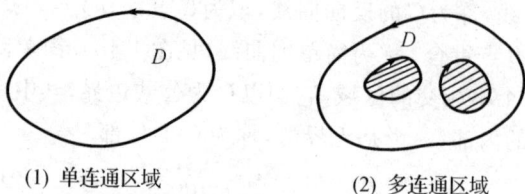

(1) 单连通区域　　　　　　　　(2) 多连通区域

图 1-12

1.4.2　平面图形的复数表示

由于平面图形上的点可用复数表示,因而一些简单的平面图形就可用复数或其模或辐角所满足的方程或不等式来表示;反之,对于某些复数(或其模或辐角)所适合的方程或不等式,可以找出它们所确定的平面图形.

例 6　z 平面上以原点为中心、R 为半径的圆周方程为
$$|z| = R.$$

z 平面上以 $z_0 \neq 0$ 为中心、R 为半径的圆周方程为
$$|z - z_0| = R.$$

z 平面上以原点为中心、焦点位置在 $\pm z_0$、长半轴为 a 的椭圆方程为
$$|z - z_0| + |z + z_0| = 2a.$$

这些平面曲线均为简单闭曲线.

事实上,由这些曲线轨迹的通常几何意义与复数模的几何意义,我们很容易得到上面的一系列曲线复方程表示式(见图 1-13(1)(2)(3)).

例 7　由向量的意义,我们不难得到:

(1) 连接 z_1 与 z_2 两点的线段的参数方程为(图 1-14)
$$z = z_1 + t(z_2 - z_1) \quad (0 \leqslant t \leqslant 1).$$

(2) 过两点 z_1 与 z_2 的直线 L 的参数方程为(图 1-15)

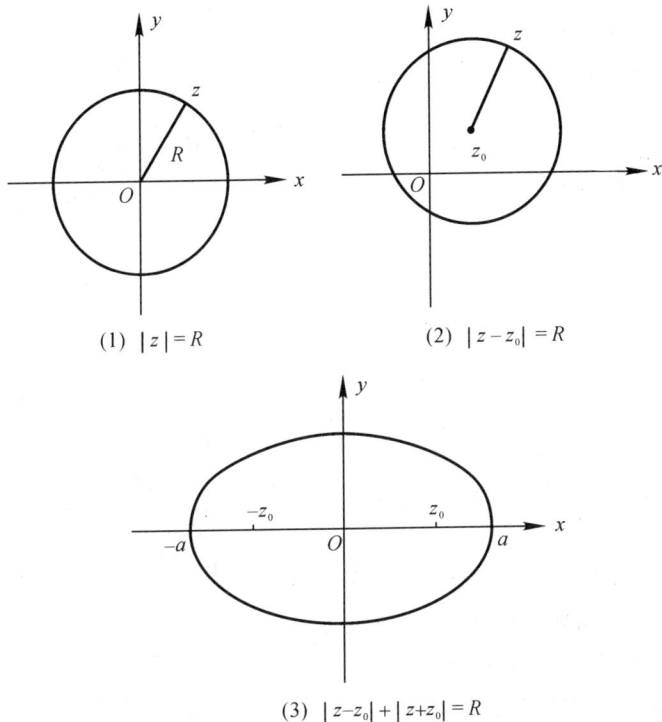

(1) $|z| = R$

(2) $|z - z_0| = R$

(3) $|z - z_0| + |z + z_0| = R$

图 1-13

$$z = z_1 + t(z_2 - z_1) \quad (-\infty < t < +\infty).$$

(3) z_1, z_2, z_3 三点共线的充分必要条件是

$$\frac{z_3 - z_1}{z_2 - z_1} = t \ (t \ 为一非零实数).$$

例 8 考察下列方程

(1) $\arg(z - i) = \dfrac{\pi}{4}$,

(2) $\operatorname{Re} z = 0$

在平面上所描绘的几何图形.

解 (1) 由于 $\arg(z - i)$ 表示实轴正方向与由点 i 到 z 的向量之

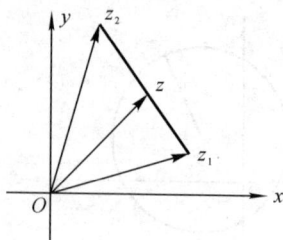

图 1-14   线段 $\overline{z_1 z_2}$

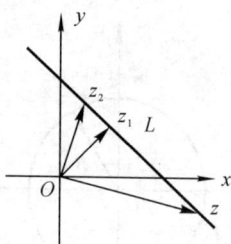

图 1-15   过 z_1 与 z_2 两点的直线 L

间夹角的主值,因此满足方程

$\arg(z - i) = \dfrac{\pi}{4}$ 的点的全体是自 i

点出发且与实轴正向夹角为 $\dfrac{\pi}{4}$ 的

一条半射线(图 1-16).(不包括 i

点)

(2) Re $z = 0$ 是表示 z 平面

上的虚轴.同理可知,Im $z = 0$ 表

示了 z 平面上的实轴.

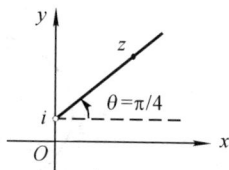

图 1-16   半射线 $\arg (z - i) = \dfrac{\pi}{4}$

例 9   考察下列不等式

(1) $|z - \alpha| < R, \alpha$ 为任意复

数;

(2) $\alpha < \arg z < \beta$

$\quad (-\pi < \alpha < \beta \leqslant \pi);$

(3) $0 < \mathrm{Im}\, z < 2\pi.$

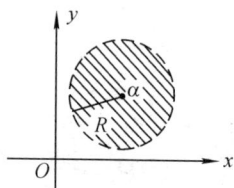

图 1-17   区域 $|z - \alpha| < R$

解   (1) 满足不等式

$|z - \alpha| < R$ 的点 z 的全体,是以复数 α 为中心、R 为半径的圆内部

(开圆盘),是一个有界区域(图 1-17).

(2) 满足不等式 $\alpha < \arg z < \beta$ 的点 z 的全体,是以原点 O 为顶

点、张角为 α 到 β 的角域,是一个无界区域,见图 1-18.

(3) 满足不等式 $0 < \mathrm{Im}\, z < 2\pi$ 的点 z 的全体,是 z 平面上界于

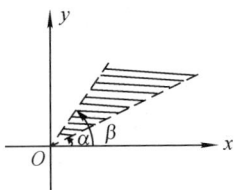

图 1-18　区域 $\alpha < \arg z < \beta$　　　　图 1-19　区域 $0 < \mathrm{Im}\, z < 2\pi$

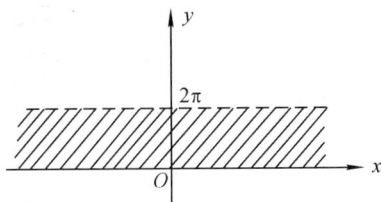

$y = 0$ 与 $y = 2\pi$ 之间的一条带域,是一个无界区域(见图 1-19).

由例 9 给出的区域均为单连通区域.

思考题一

1. 对于复数 z_1, z_2,下述关系式成立吗?

    (1) $\mathrm{Re}(z_1 + z_2) = \mathrm{Re}\, z_1 + \mathrm{Re}\, z_2$.

    (2) $\mathrm{Im}(z_1 + z_2) = \mathrm{Im}\, z_1 + \mathrm{Im}\, z_2$.

    (3) $|z_1 + z_2| = |z_1| + |z_2|$.

    (4) $\mathrm{Re}(z_1 z_2) = (\mathrm{Re}\, z_1)(\mathrm{Re}\, z_2)$.

    (5) $\mathrm{Re}(\mathrm{i}z) = -\mathrm{Im}\, z; \mathrm{Im}(\mathrm{i}z) = \mathrm{Re}\, z$.

2. 对于任意整数 k,$\mathrm{i}^{4k}, \mathrm{i}^{4k+1}, \mathrm{i}^{4k+2}$ 和 i^{4k+3} 的值各是多少?

3. 由指数形式表示的复数 $\mathrm{e}^{\frac{\pi}{2}\mathrm{i}}, \mathrm{e}^{\pi\mathrm{i}}, \mathrm{e}^{\frac{3}{2}\pi\mathrm{i}}, \mathrm{e}^{2\pi\mathrm{i}}$ 的值各是多少?

4. 验证共轭复数的下列性质:若 z_1, z_2 为两复数,则有

    $\overline{z_1 + z_2} = \overline{z_1} + \overline{z_2}$;　$\overline{z_1 z_2} = \overline{z_1} \cdot \overline{z_2}$;

    $\overline{\left(\dfrac{z_1}{z_2}\right)} = \dfrac{\overline{z_1}}{\overline{z_2}} (z_2 \neq 0)$;　$\overline{(\overline{z})} = z$;

    $z + \overline{z} = 2\mathrm{Re}\, z$;　$z - \overline{z} = 2\mathrm{i}\,\mathrm{Im}\, z$;

    $z = \overline{z}$ 当且仅当 z 是实数;

    $z\overline{z} = |z|^2$,因此当 $z \neq 0$ 时有 $z^{-1} = \dfrac{\overline{z}}{|z|^2}$,试描述 z^{-1} 的几何意义.

5. 试将复平面上的上半平面和第一象限用复数的点集表示.

6. 试将复平面上以 $z_0 = 8 + 5\mathrm{i}$ 为中心、半径为 3 的圆周曲线用复数的点集表示.

习题一

1. 用 $a + ib$ 的形式表示下列复数

    (1) $\dfrac{1+i}{1-i}$;   (2) $(1+i)^3$;

    (3) $\dfrac{1}{i} + \dfrac{3}{1+i}$;   (4) $(2+3i)(4+i)$.

2. 求出下列复数的实部与虚部(其中 $z = x + iy$)

    (1) $\dfrac{1}{z}$;   (2) $\dfrac{z+1}{3z+2}$;   (3) z^3.

3. 将下列复数表示为指数形式(或三角形式)

    (1) $-1 + \sqrt{3}\,i$;

    (2) i;

    (3) $(1 + \cos\theta) + i\sin\theta$ $(0 \leqslant \theta \leqslant \pi)$;

    (4) -1.

4. 设 $z_1 = \dfrac{1+i}{\sqrt{2}}, z_2 = \sqrt{3} - i$, 试用指数形式表示复数 $z_1 z_2$ 与 $\dfrac{z_1}{z_2}$.

5. 求下列各式的值

    (1) $\sqrt[3]{i}$;   (2) $(\sqrt{3} - i)^5$;   (3) $\sqrt{1+i}$.

6. 证明在闭单位圆盘 $D = \{z; |z| \leqslant 1\}$ 上, 函数 $z^2 + 1$ 的最大模为 2.

7. 利用棣莫夫(de Moivre)公式(1.2.11), 用 $\cos\theta$ 与 $\sin\theta$ 来表示 $\cos 3\theta$.

8. 如果 $a, b \in \mathbb{C}$, 证明 $|a-b|^2 + |a+b|^2 = 2(|a|^2 + |b|^2)$, 并说明其几何意义.

9. 设 $P(z) = a_0 + a_1 z + a_2 z^2 + \cdots + a_n z^n$ 为实系数多项式, 若复数 z_0 是方程 $P(z) = 0$ 的一个根, 则 $\overline{z_0}$ 也是方程的根.

10. 解下列方程

    (1) $z^4 + 1 = 0$;   (2) $(z+i)^5 = 1$.

11. 令 w 是 1 的 n 次方根的一个根 $(w \neq 1)$, 证明

$$1 + w + w^2 + \cdots + w^{n-1} = 0.$$

12. 如果复数 z_1, z_2, z_3 满足等式

$$\frac{z_2 - z_1}{z_3 - z_1} = \frac{z_1 - z_3}{z_2 - z_3},$$

求证

$$|z_2 - z_1| = |z_3 - z_1| = |z_2 - z_3|.$$

（即连接满足条件的三点，在复平面上构成一个等边三角形）

13. 或者 $|z| = 1$，或者 $|w| = 1$，证明

$$\left| \frac{z - w}{1 - \bar{z}w} \right| = 1 \qquad (\bar{z}w \neq 1).$$

14. 指出下列各式中点 z 所确定的平面图形，并作出草图.

(1) $\arg z = \pi$.　　　　　　(2) $|z - 1| = |z|$.

(3) $\left| \dfrac{z - 1}{z + 1} \right| < 1$.　　　　(4) $1 < |z + i| < 2$.

(5) $\operatorname{Im} z > 1$ 且 $|z| < 2$.　(6) $|z| > 2$ 且 $|z - 3| > 1$.

(7) $0 < \arg(z - 1) < \dfrac{\pi}{4}$ 且 $|z - 1| < 2$.

(8) $\operatorname{Re} z > \operatorname{Im} z$.

第二章 解析函数

§ 2.1 复变函数

用复变量取代实变量,仿照微积分学中讨论一元实变量函数的方法,就可以建立起复变函数的定义、极限、连续、导数等一系列概念,并得到相应的结果.

2.1.1 复变函数的概念

定义 2.1.1   设 D 是复变数 z 的一个集合,对于 D 中的每一个 z,按照一定的规律,有一个或多个复数 w 的值与之对应,则称 w 为定义在 D 上的复变函数,记作

$$w = f(z)   (z \in D).$$

式中 z 称为自变量,w 称为因变量或函数,自变量 z 的取值范围的集合 D 称为函数的定义集,由函数值 w 的全体所组成的集合 G 称为函数值集合. 若对于定义集 D 的每一个 z,有且仅有一个 $w \in G$ 与之对应,则称 $w = f(z)(z \in D)$ 为单值函数;否则称为多值函数[①].

在以后的讨论中,D 与 G 常常是指平面上的区域,分别称为定义域和值域. 复变函数建立了两个平面区域 D 与 G 间点的对应关系,亦称为映射,即函数 $w = f(z)$ 把 D 映射为 G,我们也称把 $z \in D$ 映射

---

① 今后有关函数极限、连续、导数、解析等的讨论,一般都只对单值函数而言.

为 $w = f(z)$.

定义 2.1.2 设 f 是区域 D 到区域 G 的单值函数.

(1) 如果对于任意 $z_1, z_2 \in D$ 且 $z_1 \neq z_2$, 有 $f(z_1) \neq f(z_2)$, 则称 f 是单射, 或称 f 是一对一的映射.

(2) 如果 $f(D) = G$, 则称 f 是满射, 或称 f 是从 D 到 G 上的映射.

(3) 如果 f 既是单射又是满射, 则称 f 是双射, 或 f 是一一对应的映射.

如果 f 是单射, 则对于每一个 $w \in f(D)$, 只有一个 $z \in D$ 使得 $f(z) = w$. 如果 f 是满射, 则对于每一个 $w \in G$, 至少存在一个 $z \in D$ 使得 $f(z) = w$. 如果 f 是双射, 则存在 f 的反函数(或称逆函数) $f^{-1} : G \to D$.

例如 $w = z^2$ 是区域 $A = \{z \,|\, \mathrm{Re}\, z > 0, \mathrm{Im}\, z > 0\}$ 到区域 $B = \{w \,|\, \mathrm{Im}\, w > 0\}$ 的一个双射(即一一对应的满射).

设 D 是单值函数 $w = f(z)$ 的定义域, 其中 $z = x + \mathrm{i}y, w$ 的复数形式是 $w = u + \mathrm{i}v$. 显然, u, v 随 x, y 在 D 内的变化而变化, 因而 u, v 都是 x, y 的二元函数, 即

$$w = f(z) = u + \mathrm{i}v = u(x, y) + \mathrm{i}v(x, y).$$

如果将 z 写成指数形式 $z = r\mathrm{e}^{\mathrm{i}\theta}$, 则函数 $w = f(z)$ 又可表示为

$$\begin{aligned} w &= u(r\cos\theta,\ r\sin\theta) + \mathrm{i}v(r\cos\theta,\ r\sin\theta) \\ &= P(r, \theta) + \mathrm{i}Q(r, \theta). \end{aligned}$$

例 1 在函数 $w = z^2$ 中, 令 $z = x + \mathrm{i}y, w = u + \mathrm{i}v$, 则有

$$u + \mathrm{i}v = (x + \mathrm{i}y)^2 = x^2 - y^2 + 2xy\mathrm{i},$$

所以有

$$u = u(x, y) = x^2 - y^2, \quad v = v(x, y) = 2xy.$$

若令 $z = r\mathrm{e}^{\mathrm{i}\theta}, w = \rho\mathrm{e}^{\mathrm{i}\varphi}$, 则有

$$\rho\mathrm{e}^{\mathrm{i}\varphi} = (r\mathrm{e}^{\mathrm{i}\theta})^2 = r^2\mathrm{e}^{2\theta\mathrm{i}} = r^2(\cos 2\theta + \mathrm{i}\sin 2\theta),$$

从而有

$$\rho = r^2, \varphi = 2\theta.$$

若令 $w = P(r, \theta) + \mathrm{i}Q(r, \theta)$, 则有

$$P(r,\theta) = r^2\cos 2\theta, \quad Q(r,\theta) = r^2\sin 2\theta.$$

在实分析中,我们常常把函数关系用几何图形表示出来,它们可以比较直观地帮助我们理解函数的性质,形象地阐明自变量与函数之间的对应规律.然而,对于复变函数,由于它反映了两对实变量 u,v 和 x,y 之间的对应关系,而它们是无法用三维空间中的几何图形来反映的,因此既为了避免这个困难,又要对一些简单的复变函数关系作出一些必要的几何说明.我们取两张复平面,分别称为 Z 平面和 W 平面(有时也把它们重叠在一起观察).如果复变函数 $w = f(z)$ 在几何上可以看成是将 Z 平面上的定义集 D 变到 W 平面上的函数值集合 G 的一个变换或映射,则它将 D 内的点 z 映射为 G 内的一点 $w = f(z)$,w 称为 z 的象,z 称为 w 的原象(见图 2-1).因此,今后凡提到函数、变换、映射,均是指同一意义.

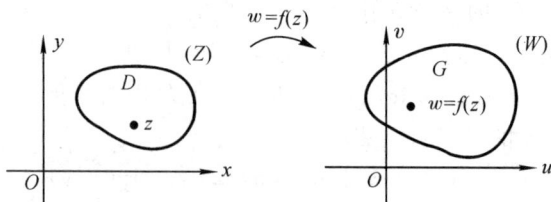

图 2-1 映射关系

例 2 设函数 $w = z^2$,问它把 z 平面上的

(1) 圆域 $\{z; |z| < r_0\}$.

(2) 射线 $\arg z = \theta = \alpha$,α 是满足 $-\dfrac{\pi}{2} < \alpha \leqslant \dfrac{\pi}{2}$ 的一个数.

(3) 双曲线 $x^2 - y^2 = a, 2xy = b$,a 和 b 为实数.

(4) 上半平面 $D = \{z = x + \mathrm{i}y; y > 0\}$ 或
$$D = \{z = r\mathrm{e}^{\mathrm{i}\theta}; 0 < \theta < \pi\}.$$

映射成 W 平面上的什么点集?

解 由例 1 知,若 $z = r\mathrm{e}^{\mathrm{i}\theta}$,$w = \rho\mathrm{e}^{\mathrm{i}\varphi}$,则有 $\rho = r^2$,$\varphi = 2\theta$,所以

(1) 对于 $|z| = r < r_0$,有 $\rho = |w| = |z^2| = r^2 < r_0^2$,即其象区域是 W 平面上半径为 r_0^2、中心在原点的圆内部区域 $\{w; |w| < r_0^2\}$,

见图 2-2(1).

（2）因为 $\varphi = 2\theta = 2\alpha(-\dfrac{\pi}{2} < \alpha \leqslant \dfrac{\pi}{2})$，所以 Z 平面上过原点 $z = 0$ 的射线 $\arg z = \alpha$ 的象曲线是 W 平面上过原点 $w = 0$ 的射线 $\arg w = 2\alpha$. 见图 2-2(1).

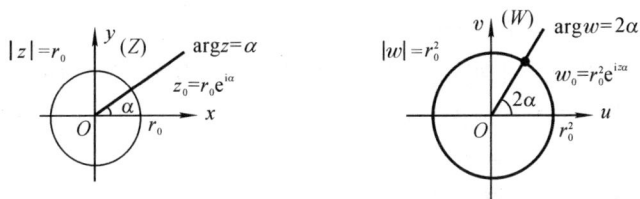

(1)

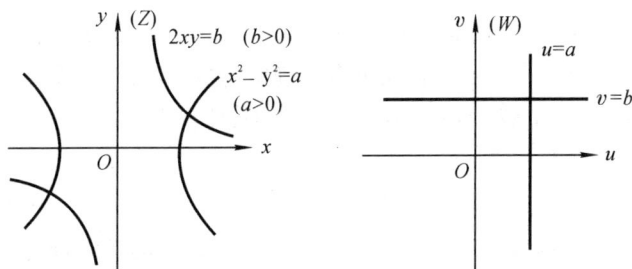

(2)

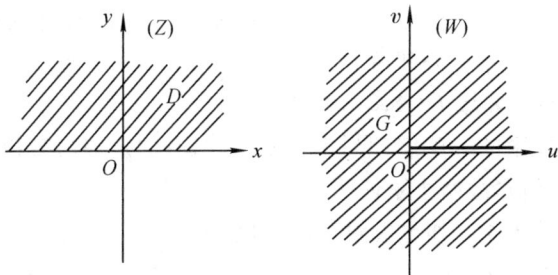

(3)

图 2-2 $w = z^2$ 映射

（3）令 $z = x + \mathrm{i}y, w = u + \mathrm{i}v$，由例 1 知

$$u = u(x, y) = x^2 - y^2, \quad v = v(x, y) = 2xy,$$

所以双曲线 $x^2 - y^2 = a$ 与 $2xy = b$ 的象曲线是 W 平面上的直线 $u = a$(平行于虚轴的直线,当 $a = 0$ 时为虚轴)与 $v = b$(平行于实轴的直线,当 $b = 0$ 时为实轴),见图 2-2(2).

(4)上半平面 $D = \{z = r\mathrm{e}^{\mathrm{i}\theta}; 0 < \theta < \pi\}$ 映射为区域

$$G = \{w = \rho\mathrm{e}^{\mathrm{i}\varphi}; 0 < \varphi = 2\theta < 2\pi\},$$

它是除去原点与正实轴的 W 平面(或称沿正实轴有一裂缝的 W 平面),G 也可写为 $G = \mathfrak{C} \backslash \{w = u + \mathrm{i}v; u \geqslant 0, v = 0\}$,见图 2-2(3).

2.1.2　极限与连续

定义 2.1.3　设函数 $w = f(z)$ 定义在 z_0 点的去心邻域 $D = \{z; 0 < |z - z_0| < \rho\}$ 内. 如果有一确定的数 A,对于任意预先给定的 $\varepsilon > 0$,存在正数 $\delta(\varepsilon) > 0 (0 < \delta \leqslant \rho)$,使得当 $0 < |z - z_0| < \delta$ 时,

$$|f(z) - A| < \varepsilon \tag{2.1.1}$$

成立,则称 A 函数 $w = f(z)$ 为当 z 趋向于 z_0 时的极限,记作

$$\lim_{z \to z_0} f(z) = A \tag{2.1.2}$$

(2.1.1)式与微积分中一元函数的定义一样,有直观意义. 当 z 落入 z_0 的充分小去心邻域 $D(z_0, \delta) \backslash \{z_0\}$ 内时,其象点 w 就落入 A 的预先给定的 ε 邻域 $D(A, \varepsilon)$ 内.

有关极限的一些定理列举如下. 因为有的定理与微积分中的有关定理相类似,故略去了证明.

定理 2.1.1　如果极限存在,则必唯一.

定理 2.1.2　极限 $\lim\limits_{z \to z_0} f(z) = A$ 存在的充分必要条件是 $f(z) - A = a(z)$,其中 $\lim\limits_{z \to z_0} a(z) = 0$.

定理 2.1.3　函数极限 $\lim\limits_{z \to z_0} f(z) = A$ 存在的充分必要条件是

$$\lim_{\substack{x \to x_0 \\ y \to y_0}} u(x,y) = u_0, \quad \lim_{\substack{x \to x_0 \\ y \to y_0}} v(x,y) = v_0$$

其中 $A = u_0 + \mathrm{i}v_0, z_0 = x_0 + \mathrm{i}y_0$.

定理 2.1.4 若 $\lim\limits_{z \to z_0} f(z) = A, \lim\limits_{z \to z_0} g(z) = B$, 则

(1) $\lim\limits_{z \to z_0}[f(z) \pm g(z)] = A + B = \lim\limits_{z \to z_0} f(z) \pm \lim\limits_{z \to z_0} g(z)$.

(2) $\lim\limits_{z \to z_0}[f(z)g(z)] = AB = \lim\limits_{z \to z_0} f(z) \cdot \lim\limits_{z \to z_0} g(z)$.

(3) $\lim\limits_{z \to z_0} \dfrac{f(z)}{g(z)} = \dfrac{A}{B} = \dfrac{\lim\limits_{z \to z_0} f(z)}{\lim\limits_{z \to z_0} g(z)} \qquad (B \neq 0)$.

(4) 如果 $\lim\limits_{w \to A} g(w) = C$, 则 $\lim\limits_{z \to z_0} g[f(z)] = C$.

注意:在微积分中,讨论极限 $\lim\limits_{x \to x_0} f(x)$ 是否存在,只需考虑在 x 轴上 x 沿着 x_0 的左右两个方向的极限存在而且相等;而复变函数 $f(z)$ 当 $z \to z_0$ 时极限 $\lim\limits_{z \to z_0} f(z)$ 的存在性,要求 z 在 z_0 的 δ 去心邻域中沿任何路径趋向于 z_0 时的极限存在而且相等. 这显然要复杂得多. 对于以下给出的关于复变函数的连续性、可导性的定义,其意义也是一样的.

定义 2.1.4 设函数 $w = f(z)$ 在区域 D 中有定义,$z_0 \in D$. 如果

$$\lim_{z \to z_0} f(z) = f(z_0) \tag{2.1.3}$$

则称函数 $f(z)$ 在点 z_0 是连续的.

如果函数在 D 内各点连续,则称 $f(z)$ 在 D 内连续.

设 $z = x + \mathrm{i}y, z_0 = x_0 + \mathrm{i}y_0$,那末

$$\Delta z = (x + \mathrm{i}y) - (x_0 + \mathrm{i}y_0) = (x - x_0) + \mathrm{i}(y - y_0)$$
$$= \Delta x + \mathrm{i}\Delta y.$$

设

$$w = f(z) = u(x,y) + \mathrm{i}v(x,y),$$
$$w_0 = f(z_0) = u(x_0,y_0) + \mathrm{i}v(x_0,y_0),$$

$$\Delta w = w - w_0 = \Delta u + i\Delta v,$$

而

$$\begin{aligned}
\Delta w &= w - w_0 \\
&= f(z) - f(z_0) \\
&= [u(x,y) + iv(x,y)] - [u(x_0,y_0) + iv(x_0,y_0)] \\
&= [u(x,y) - u(x_0,y_0)] + i[v(x,y) - v(x_0,y_0)],
\end{aligned}$$

所以有

$$\Delta u = u(x,y) - u(x_0,y_0), \Delta v = v(x,y) - v(x_0,y_0).$$

由定理 2.1.2 可知,(2.1.3) 式也可写为

$$\lim_{\Delta z \to 0} \Delta w = 0. \tag{2.1.4}$$

显然,由定理 2.1.3 与定理 2.1.4 立即可得下面两个定理.

定理 2.1.5　复变函数 $f(z)$ 在 z_0 点连续的充分必要条件是,二元函数 $u(x,y)$ 与 $v(x,y)$ 在点 (x_0,y_0) 处连续.

定理 2.1.6　两个连续函数的和、差、积都是连续的;当分母不为零时,商也是连续的.

例3　试证如果函数在一点处极限存在,则必在该点的某个去心邻域内有界;如果函数在一点处连续且不为零,则必在该点的某个邻域内恒不为零.

证明　(1) 设 $\lim\limits_{z \to z_0} f(z) = A$,则对于任意给定的 $\varepsilon > 0$,不妨取 $\varepsilon = 1$,存在 $\delta > 0$,只要 $0 < |z - z_0| < \delta$ 时就有

$$|f(z) - A| < 1$$

成立,又因为

$$|f(z)| - |A| \leqslant |f(z) - A| < 1,$$

所以有

$$|f(z)| < |A| + 1,$$

所以 $f(z)$ 在 z_0 的去心邻域 $D(z_0,\delta) \backslash \{z_0\}$ 中有界.

(2) 如果 $w = f(z)$ 在 z_0 点连续,由定理 2.1.5,$u(x,y),v(x,y)$ 在 (x_0,y_0) 连续,因而 $|f(z)| = \sqrt{u^2(x,y) + v^2(x,y)}$ 在 (x_0,y_0) 连

续. 因为当 $f(z_0) \neq 0$ 时,所以 $|f(z_0)| \neq 0$. 由二元函数的连续性知,在 (x_0, y_0) 的某个领域内, $\sqrt{u^2(x, y) + v^2(x, y)} > 0$,即在 z_0 的某个领域内, $|f(z)| > 0$,因而 $f(z) \neq 0$.

定理 2.1.7 当 $f(z)$ 在有界闭区域 $\overline{D}$ 上连续时[①],它的模 $|f(z)|$ 在 $\overline{D}$ 上也连续、有界且可以取到最大值与最小值,即存在常数 $M > 0$,使 $|f(z)| \leqslant M(z \in \overline{D})$,且在 $\overline{D}$ 上至少有两点 z_1, z_2,使

$$|f(z)| \leqslant |f(z_2)|, (z \in \overline{D}) \quad \text{与} \quad |f(z)| \geqslant |f(z_1)|, (z \in \overline{D})$$

成立.

如果我们把 $f(z)$ 写成

$$|f(z)| = \sqrt{u^2(x, y) + v^2(x, y)},$$

定理 2.1.7 就不难证明.

上述定理 2.1.7 中,如果把条件 $f(z)$ 在闭区域 $\overline{D}$ 上的连续改为在 D 内连续时,则 $|f(z)|$ 未必有界. 例如,函数 $f(z) = \dfrac{1}{z-1}$ 在单位圆 $|z| < 1$ 内连续,但 $|f(z)|$ 无界.

§2.2 解析函数

2.2.1 复变函数的导数

复变函数导数的定义,形式上和微积分中一元函数的导数定义一样,因此微分学中的求导基本公式和导数的和、差、积、商、复合函数的求导法则,几乎都可以推广到复变函数中来.

定义 2.2.1 设区域 D 是函数 $w = f(z)$ 的定义域, $z_0 \in D$,若

---

① 函数 $f(z)$ 在闭区域 $\overline{D}$ 上连续是指函数在区域 D 及其边界 ∂D 上均为连续;对于边界上的点 $z_0 \in D$ 的连续性是指当 z 在区域内沿不同路径趋于 z_0 及沿边界趋于 z_0 时的极限等于 $f(z_0)$.

对于 z_0 近旁的点 $z \in D(z \neq z_0)$,有

$$\frac{f(z) - f(z_0)}{z - z_0},$$

当 $z \rightarrow z_0$ 时的极限存在,那末我们称 $f(z)$ 在 z_0 点可导(或可微). 这个极限值称为 $f(z)$ 在 z_0 点的导数,它是一个复数,记作 $f'(z_0)$,或 $\dfrac{\mathrm{d}f(z)}{\mathrm{d}z}\bigg|_{z=z_0}$,或 $w'(z_0)$,或 $\dfrac{\mathrm{d}w}{\mathrm{d}z}\bigg|_{z=z_0}$. 把它写为

$$f'(z_0) = \lim_{z \to z_0} \frac{f(z) - f(z_0)}{z - z_0}. \tag{2.2.1}$$

若令 $\Delta z = z - z_0$,(2.2.1)式也可写为

$$f'(z_0) = \lim_{\Delta z \to 0} \frac{f(z_0 + \Delta z) - f(z_0)}{\Delta z}. \tag{2.2.2}$$

由定理 2.1.2,(2.2.2)式又可改写成下面的形式

$$f(z_0 + \Delta z) - f(z_0) = f'(z_0)\Delta z + \alpha(\Delta z)\Delta z, \tag{2.2.3}$$

其中 $\lim\limits_{\Delta z \to 0} \alpha(\Delta z) = 0$,由此有下面的定理.

定理 2.2.1　如果 $f'(z_0)$ 存在,则 $f(z)$ 在 z_0 点必连续.

但上述定理反之不真. 例如,$f(z) = |z|$ 在 $z = 0$ 处连续,但不可导,请读者自证之.

2.2.2　解析函数

定义 2.2.2　如果函数 $f(z)$ 在点 z_0 的某个领域内的每一点可导,则称 $f(z)$ 在 z_0 点解析(或称在 z_0 点正则). $f(z)$ 在区域 D 内每一点解析,就称 $f(z)$ 在 D 内解析. 显然,由于区域 D 是开集,所以 $f(z)$ 在区域 D 内解析与 $f(z)$ 在 D 内处处可导是等价的. 不解析的点,称为函数的奇点. 在整个复平面 $\mathfrak{C}$ 上解析的函数,称为整函数.

定理 2.2.2　如果 $f(z)$ 与 $g(z)$ 在区域 D 内解析,则

(1) $af(z) + bg(z)$ 在 D 内解析,且

$$[af(z) + bg(z)]' = af'(z) + bg'(z),$$

其中 a 和 b 为复常数.

(2) $f(z)g(z)$ 在 D 内解析,且

$$[f(z)g(z)]' = f'(z)g(z) + f(z)g'(z).$$

(3) 如果 $g(z) \neq 0 (z \in D)$,$\dfrac{f(z)}{g(z)}$ 在 D 内解析,且

$$\left[\frac{f(z)}{g(z)}\right]' = \frac{g(z)f'(z) - g'(z)f(z)}{g^2(z)}.$$

例 1 证明 $f(z) = z^n$ $(n \geqslant 1)$ 在复平面 $\mathbb{C}$ 上处处可导,且 $f'(z) = nz^{n-1}$.

解 $\dfrac{\Delta w}{\Delta z} = \dfrac{(z + \Delta z)^n - z^n}{\Delta z}$

$$= nz^{n-1} + \frac{n(n-1)}{2}z^{n-2}\Delta z + \cdots + \Delta z^{n-1},$$

所以

$$f'(z) = \lim_{\Delta z \to 0} \frac{\Delta w}{\Delta z} = nz^{n-1} \quad (z \in \mathbb{C}).$$

例 2 讨论函数 $f(z) = \bar{z}$ 的解析性.

解 对于 $z \in \mathbb{C}$,因为

$$\lim_{\Delta z \to 0} \frac{\Delta w}{\Delta z} = \lim_{\Delta z \to 0} \frac{\overline{z + \Delta z} - \bar{z}}{\Delta z} = \lim_{\Delta z \to 0} \frac{\overline{\Delta z}}{\Delta z},$$

令 $\Delta z \to 0$ 沿着 $\Delta y = k\Delta x$ 方向,其中 k 是实数,此时

$$\frac{\overline{\Delta z}}{\Delta z} = \frac{\Delta x - \mathrm{i}\Delta y}{\Delta x + \mathrm{i}\Delta y} = \frac{1 - \mathrm{i}\dfrac{\Delta y}{\Delta x}}{1 + \mathrm{i}\dfrac{\Delta y}{\Delta x}} = \frac{1 - \mathrm{i}k}{1 + \mathrm{i}k}.$$

由于 k 的任意性,所以它不趋向一个确定的值,即极限 $\lim\limits_{\Delta z \to 0} \dfrac{\Delta w}{\Delta z}$ 不存在,所以 $f(z) = \bar{z}$ 在 $\mathbb{C}$ 上处处不解析.

不难证明,任何复多项式 $a_0 + a_1 z + \cdots + a_n z^n$ 在复平面 $\mathbb{C}$ 上解析,且其导数为

$$a_1 + 2a_2 z + \cdots + na_n z^{n-1}.$$

任何有理函数 $\dfrac{a_0 + a_1 z + \cdots + a_n z^n}{b_0 + b_1 z + \cdots + b_m z^m}$ 在除去使分母为零的点（最多为 m 个）之外的复平面 $\mathbb{C}$ 上解析. 其中 $a_k(k = 0,1,2,\cdots,n)$，$b_l(l = 0,1,2,\cdots,m)$ 均为复常数.

定理 2.2.3 设 $\zeta = g(z)$ 在区域 D 内解析，$w = f(\zeta)$ 在区域 G 内解析，且 $g(D) \subseteq G$（即 ζ 的值域包含在 w 的定义域中），则 $w = f[g(z)]$ 确定了一个 D 上的解析函数，且

$$\frac{\mathrm{d}}{\mathrm{d}z}f[g(z)] = f'[g(z)]g'(z).$$

这是解析函数的复合函数求导链法则，证明从略.

例 3 函数 $f(z) = \dfrac{1}{(z - 2)(z - 3)}$ 在使分母为零的点 $z = 2$ 与 $z = 3$ 处没有定义，它们是 $f(z)$ 的奇点，所以 $f(z)$ 在 $\mathbb{C}\backslash\{2,3\}$ 上解析.

§2.3 解析函数的充分必要条件

虽然导数的定义与实变量一元函数相类似，但由复变函数的极限意义可知，极限式 (2.2.1) 中 $z \to z_0$（或 $\Delta z \to 0$）的方式是要求 z 沿着任意路径趋向于 z_0，而不只是某些特殊的方向. 因此，要用定义来讨 论一般函数在某点的导数存在或检验它的可导性，将是件十分困难的事. 下面，我们将提供一个检验 $f'(z)$ 存在性的有效方法. 它把验证函数 $w = f(z) = u(x,y) + \mathrm{i}v(x,y)$ 在点 (x_0,y_0) 处的可导性与它的实部 $u(x,y)$ 和虚部 $v(x,y)$ 在点 (x_0,y_0) 处的可微性联系了起来.

定理 2.3.1 设 D 是函数 $f(z) = u(x,y) + \mathrm{i}v(x,y)$ 的定义域，$z = x + \mathrm{i}y$ 是 D 的内点，则 $f(z)$ 在点 z 可导的充分必要条件是 $u(x,y)$ 和 $v(x,y)$ 在点 (x,y) 处可微，且满足柯西 - 黎曼 (Cauchy-Riemann) 方程（或简称 C-R 条件）

$$\begin{cases} \dfrac{\partial u}{\partial x} = \dfrac{\partial v}{\partial y} \\[2mm] \dfrac{\partial v}{\partial x} = -\dfrac{\partial u}{\partial y}. \end{cases} \qquad (2.3.1)$$

此时

$$f'(z) = \frac{\partial u}{\partial x} + \mathrm{i}\,\frac{\partial v}{\partial x} \ \text{或}\ f'(z) = \frac{\partial v}{\partial y} - \mathrm{i}\,\frac{\partial u}{\partial y}. \qquad (2.3.2)$$

证明　先证必要性：

设 $f(z) = u(x,y) + \mathrm{i}v(x,y)$ 在点 z 的导数为 $f'(z) = a + \mathrm{i}b$，由 (2.2.3) 式可得

$$\begin{aligned} f(z + \Delta z) - f(z) &= f'(z)\Delta z + \alpha(\Delta z)\cdot\Delta z \\ &= (a + \mathrm{i}b)(\Delta x + \mathrm{i}\Delta y) \\ &\quad + (\alpha_1 + \mathrm{i}\alpha_2)(\Delta x + \mathrm{i}\Delta y), \end{aligned}$$

其中 $\alpha_1 + \mathrm{i}\alpha_2 = \alpha(\Delta z), \lim\limits_{\Delta z \to 0}\alpha(\Delta z) = 0.$

于是，$f(z + \Delta z) - f(z)$ 的实部 Δu 和虚部 Δv 分别为

$$\begin{cases} \Delta u = a\Delta x - b\Delta y + \alpha_1\Delta x - \alpha_2\Delta y \\ \Delta v = b\Delta x + a\Delta y + \alpha_2\Delta x + \alpha_1\Delta y. \end{cases} \qquad (2.3.3)$$

因为由 $\lim\limits_{\Delta z \to 0}\alpha(\Delta z) = \lim\limits_{\Delta z \to 0}(\alpha_1 + \mathrm{i}\alpha_2) = 0$，所以有

$$\lim\limits_{\substack{\Delta x \to 0 \\ \Delta y \to 0}}\alpha_1 = 0, \qquad \lim\limits_{\substack{\Delta x \to 0 \\ \Delta y \to 0}}\alpha_2 = 0.$$

故由微积分中二元函数的微分定义知，$u(x,y)$ 和 $v(x,y)$ 在 (x,y) 可微且

$$\frac{\partial u}{\partial x} = a = \frac{\partial v}{\partial y}, \frac{\partial v}{\partial x} = b = -\frac{\partial u}{\partial y},$$

即满足 C-R 条件. 此时

$$f'(z) = a + \mathrm{i}b = \frac{\partial u}{\partial x} + \mathrm{i}\,\frac{\partial v}{\partial x}.$$

必要性证毕.

证明充分性：

由于二元函数 $u(x,y)$ 和 $v(x,y)$ 在 (x,y) 可微，所以有

$$\Delta u = \frac{\partial u}{\partial x}\Delta x + \frac{\partial u}{\partial y}\Delta y + \rho \varepsilon_1,$$

$$\Delta v = \frac{\partial v}{\partial x}\Delta x + \frac{\partial v}{\partial y}\Delta y + \rho \varepsilon_2.$$

其中 $\rho = \sqrt{\Delta x^2 + \Delta y^2} = |\Delta z|$,且当 $\rho \to 0$ 时,$\varepsilon_1 \to 0, \varepsilon_2 \to 0$,于是

$$\begin{aligned}
f(z + \Delta z) - f(z) &= \Delta u + i\Delta v \\
&= \frac{\partial u}{\partial x}\Delta x + \frac{\partial u}{\partial y}\Delta y + \rho \varepsilon_1 \\
&\quad + i\left[\frac{\partial v}{\partial x}\Delta x + \frac{\partial v}{\partial y}\Delta y + \rho \varepsilon_2\right] \\
&= \left(\frac{\partial u}{\partial x}\Delta x + \frac{\partial u}{\partial y}\Delta y\right) + i\left(\frac{\partial v}{\partial x}\Delta x + \frac{\partial v}{\partial y}\Delta y\right) \\
&\quad + \rho(\varepsilon_1 + i\varepsilon_2).
\end{aligned}$$

因为 $u(x,y)$ 和 $v(x,y)$ 满足 C-R 条件,所以

$$\begin{aligned}
f(z + \Delta z) - f(z) &= \left(\frac{\partial u}{\partial x}\Delta x + i^2\frac{\partial v}{\partial x}\Delta y\right) + i\left(\frac{\partial v}{\partial x}\Delta x + \frac{\partial u}{\partial x}\Delta y\right) \\
&\quad + \rho(\varepsilon_1 + i\varepsilon_2) \\
&= \left(\frac{\partial u}{\partial x} + i\frac{\partial v}{\partial x}\right)(\Delta x + i\Delta y) + \rho(\varepsilon_1 + i\varepsilon_2) \\
&= \left(\frac{\partial u}{\partial x} + i\frac{\partial v}{\partial x}\right)\Delta z + \frac{\rho(\varepsilon_1 + i\varepsilon_2)}{\Delta z} \cdot \Delta z.
\end{aligned}$$

因为 $\lim\limits_{\Delta z \to 0} \dfrac{\rho(\varepsilon_1 + i\varepsilon_2)}{\Delta z} = 0$,所以由(2.2.3)式知

$$\lim_{\Delta z \to 0}\frac{f(z + \Delta z) - f(z)}{\Delta z} = \frac{\partial u}{\partial x} + i\frac{\partial v}{\partial x},$$

即证明 $f'(z)$ 的存在,所以 $f(z)$ 在 z 点可导. 定理证毕.

由此可以推得,如果 u,v 在点 (x,y) 处的偏导数不存在或不满足 C-R 条件,则 $w = f(z) = u + iv$ 在 $z = x + iy$ 处必不可导.

运用该定理,我们就能很容易地讨论例 2 的解析性了. 对于 $f(z) = \bar{z} = x - iy$,有 $u(x,y) = x, v(x,y) = -y$;而 $\dfrac{\partial u}{\partial x} = 1$, $\dfrac{\partial v}{\partial y} = -1$,所以在 $\mathbb{C}$ 平面上的所有点处,u 和 v 均不满足 C-R 条件,由

此,函数 $f(z) = \bar{z}$ 在 $\mathbb{C}$ 上处处不解析.

定理 2.3.2 函数 $f(z) = u(x,y) + \mathrm{i}v(x,y)$ 在区域 D 内解析的充分必要条件是 $u(x,y)$ 和 $v(x,y)$ 在区域 D 内可微,且满足 C-R 条件.

例 4 讨论函数 $f(z) = \mathrm{e}^x(\cos y + \mathrm{i} \sin y)$ 的解析性.

解 因为 $f(z) = \mathrm{e}^x(\cos y + \mathrm{i} \sin y)$,所以

$$u(x,y) = \mathrm{e}^x \cos y, \quad v(x,y) = \mathrm{e}^x \sin y.$$

它们在 $\mathbb{C}$ 上处处具有一阶连续偏导数[①],且

$$\frac{\partial u}{\partial x} = \mathrm{e}^x \cos y = \frac{\partial v}{\partial y}, \quad \frac{\partial v}{\partial x} = \mathrm{e}^x \sin y = -\frac{\partial u}{\partial y}$$

满足 C-R 条件. 由定理 2.3.2 知该函数在 $\mathbb{C}$ 平面内处处解析,且有

$$f'(z) = \frac{\partial u}{\partial x} + \mathrm{i} \frac{\partial v}{\partial x} = \mathrm{e}^x \cos y + \mathrm{i} \, \mathrm{e}^x \sin y$$
$$= \mathrm{e}^x(\cos y + \mathrm{i} \sin y) = f(z).$$

例 5 讨论 $w = |z|^2$ 的解析性.

解 因为 $w = |z|^2 = x^2 + y^2$,所以

$$u(x,y) = x^2 + y^2, \quad v(x,y) \equiv 0.$$

由

$$\frac{\partial u}{\partial x} = 2x, \quad \frac{\partial u}{\partial y} = 2y, \quad \frac{\partial v}{\partial x} = \frac{\partial v}{\partial y} = 0.$$

易知,u,v 只在 $x = y = 0$ 时才满足 C-R 条件,因此 $w = |z|^2$ 仅在 $z = 0$ 点可导. 在 $z \neq 0$ 处,因为不满足 C-R 条件,所以处处不可导,该函数在 $\mathbb{C}$ 平面上处处不解析.

例 6 设 $f'(z)$ 在区域 D 内恒为零,则 $f(z)$ 在 D 内必恒为常数.

解 由于

$$f'(z) = \frac{\partial u}{\partial x} + \mathrm{i} \frac{\partial v}{\partial x} = \frac{\partial v}{\partial y} - \mathrm{i} \frac{\partial u}{\partial y} \equiv 0 \; (z \in D),$$

所以有

---

① 若 $u(x,y)$ 在 (x,y) 点处具有一阶连续偏导数,则在 (x,y) 必可微.

$$\frac{\partial u}{\partial x} = \frac{\partial u}{\partial y} = \frac{\partial v}{\partial x} = \frac{\partial v}{\partial y} \equiv 0 \quad (z \in D),$$

则必有

$$u(x,y) \equiv C_1, \quad v(x,y) \equiv C_2 \quad (C_1, C_2 \text{ 为实常数}),$$

所以

$$f(z) = u(x,y) + \mathrm{i}v(x,y) \equiv C_1 + \mathrm{i}C_2 = C.$$

§2.4 解析函数与调和函数的关系

在区域 D 内解析的函数 $f(z)$ 在该区域内存在着任意阶导数(在下一章 §3.4 节中我们将证明),因此如果函数 $f(z) = u + \mathrm{i}v$ 在区域 D 内解析,则它的实部 u 和虚部 v 在 D 内任意一点 (x,y) 处一定是任意阶可微的. 又由定理 2.3.1 知 u 和 v 满足 C-R 方程,若将 C-R 方程的第一式 $\dfrac{\partial u}{\partial x} = \dfrac{\partial v}{\partial y}$ 的两边对 x 求偏导数,第二式 $\dfrac{\partial v}{\partial x} = -\dfrac{\partial u}{\partial y}$ 的两边对 y 求偏导数,则得

$$\frac{\partial^2 u}{\partial x^2} = \frac{\partial^2 v}{\partial y \partial x}, \quad \frac{\partial^2 v}{\partial x \partial y} = -\frac{\partial^2 u}{\partial y^2}.$$

因为

$$\frac{\partial^2 v}{\partial y \partial x} = \frac{\partial^2 v}{\partial x \partial y},$$

从而有

$$\frac{\partial^2 u}{\partial x^2} + \frac{\partial^2 u}{\partial y^2} = 0.$$

同样可得

$$\frac{\partial^2 v}{\partial x^2} + \frac{\partial^2 v}{\partial y^2} = 0.$$

在实分析中,我们把在平面区域 D 中具有二阶连续偏导数且满足方程

$$\frac{\partial^2 U}{\partial x^2} + \frac{\partial^2 U}{\partial y^2} = 0 \tag{2.4.1}$$

的二元函数 $U(x,y)$ 称为 D 内的调和函数. (2.4.1)式称为拉普拉斯 (Laplace) 方程, 有时简记为

$$\triangle U = 0.$$

其中 $\triangle$ 为微分算子, $\triangle = \dfrac{\partial^2}{\partial x^2} + \dfrac{\partial^2}{\partial y^2}$.

由上述可知, 一个解析函数的实部 u 和虚部 v 都是 D 内的调和函数. 我们称 u 和 v 是一对共轭调和函数, 它们之间由 C-R 条件相联系.

对于区域 D 内的调和函数 u, 是否存在 D 内的解析函数以 u 为实部或虚部呢? 一般情况下, 结论是否定的. 如果 D 是单连通区域, 则结论是肯定的.

如果已知区域 D 内某个解析函数的实部 u (或虚部 v), 那么就可以利用 C-R 条件求出它的虚部 v (或实部 u), 从而得到 D 内的解析函数 $f(z) = u + iv$ 的表示式.

例 7　已知调和函数 $u = y^3 - 3x^2 y$, 求其共轭调和函数 v, 并求以 u 为实部且满足条件 $f(0) = 1$ 的解析函数 $f(z)$.

解　因为 $\dfrac{\partial u}{\partial x} = -6xy, \dfrac{\partial u}{\partial y} = 3y^2 - 3x^2$, 又

$$\frac{\partial v}{\partial y} = \frac{\partial u}{\partial x} = -6xy, \tag{1}$$

$$\frac{\partial v}{\partial x} = -\frac{\partial u}{\partial y} = 3x^2 - 3y^2. \tag{2}$$

将(1)式两边对 y 积分得

$$v(x,y) = \int (-6xy)\mathrm{d}y = -3xy^2 + \varphi(x).$$

为了确定 $\varphi(x)$, 将上式两边对 x 求偏导数, 并与(2)式比较得

$$\frac{\partial v}{\partial x} = -3y^2 + \varphi'(x) = 3x^2 - 3y^2,$$

于是有 $\varphi'(x) = 3x^2, \varphi(x) = \displaystyle\int 3x^2 \mathrm{d}x = x^3 + C$, 从而得

$$v(x,y) = -3xy^2 + x^3 + C, \tag{3}$$

其中 C 为实常数,这就是 u 的共轭调和函数. 由定理 2.3.2 知,解析函数为:

$$f(z) = y^3 - 3x^2y + i(x^3 - 3xy^2 + C)$$

可简化为

$$f(z) = iz^3 + iC,$$

再由已知条件 $f(0) = 1$ 可确定待定常数 C:

$$f(0) = iC = 1, \quad C = -i.$$

于是所求解析函数为

$$f(z) = iz^3 + 1.$$

§2.5　初等解析函数

这一节我们将对复变函数的初等函数作出定义,并且讨论它们的解析性. 这些函数将是微积分中通常的初等函数在复域中的推广. 我们将会看到: 经过推广了的复初等函数在自变量取实值时,其性质除与实一元函数的初等函数一致. 同时,复变函数还具备一些特有的性质.

2.5.1　指数函数

由本章例 4 可见,函数

$$f(z) = e^x(\cos y + i \sin y)$$

在 Z 平面上解析[①],且 $f'(z) = f(z)$. 当 z 为实数时(即 $y = 0$ 时), $f(z) = e^x$ 与通常实指数函数一致,因此,我们给出下面的定义.

定义 2.5.1　假设 $z = x + iy$,则 $e^x(\cos y + i \sin y)$ 定义了复

----

① 在全平面上解析的函数,亦称为整函数.

指数函数,记

$$\exp(z) = \mathrm{e}^x(\cos y + \mathrm{i}\sin y)^{①},$$

或简记

$$\mathrm{e}^z = \mathrm{e}^x(\cos y + \mathrm{i}\sin y). \tag{2.5.1}$$

显然,

$$\mathrm{Re}(\mathrm{e}^z) = \mathrm{e}^x\cos y, \quad \mathrm{Im}(\mathrm{e}^z) = \mathrm{e}^x\sin y;$$

$$|\mathrm{e}^z| = \mathrm{e}^x, \quad \mathrm{Arg}(\mathrm{e}^z) = y + 2k\pi \quad (k = 0, \pm 1, \cdots).$$

如果对于函数 $f(z)(z \in \mathbb{C})$,存在着复数 $T \in \mathbb{C}$,使 $f(z+T) = f(z)$ 对于所有 $z \in \mathbb{C}$ 成立,则称 $f(z)$ 为周期函数,T 称为 $f(z)$ 的周期. 显然,$nT(n$ 为整数,$n \neq 0)$ 也是 $f(z)$ 的周期.

下面的定理概括了指数函数 e^z 的一些重要性质.

定理 2.5.1 e^z 为指数函数,则

(1) $\mathrm{e}^{z+w} = \mathrm{e}^z \cdot \mathrm{e}^w$ 对所有 $z, w \in \mathbb{C}$ 成立,所以 $(\mathrm{e}^z)^n = \mathrm{e}^{nz}$.

(2) $\mathrm{e}^z \neq 0$. 如果 $z = x$ 为实数,当 $x > 0, \mathrm{e}^x > 1$;当 $x < 0, \mathrm{e}^x < 1$.

(3) e^z 是周期函数,其周期 $T = 2n\pi\mathrm{i}(n$ 为整数,$n \neq 0)$.

(4) $\mathrm{e}^{\frac{\pi}{2}\mathrm{i}} = \mathrm{i}, \mathrm{e}^{\pi\mathrm{i}} = -1, \mathrm{e}^{\frac{3\pi}{2}\mathrm{i}} = -\mathrm{i}, \mathrm{e}^{2\pi\mathrm{i}} = 1$.

(5) $\mathrm{e}^z = 1$ 的充分必要条件是 $z = 2n\pi\mathrm{i}(n$ 为整数$)$.

证明 我们只证明(1),其余的请读者自证之.

令 $z = x + \mathrm{i}y$ 和 $w = s + \mathrm{i}t$,于是由指数函数定义,有

$\mathrm{e}^{z+w} = \mathrm{e}^{(x+\mathrm{i}y)+(s+\mathrm{i}t)} = \mathrm{e}^{(x+s)+\mathrm{i}(y+t)}$

$\qquad = \mathrm{e}^{x+s}[\cos(y+t) + \mathrm{i}\sin(y+t)]$

$\qquad = \mathrm{e}^x \cdot \mathrm{e}^s[(\cos y\cos t - \sin y\sin t) + \mathrm{i}(\sin y\cos t$

$\qquad\quad + \cos y\sin t)]$

$\qquad = [\mathrm{e}^x(\cos y + \mathrm{i}\sin y)] \cdot [\mathrm{e}^s(\cos t + \mathrm{i}\sin t)]$

$\qquad = \mathrm{e}^z \cdot \mathrm{e}^w.$

显然,

$$\mathrm{e}^z = \mathrm{e}^{x+\mathrm{i}y} = \mathrm{e}^x \cdot \mathrm{e}^{\mathrm{i}y},$$

---

① 指数函数 $\exp(z)$ 的 $\exp$ 是英文 exponent(指数函数)的词头.

由(2.5.1)式,有

$$e^{iy} = \cos y + i\sin y. \qquad (2.5.2)$$

例 8 求 $\exp(e^z)$ 的实部与虚部.

解 令 $z = x + iy$,因为

$$e^z = e^x(\cos y + i\sin y) = e^x\cos y + ie^x\sin y,$$

所以

$$\exp(e^z) = e^{e^x\cos y}[\cos(e^x\sin y) + i\sin(e^x\sin y)].$$

从而有

$$\mathrm{Re}[\exp(e^z)] = e^{e^x\cos y} \cdot \cos(e^x\sin y),$$

$$\mathrm{Im}[\exp(e^z)] = e^{e^x\cos \cdot y} \cdot \sin(e^x\sin y).$$

2.5.2 对数函数

在实函数情况下,我们定义对数函数为指数函数的反函数. 对于复指数函数,其定义域为 $\mathbb{C}$,值域为 $\mathbb{C}\backslash\{0\}$. 由于复指数函数是周期函数,不存在单值反函数,所以无法定义单值对数函数. 当我们限制在 $\mathbb{C}$ 的某些子集上考察复指数函数时,它是一对一的.

记 A_{y_0} 为带域:

$$A_{y_0} = \{x + iy \,|\, x \in R, y_0 < y \leqslant y_0 + 2\pi\}.$$

函数 e^z 将 $\mathbb{C}$ 平面上的带域 A_{y_0} 一一对应地映射为 W 平面上的区域 $\mathbb{C}\backslash\{0\}$(记号 $\mathbb{C}\backslash\{0\}$ 是指整个复平面 $\mathbb{C}$ 除去原点 O 的区域). 我们可从图 2-3 中观察得出这个结论.

由此可见,指数函数的一一对应区域是平行于实轴、宽度不超过 2π 的带形区域. 现在,我们可以讨论指数函数的反函数了.

定义 2.5.2 对数函数是指数函数的反函数,即满足方程

$$e^w = z \qquad (z \neq 0)$$

的函数 $w = f(z)$ 称为 z 的对数函数,记

$$w = \mathrm{Ln}z.$$

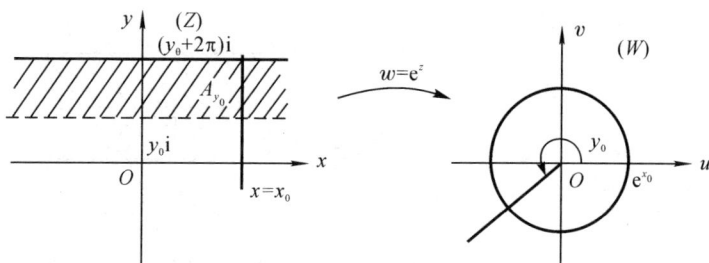

图 2-3 e^z 将 A_{y_0} 一一映射为 $\mathbb{C}\setminus\{0\}$

令 $w = u + iv, z = re^{i\theta}$,那末

$$e^{u+iv} = re^{i\theta},$$

从而

$$e^u = r \quad 即 \quad u = \ln r,$$

$$v = \theta + 2k\pi \ (k \ 为整数).$$

或

$$u = \ln|z|, \quad v = \mathrm{Arg}\ z,$$

所以

$$w = \mathrm{Ln}\ z = \ln|z| + i\,\mathrm{Arg}\ z$$

$$= \ln|z| + i(\arg z + 2k\pi) \ (k = 0, \pm 1, \cdots). \quad (2.5.3)$$

由于 $\mathrm{Arg}\ z$ 是多值的,所以 $\mathrm{Ln}\ z$ 是多值函数. 我们必须把它单值化处理. 若记

$$\ln z = \ln|z| + i\,\arg z, \quad\quad\quad (2.5.4)$$

它是 Z 平面上 $\mathbb{C}\setminus\{0\}$ 到带域 $\{u + iv \mid u \in R, -\pi < v \leqslant \pi\}$ 的映射,见图 2-4. 这样,对数函数可写为

$$\mathrm{Ln}\ z = \ln z + i2k\pi \quad (k \ 为整数). \quad\quad (2.5.5)$$

它对应某个确定的 k,称为对数函数的第 k 个分支,是 z 平面上 $\mathbb{C}\setminus\{0\}$ 到 W 平面上带域:

$$A_{y_k} = \{u + iv \mid u \in R, (2k-1)\pi < v \leqslant (2k+1)\pi\}$$

$$(k = 0, \pm 1, \cdots)$$

的一一映射. 对应于 $k = 0$ 的那个分支,则称为对数函数主支((2.5.

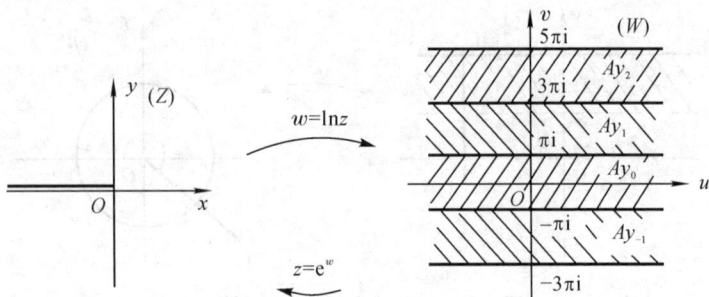

图 2-4 ln z 的映射

4) 式表示的是对数主支), ln z 称为对数函数的主值.

因为对数函数各分支之间, 虚部仅差 2π 的整数倍, 因此当给定特殊分支 (即给定 k 的值) 时, Arg z 的值也就被确定了.

例如, 如果给定分支的虚部落在区间 $(-\pi, \pi)$ 中, 则 $\text{Ln}(1 + i) = \ln \sqrt{2} + \frac{\pi}{4}i$, 即取的是 $k = 0$ 的那个对数分支.

如果给定分支的虚部落在区间 $(\pi, 3\pi)$ 中, 则 $\text{Ln}(1 + i) = \ln \sqrt{2} + \frac{9}{4}\pi i$, 即取的是 $k = 1$ 的那个对数分支. 这可在

$$\text{Ln}(1 + i) = \ln|1 + i| + i \, \text{Arg}(1 + i)$$
$$= \ln \sqrt{2} + i \arg (1 + i) + i2k\pi$$
$$= \ln \sqrt{2} + i(\frac{\pi}{4} + 2k\pi)$$
$$(k = 0, \pm 1, \pm 2, \cdots)$$

中取 $k = 1$ 得到.

利用复数的乘积与商的辐角公式 (1.2.8) 与 (1.2.9), 易证复对数函数保持了实变数对数函数的乘积与商的相应公式:

$$\text{Ln}(z_1 z_2) = \text{Ln} z_1 + \text{Ln} z_2 [1],$$

---

[1] 由于对数函数的多值性, 该等式应理解为对于右边的值, 左边必有 $\text{Ln}(z_1 + z_2)$ 的某一对数分支值与之对应.

$$\text{Ln}(\frac{z_1}{z_2}) = \text{Ln}z_1 - \text{Ln}z_2 \quad (z_2 \neq 0).$$

在实变数对数中,负数不存在对数;但在复变数对数中,负数的对数是有意义的,它是多值的. 例如

$$\text{Ln}(-1) = \ln|-1| + i\arg(-1) + i2k\pi$$

$$= (2k+1)\pi i \quad (k = 0, \pm 1, \cdots)$$

下面讨论对数函数的解析性.

对于对数主支 $\ln z = \ln|z| + i\arg z$,其实部 $\ln|z|$ 在除原点外的复平面上处处连续;但其虚部 $\arg z \in (-\pi, \pi)$,在原点与负实轴都不连续. 因为对于负实轴上的点 $z = x(x < 0)$,

$$\lim_{y \to 0^-} \arg z = -\pi, \qquad \lim_{y \to 0^+} \arg z = \pi,$$

所以在除去原点与负实轴的复平面: $\mathbb{C}\setminus\{x + iy \mid y = 0 \quad x \leqslant 0\}$ 上,$\ln z$ 处处连续.

定理 2.5.2 对数主支 $\ln z = \ln|z| + i\arg z$ 在区域 $D = \mathbb{C}\setminus\{x + iy \mid y = 0, x \leqslant 0\}$ 上解析(见图2-5),且

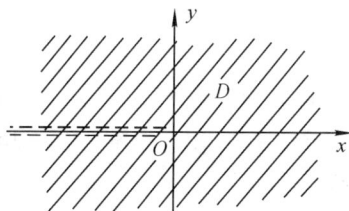

图 2-5 $\ln z$ 的解析区域

$$\frac{\mathrm{d}}{\mathrm{d}z}\ln z = \frac{1}{z}.$$

由定义 $e^{\ln z} = z$,两边关于 z 求导数得

$$e^{\ln z} \cdot \frac{\mathrm{d}}{\mathrm{d}z}\ln z = 1,$$

即

$$z \cdot \frac{\mathrm{d}}{\mathrm{d}z}\ln z = 1.$$

因此

$$\frac{\mathrm{d}}{\mathrm{d}z}\ln z = \frac{1}{z}.$$

其他各给定的对数分支因为 $\text{Ln} z = \ln z + i2k\pi(k\,确定)$,所以

也有

$$(\text{Ln } z)' = (\ln z + \text{i}2k\pi)' = \frac{1}{z}$$

因此,对于确定的 k,称 $\text{Ln } z$ 为一个单值解析分支.

例 9   求 $\ln[(-1-\text{i})(1-\text{i})]$ 的值.

解   因为

$$\ln(-1-\text{i}) = \ln \sqrt{2} - \frac{3\pi}{4}\text{i},$$

$$\ln(1-\text{i}) = \ln \sqrt{2} - \frac{\pi}{4}\text{i},$$

所以

$$\begin{aligned}
\text{Ln}[(-1-\text{i})(1-\text{i})] &= (\ln \sqrt{2} - \frac{3\pi}{4}\text{i}) \\
&\quad + (\ln \sqrt{2} - \frac{\pi}{4})\text{i} + 2k\pi\text{i} \\
&= 2\ln \sqrt{2} - \pi\text{i} + 2k\pi\text{i} \\
&= \ln 2 + \pi\text{i} + 2(k-1)\pi\text{i},
\end{aligned}$$

故有

$$\ln[(-1-\text{i})(1-\text{i})] = \ln 2 + \pi\text{i}.$$

事实上,还有 $\ln[(-1-\text{i})(1-\text{i})] = \ln(-2) = \ln 2 + \pi\text{i}$. 显然,其结果是一致的.

2.5.3   幂函数

定义 2.5.3   设 z 为不等于零的复变数,μ 为任意一个复数,我们定义乘幂 z^μ 为 $\text{e}^{\mu \text{Ln } z}$,即

$$z^\mu = \text{e}^{\mu \text{Ln } z}. \tag{2.5.6}$$

当 z 为正实变数、μ 为整数时,上式与微积分中乘幂的定义一致;而当 z 为复变数、μ 为复数时,

$$z^\mu = \text{e}^{\mu \text{Ln } z} = \text{e}^{\mu[\ln|z| + \text{i} \arg z + \text{i}2k\pi]} = \text{e}^{\mu[\ln z + \text{i}2k\pi]} = \text{e}^{\mu \ln z} \cdot \text{e}^{2k\pi\mu\text{i}}$$

$$\tag{2.5.7}$$

$(k = 0, \pm 1, \cdots)$.

由于 Ln z 的多值性,所以 z^μ 也是多值的. $e^{\mu \ln z}$ 称为 z^μ 的主值.

从(2.5.7)可见:

当 μ 是整数时,$z^\mu = e^{\mu \ln z}$ 是单值的;

当 μ 为有理数 $\dfrac{p}{q}$ 时(p/q 为既约分数),z^μ 是有限多值的:

$$z^\mu = e^{\mu \ln z} e^{\frac{2kp\pi}{q}i} \quad (k = 0, 1, 2, \cdots, q - 1);$$

当 μ 为无理数与虚部不为零的复数时,z^μ 是无穷多值的.

例 10 求 i^i 的值.

解 按定义有

$i^i = e^{i \text{Ln} i} = e^{i(\ln i + 2k\pi i)} = e^{i(\frac{\pi}{2}i + 2k\pi i)} = e^{-(\frac{\pi}{2} + 2k\pi)} \quad (k = 0, \pm 1, \cdots)$.

例 11 求 $1^{\sqrt{2}}$ 的值.

解 $1^{\sqrt{2}} = e^{\sqrt{2} \text{Ln} 1} = e^{\sqrt{2}(\ln 1 + 2k\pi i)} = e^{2\sqrt{2}k\pi i}$

$(k = 0, \pm 1, \cdots)$.

定义 2.5.3 实质上包含了一个复数的 n 次幂函数与 n 次方根函数的定义.

(1) 因为当 $\mu = n(n \geqslant 1$ 自然数)时,

$$\begin{aligned}
z^n &= e^{n\text{Ln} z} = e^{n(\ln|z| + i\arg z + 2k\pi i)} \\
&= e^{n(\ln|z| + i\arg z)} \\
&= e^{\ln|z| + i\arg z} \cdot e^{\ln|z| + i\arg z} \cdots e^{\ln|z| + i\arg z} \\
&= e^{\ln z} \cdot e^{\ln z} \cdots e^{\ln z} \\
&= z \cdot z \cdots z \quad (n \text{ 个 } z \text{ 之积})
\end{aligned}$$

(2) 当 $\mu = \dfrac{1}{n}$ 时,

$$\begin{aligned}
z^{\frac{1}{n}} &= e^{\frac{1}{n}\text{Ln} z} = e^{\frac{1}{n}(\ln|z| + i\arg z + 2k\pi i)} \\
&= e^{\frac{1}{n}\ln|z|} \cdot e^{\frac{\arg z + 2k\pi}{n}i} \\
&= \sqrt[n]{|z|} \cdot e^{\frac{\arg z + 2k\pi}{n}i} \quad (k = 0, 1, 2, \cdots, n - 1) \\
&= \sqrt[n]{z};
\end{aligned}$$

当 z 给定时,它与第一章(1.2.12)式关于一个复数 z 的 n 次方根的定义完全一致. 因为 Ln z 在区域 $\mathbb{C}\backslash\{x+\mathrm{i}y\,|\,y=0,x\leqslant 0\}$ 上解析,所以函数 $\sqrt[n]{z}$ 在该区域上亦为解析,且由复合函数求导公式可得

$$(\sqrt[n]{z})'=(\mathrm{e}^{\frac{1}{n}\mathrm{Ln}\,z})'=\frac{1}{n}\cdot\frac{1}{z}\cdot\mathrm{e}^{\frac{1}{n}\mathrm{Ln}\,z}=\frac{1}{n}z^{\frac{1}{n}-1}.$$

关于函数 Ln z 的多值情况的单值化处理,本书将不作详细讨论. 一般,我们都从它的函数主支出发讨论各类问题.

2.5.4　三角函数和双曲函数

定义 2.5.4　定义三角函数与双曲函数如下:

正弦函数 $\quad\sin z=\dfrac{\mathrm{e}^{\mathrm{i}z}-\mathrm{e}^{-\mathrm{i}z}}{2\mathrm{i}};$ $\qquad\qquad$ (2.5.8)

余弦函数 $\quad\cos z=\dfrac{\mathrm{e}^{\mathrm{i}z}+\mathrm{e}^{-\mathrm{i}z}}{2};$ $\qquad\qquad$ (2.5.9)

双曲正弦函数 $\quad\mathrm{sh}\,z=\dfrac{\mathrm{e}^{z}-\mathrm{e}^{-z}}{2};$ $\qquad\qquad$ (2.5.10)

双曲余弦函数 $\quad\mathrm{ch}\,z=\dfrac{\mathrm{e}^{z}+\mathrm{e}^{-z}}{2}.$ $\qquad\qquad$ (2.5.11)

当 z 是实变数时,这个定义与初等微积分中正弦、余弦、双曲正弦、双曲余弦的定义是一致的.

由于 $\mathrm{e}^{\pm z}$ 和 $\mathrm{e}^{\pm\mathrm{i}z}$ 在 $\mathbb{C}$ 平面上是解析的,所以上述由(2.5.8)式到(2.5.11)式所定义的四个函数在整个复平面 $\mathbb{C}$ 上解析. 易得

$$(\sin z)'=\cos z,\quad(\cos z)'=-\sin z,$$
$$(\mathrm{sh}\,z)'=\mathrm{ch}\,z,\quad(\mathrm{ch}\,z)'=\mathrm{sh}\,z.$$

三角函数与双曲函数的一些性质也可由相应的实变量函数的一些性质推广而得. 其性质为:

(1) $\sin z,\cos z$ 是以 2π 为周期的周期函数;$\mathrm{sh}\,z,\mathrm{ch}\,z$ 是以 $2\pi\mathrm{i}$ 为周期的周期函数.

这是因为 $\mathrm{e}^{\pm\mathrm{i}z}$ 是以 2π 为周期的函数;$\mathrm{e}^{\pm z}$ 是以 $2\pi\mathrm{i}$ 为周期的函数. 由定义即可验证(1).

（2）$\sin z$, $\text{sh}\, z$ 为奇函数；$\cos z$, $\text{ch}\, z$ 为偶函数[①].

（3）一些恒等式仍成立：

$$\sin^2 z + \cos^2 z = 1,$$
$$\sin(z_1 + z_2) = \sin z_1 \cos z_2 + \cos z_1 \sin z_2,$$
$$\cos(z_1 + z_2) = \cos z_1 \cos z_2 - \sin z_1 \sin z_2,$$
$$\sin 2z = 2\sin z \cdot \cos z, \quad \cos 2z = 2\cos^2 z - 1,$$
$$\vdots$$
$$\text{ch}^2 z - \text{sh}^2 z = 1, \quad \text{sh}\, z + \text{ch}\, z = e^z,$$
$$\text{sh}(z_1 + z_2) = \text{sh}\, z_1 \text{ch}\, z_2 + \text{ch}\, z_1 \text{sh}\, z_2,$$
$$\text{ch}(z_1 + z_2) = \text{ch}\, z_1 \text{ch}\, z_2 + \text{sh}\, z_1 \text{sh}\, z_2,$$
$$\vdots$$

（4）三角函数与双曲函数之间满足关系式：

$$\cos(iz) = \text{ch}\, z, \quad \sin(iz) = i\, \text{sh}\, z,$$
$$\text{ch}(iz) = \cos z, \quad \text{sh}(iz) = i\, \sin z.$$

（5）$|\sin z|$, $|\cos z|$ 不是有界函数.

上述性质（2），（3），（4）均可由定义验证. 关于性质（5），由（3）可知

$$\sin z = \sin(x + iy) = \sin x \cdot \cos(iy) + \cos x \sin(iy);$$

再由（4）得

$$\sin z = \sin x\, \text{ch}\, y + i\, \cos x\, \text{sh}\, y.$$

所以，

$$|\sin z|^2 = \sin^2 x\, \text{ch}^2 y + \cos^2 x \cdot \text{sh}^2 y$$
$$= \sin^2 x(\text{ch}^2 y - \text{sh}^2 y) + \text{sh}^2 y$$
$$= \sin^2 x + \text{sh}^2 y.$$

虽然 $0 \leqslant \sin^2 x \leqslant 1$，但是当 $y \to \infty$ 时，$\text{sh}^2 y \to +\infty$，所以当 $y \to \infty$ 时，$|\sin z| \to +\infty$，即 $\sin z$ 是无界函数. 这与实变量的正弦函数

---

① 对于任何 $z \in \mathbb{C}$，如果有 $f(-z) = f(z)$，称 $f(z)$ 为偶函数；如果有 $f(-z) = -f(z)$，称其为奇函数.

有本质的区别.

例 12　解方程 $e^z + 1 = 0$.

解　改写原方程为 $e^z = -1$，于是方程的解为

$$z_k = \text{Ln}(-1) = \ln|-1| + 2k\pi i = (2k+1)\pi i$$
$$(k = 0, \pm 1, \cdots).$$

例 13　解方程 $\sin(iz) = i$.

解　因为 $\sin(iz) = i\,\text{sh}\,z$，所以原方程可改写为 $\text{sh}\,z = 1$，亦即 $\dfrac{e^z - e^{-z}}{2} = 1$. 因为 $e^z \neq 0$，所以可化简得

$$e^{2z} - 2e^z - 1 = 0.$$

解之得

$$e^z = \frac{1}{2}\left[2 \pm \sqrt{4+4}\right] = 1 \pm \sqrt{2},$$

所以

$$z_k^{(1)} = \text{Ln}(1 + \sqrt{2}) = \ln|1 + \sqrt{2}| + 2k\pi i$$
$$(k = 0, \pm 1, \cdots),$$
$$z_k^{(2)} = \text{Ln}(1 - \sqrt{2}) = \ln|1 - \sqrt{2}| + (2k+1)\pi i$$
$$(k = 0, \pm 1, \cdots).$$

思考题二

1. 复变函数 $w = f(z)$ 在一点处的极根存在、连续、可导和解析的意义是什么？它们之间的关系如何？函数在一点处可导是否必定在该点解析？

2. 区域内的连续函数是否必是有界函数？请举例说明.

3. 复变函数 $w = f(z) = u(x,y) + iv(x,y)$ 在点 $z_0(x_0, y_0)$ 处可导的等价条件是什么？试用极限 $\lim\limits_{\Delta z \to 0} \dfrac{f(z + \Delta z) - f(z)}{\Delta z}$ 存在与 $\Delta z \to 0$ 的方式无关性来验证 C-R 条件成立.

4. 如果在区域 D 内任意给出两个调和函数 $u(x,y)$ 与 $v(x,y)$，那么由它们分别作为实部与虚部所构成的复变函数 $w = f(z) = u(x,y) + iv(x,y)$ 在 D 内是否一定是解析函数？请举例说明.

5. 验证三角恒等式

(1) $\sin(z_1 + z_2) = \sin z_1 \cdot \cos z_2 + \cos z_1 \sin z_2$;

(2) $\sin^2 z + \cos^2 z = 1$;

(3) $\sin(\dfrac{\pi}{2} - z) = \cos z$;

(4) $\cos(z + \pi) = -\cos z$.

6. 验证

(1) $\mathrm{ch}^2 z - \mathrm{sh}^2 z = 1$, $\quad \mathrm{ch}^2 z + \mathrm{sh}^2 z = \mathrm{ch}2z$;

(2) $\cos(\mathrm{i}z) = \mathrm{ch}\, z$, $\quad \sin(\mathrm{i}z) = \mathrm{i}\,\mathrm{sh}\, z$.

7. $|z^b| = |z|^b (b$ 为复数) 成立否?

（提示:由 z^b 的定义进行分析）

8. 已知一个解析函数 $f(z) = u(x,y) + \mathrm{i}v(x,y)$. 如果恒有 $\dfrac{\partial u}{\partial x} = 0, \dfrac{\partial v}{\partial y} = 0$,能否得出 u 和 v 为常数的结论?请举例说明.

习题二

1. 试问函数 $w = \mathrm{e}^{\frac{\pi}{2}\mathrm{i}}z$ 将 Z 平面上的上半平面映射为 W 平面上的什么区域?

2. 试问函数 $w = 4z$ 将 Z 平面上带形区域 $D = \{z = x + \mathrm{i}y; 0 < y < 2\}$ 映射为 W 平面上的什么区域?

3. 试问函数 $w = z + 3$ 将 Z 平面上圆域 $\{z; |z| < r\}$ 映射为 W 平面上的什么区域?

4. 证明:若 $f(z)$ 和 $g(z)$ 在点 z_0 处解析,且
$$f(z_0) = g(z_0) = 0, \quad g'(z_0) \neq 0,$$
则有
$$\lim_{z \to z_0} \frac{f(z)}{g(z)} = \frac{f'(z_0)}{g'(z_0)}.$$
它类似于实分析中的洛必达(L'Hospital)法则.

5. 下面各式的极限是否存在?如果存在,求其值

(1) $\lim\limits_{z \to 0} \dfrac{\mathrm{e}^z - 1}{z}$; $\qquad$ (2) $\lim\limits_{z \to 0} \dfrac{\sin |z|}{z}$.

6. 求下列函数的奇点

(1) $\dfrac{z+1}{z(z^2+1)}$;　　　　　　(2) $\dfrac{1}{z^4+a^4}(a>0)$;

(3) $e^{\frac{1}{z}+z}$;　　　　　　(4) $\dfrac{1}{\operatorname{sh} z}$.

7. 设 $f(z)=u(r,\theta)+\mathrm{i}v(r,\theta),(z=re^{\mathrm{i}\theta})$ 在区域 D 内解析,则其 C-R 条件的极坐标形式为

$$\frac{\partial u}{\partial r}=\frac{1}{r}\frac{\partial v}{\partial \theta},\qquad \frac{\partial v}{\partial r}=-\frac{1}{r}\frac{\partial u}{\partial \theta},$$

且有

$$f'(z)=(\cos\theta-\mathrm{i}\sin\theta)\left(\frac{\partial u}{\partial r}+\mathrm{i}\frac{\partial v}{\partial r}\right).$$

8. 讨论下列函数的可导性与解析性

(1) $f(z)=x^2+\mathrm{i}xy$;　　　　　　(2) $f(z)=x^2+\mathrm{i}y^2$;

(3) $f(z)=\sin x\operatorname{ch} y+\mathrm{i}\cos x\operatorname{sh} y$;　　(4) $f(z)=\dfrac{z}{z-\mathrm{i}}$.

9. 如果函数 $f(z)$ 在区域 D 内解析,且满足下列条件之一,证明 $f(z)$ 在 D 内必为常数

(1) $\overline{f(z)}$ 在 D 内解析;

(2) $|f(z)|$ 或 $\arg f(z)$ 在 D 内恒为常数;

(3) $\operatorname{Re} f(z)$ 或 $\operatorname{Im} f(z)$ 在 D 内恒为常数;

(4) $f(z)$ 为实值函数.

10. 如果二元函数 $u(x,y)$ 与 $v(x,y)$ 是区域 D 内的调和函数,问

(1) $u(x,y)+v(x,y)$ 是否仍是 D 内的调和函数?

(2) $u(x,y)\cdot v(x,y)$ 是否仍是 D 内的调和函数?

11. 设在区域 D 内,有 $F'(z)=\varPhi'(z)$ 成立.证明:在 D 内 $F(z)=\varPhi(z)+C$,其中 C 是复常数.

12. 设 u 为 D 内的调和函数,令 $f=\dfrac{\partial u}{\partial x}-\mathrm{i}\dfrac{\partial u}{\partial y}$,问 $f(z)$ 是否在 D 内解析?

13. 如果函数 $f(z)=u+\mathrm{i}v$ 在区域 D 内解析,且在 D 内有 $au+bv=c$,其中 a,b,c 是不全为零的复常数,证明 $f(z)$ 在 D 内恒为常数.

14. 已知解析函数 $f(z)=u+\mathrm{i}v$ 的实部(或虚部),求该解析函数.已知

(1) $v=\dfrac{y}{x^2+y^2},f(2)=0$;　　　(2) $v=4xy,f(0)=1$;

(3) $u=e^x\sin y$;　　　　　　(4) $v=\arctan\dfrac{y}{x}(x>0)$.

15. 设函数 $f(z) = x^2 + axy + by^2 + \mathrm{i}(cx^2 + dxy + y^2)$,试问当实数 a, b,c,d 取何值时,$f(z)$ 在 z 平面上处处解析.

16. 试给出满足下列条件的函数

(1) 在 z 平面上处处连续,但处处不可导的函数.

(2) 在 z 平面上只有一点处可导,但处处不解析的函数.

17. 求下列各值

(1) $\mathrm{i}^{1+\mathrm{i}}$;   (2) $\cos(2 - \mathrm{i})$;

(3) $\mathrm{Ln}(-3 + 4\mathrm{i})$;   (4) $(1 - \mathrm{i})^{\mathrm{i}}$;

(5) $|\mathrm{e}^{r_0 \mathrm{e}^{\mathrm{i}\theta_0}}|$.

18. 写出下列函数的实部与虚部:

(1) e^{3z+2};   (2) $\sin(\mathrm{e}^{\bar{z}} + 1)$;

(3) $\mathrm{e}^{\mathrm{i}-2z}$;   (4) $\mathrm{e}^{\frac{1}{z}}$.

19. 下列各关系式是否成立?

(1) $\overline{(\mathrm{e}^z)} = \mathrm{e}^{\bar{z}}$;   (2) $\overline{(\ln z)} = \ln \bar{z}$;

(3) $\overline{\cos z} = \cos \bar{z}$.

20. 求解方程

(1) $\mathrm{e}^z = 1 + \sqrt{3}\,\mathrm{i}$;   (2) $\mathrm{sh}\,z = \mathrm{i}$;

(3) $\ln z = \dfrac{\pi}{2}\mathrm{i}$.

第三章 复变函数的积分

在介绍复变函数的积分概念、性质及初等函数的积分公式时,可以看到它们与实变量函数有许多类同之处,而且还有许多比实积分更为深刻的结论. 解析函数的研究是建立在一些简单而又十分强有力 的定理基础上的,柯西积分定理与柯西积分公式就是研究解析函数的重要工具,它们是复变函数发展及应用的关键,由此可以导出许多深刻的推论,例如导出解析函数的任意阶导数都存在的结论等等.

§3.1 复变函数的积分及其性质

3.1.1 复积分的定义及其计算

复变函数积分的定义、性质与实变函数积分的定义、性质有许多类同之处。下面我们将定义沿着 Z 平面上曲线 C 的复变函数积分. 为了叙述方便,今后我们所提到的曲线(除非特别说明)一般指光滑曲线或分段光滑曲线.

分段光滑曲线中的简单闭曲线,亦称为围道. 这在第一章 §1.4 中已经作了明确的定义.

定义 3.1.1 设有向曲线 C(见图 3-1):
$$z = z(t) \qquad (\alpha \leqslant t \leqslant \beta),$$
以 $a = z(\alpha)$ 为起点、$b = z(\beta)$ 为终点,$f(z)$ 在 C 上有定义. 把曲线 C 任意分割成 n 个子弧段,设分点为

$$a = z_0, z_1, z_2, \cdots, z_{n-1}, z_n = b,$$

再在每个子弧段 $C_k = \overparen{z_{k-1}z_k}(k = 1, 2, \cdots, n)$ 上任取一点 $\zeta_k(k = 1, 2, \cdots, n)$ 作和式

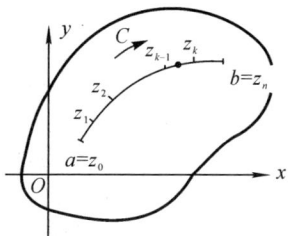

图 3-1

$$S_n = \sum_{k=1}^{n} f(\zeta_k)\Delta z_k,$$

其中 $\Delta z_k = z_k - z_{k-1}(k = 1, 2, \cdots, n)$. 如果记 ΔS_k 是子弧段 C_k 的长度,令 $\delta = \max_{1 \leqslant k \leqslant n} \Delta S_k$,当分点无限增多(即 $n \to \infty$)而这些子弧段的长度的最大值 δ 趋于零($\delta \to 0$)时,和式 S_n 都以 S 为极限,则称函数 $f(z)$ 沿着曲线 C 可积. 极限 S 称为函数 $f(z)$ 沿曲线 C(自 a 至 b)的积分,记作 $\int_C f(z)\mathrm{d}z$,即

$$S = \int_C f(z)\mathrm{d}z = \lim_{\substack{n \to \infty \\ \delta \to 0}} \sum_{k=1}^{n} f(\zeta_k)\Delta z_k. \tag{3.1.1}$$

若 C 为闭曲线时,积分也可记作 $\oint_C f(z)\mathrm{d}z$. 这样的积分称为围道积分. 有时,为了简单起见,用记号 $\oint_{|z|=1} f(z)\mathrm{d}z$ 与 $\oint_{|z-1|=1} f(z)\mathrm{d}z$ 来表示函数 $f(z)$ 沿着单位圆周与以 1 为中心、1 为半径的圆周上的积分.

显然,当 C 是区间 $a \leqslant x \leqslant b$ 而 $f(z) = u(x)$ 时,这个积分就是一元实变量函数的定积分. 由此可见,复积分的定义确实是实函数定积分在复数域中的推广.

定理 3.1.1 假设函数 $f(z) = u(x, y) + \mathrm{i}v(x, y)$ 在曲线 C 上连续,则(3.1.1)式的极限一定存在(即 $f(z)$ 在 C 上可积),且有

$$\int_C f(z)\mathrm{d}z = \int_C u\mathrm{d}x - v\mathrm{d}y + \mathrm{i}\int_C v\mathrm{d}x + u\mathrm{d}y. \tag{3.1.2}$$

证明 设 $z_k = x_k + \mathrm{i}y_k$ $(k = 0, 1, 2, \cdots, n)$,

$$\Delta z_k = z_k - z_{k-1} = (x_k - x_{k-1}) + \mathrm{i}(y_k - y_{k-1}) = \Delta x_k + \mathrm{i}\Delta y_k,$$

$$\zeta_k = \xi_k + i\eta_k \qquad (k = 1, 2, \cdots, n).$$

因为

$$S_n = \sum_{k=1}^n f(\zeta_k)\Delta z_k$$

$$= \sum_{k=1}^n [u(\xi_k, \eta_k) + iv(\xi_{k'}, \eta_k)](\Delta x_k + i\Delta y_k)$$

$$= \sum_{k=1}^n [u(\xi_k, \eta_k)\Delta x_k - v(\xi_k, \eta_k)\Delta y_k]$$

$$+ i\sum_{k=1}^n [v(\xi_k, \eta_k)\Delta x_k + u(\xi_k, \eta_k)\Delta y_k].$$

上式右端虚部与实部所表示的两个和式是两个实变量二元连续函数的和式. 因为 $f(z)$ 在 C 上连续, 所以其实部 $u(x, y)$ 与虚部 $v(x, y)$ 在 C 上连续. 当 $\delta \to 0$ 时, 即有 $\max\limits_{1 \leqslant k \leqslant n} |\Delta x_k| \to 0$, $\max\limits_{1 \leqslant k \leqslant n} |\Delta y_k| \to 0$, 所以上式右端的极限存在, 为二元函数在 C 上的曲线积分 $\int_C u dx - v dy$ 与 $\int_C v dx + u dy$, 于是可知 $\int_C f(z)dz$ 存在, 且有公式 (3.1.2).

公式 (3.1.2) 表明, 一个函数 $f(z)$ 的复积分可以转化为通常的二元函数的曲线积分.

为了便于记忆, (3.1.2) 式从形式上可以看作是被积函数 $f = u + iv$ 与微分形式 $dz = dx + idy$ 的乘积, 即 $f(z)dz = (u + iv) \times (dx + idy) = u dx - v dy + i(v dx + u dy)$ 在 C 上的积分.

例 1 设 C 是连接复数点 a 与 b 的任意曲线, 试用定义计算积分值 (1) $\int_C dz$; (2) $\int_C z dz$.

解 (1) 因为 $f(z) = 1$,

$$S_n = \sum_{k=1}^n (z_k - z_{k-1}) = z_n - z_0 = b - a,$$ 所以 $\lim\limits_{n \to \infty} S_n = b - a$, 故有

$$\int_C \mathrm{d}z = b - a.$$

（2）$f(z) = z$，选取 $\zeta_k = z_{k-1}$，得

$$S'_n = \sum_{k=1}^{n} z_{k-1}(z_k - z_{k-1}).$$

我们又可选取 $\zeta_k = z_k$，得

$$S''_n = \sum_{k=1}^{n} z_k(z_k - z_{k-1}).$$

由定理 3.1 知，$f(z) = z$ 在 C 上连续，所以积分存在，因此 S'_n 与 S''_n 当 $n \to \infty$ 时极限存在，记为 S. 令

$$S_n = \frac{1}{2}(S'_n + S''_n) = \frac{1}{2} \sum_{k=1}^{n} (z_k^2 - z_{k-1}^2) = \frac{1}{2}(b^2 - a^2),$$

所以

$$\lim_{n \to \infty} S_n = \frac{1}{2} \lim_{n \to \infty}(S'_n + S''_n) = S = \frac{1}{2}(b^2 - a^2),$$

即

$$\int_C z\mathrm{d}z = \frac{1}{2}(b^2 - a^2).$$

特别当 C 为闭曲线（$a = b$）时，有 $\oint_C \mathrm{d}z = 0$，$\oint_C z\mathrm{d}z = 0$.

由例 3.1 可见，对于曲线 C 上的连续函数，即使是较为简单的一次函数，利用定义来计算复积分，也需要相当的技巧. 而对于一般的连续函数，要利用定义来计算积分是十分困难的. 下面介绍利用曲线参数化的方法，转化复积分为一元函数定积分的复值形式.

设曲线 C 的参数方程：

$z = z(t) = x(t) + \mathrm{i}y(t) \qquad (\alpha \leqslant t \leqslant \beta).$

$z'(t) = x'(t) + \mathrm{i}y'(t) \neq 0 \qquad (\alpha \leqslant t \leqslant \beta).$

$f(z) = u(x, y) + \mathrm{i}v(x, y).$

$f[z(t)] = u[x(t), y(t)] + \mathrm{i}v[x(t), y(t)].$

由线积分的计算公式（3.1.2）得：

$$\int_C f(z)\mathrm{d}z = \int_C u(x,y)\mathrm{d}x - v(x,y)\mathrm{d}y + \mathrm{i}\int_C v(x,y)\mathrm{d}x + u(x,y)\mathrm{d}y$$

$$= \int_\alpha^\beta \left[u(x(t),y(t))x'(t) - v(x(t),y(t))y'(t)\right]\mathrm{d}t$$

$$+ \mathrm{i}\int_\alpha^\beta \left[v(x(t),y(t))x'(t) + u(x(t),y(t))y'(t)\right]\mathrm{d}t$$

$$= \int_\alpha^\beta \left[u(x(t),y(t)) + \mathrm{i}v(x(t),y(t))\right](x'(t)$$

$$+ \mathrm{i}y'(t))\mathrm{d}t$$

$$= \int_\alpha^\beta f[z(t)]z'(t)\mathrm{d}t. \tag{3.1.3}$$

为了便于记忆,上式中被积式可以看作用 $z = z(t)$ 代入 $f(z)\mathrm{d}z$ 而得 $f[z(t)]\mathrm{d}z(t) = f[z(t)]z'(t)\mathrm{d}t$.

下面举一个重要的例子.

例 2 验证积分

$$\oint_C \frac{1}{(z-a)^n}\mathrm{d}z = \begin{cases} 2\pi\mathrm{i}, n = 1 \\ 0, n \neq 1(\text{整数}) \end{cases}.$$

其中 C 是以 a 为中心、R 为半径的正向圆周曲线.

解 C 的参数方程为 $z = z(t) = R\mathrm{e}^{\mathrm{i}t} + a,(0 \leqslant t \leqslant 2\pi).n = 1$ 时,

$$\oint_C \frac{1}{z-a}\mathrm{d}z = \int_0^{2\pi} \frac{1}{R\mathrm{e}^{\mathrm{i}t}}R\mathrm{i}\mathrm{e}^{\mathrm{i}t}\mathrm{d}t = 2\pi\mathrm{i},$$

当 $n \neq 1$ 的整数时,

$$\oint_C \frac{1}{(z-a)^n}\mathrm{d}z = \int_0^{2\pi} \frac{1}{R^n\mathrm{e}^{\mathrm{i}nt}}R\mathrm{i}\mathrm{e}^{\mathrm{i}t}\mathrm{d}t = \frac{\mathrm{i}}{R^{n-1}}\int_0^{2\pi} \mathrm{e}^{(1-n)\mathrm{i}t}\mathrm{d}t = 0.$$

3.1.2 复积分的性质

设 $f(z),g(z)$ 在曲线 C 上连续,由复积分定义可以导出下列与实积分相类似的性质:

$(1) \int\limits_C [k_1 f(z) + k_2 g(z)] \mathrm{d}z = k_1 \int\limits_C f(z)\mathrm{d}z + k_2 \int\limits_C g(z)\mathrm{d}z,$

$$(3.1.4)$$

其中 k_1 和 k_2 为复常数.

一般,可以推广到有限个连续函数的和的积分:

$$\int\limits_C \left(\sum_{l=1}^n k_l f_l(z) \right) \mathrm{d}z = \sum_{l=1}^n k_l \int\limits_C f_l(z)\mathrm{d}z, \qquad (3.1.4)'$$

其中 $k_l (l = 1, 2, \cdots, n)$ 为复常数.

(2) 设曲线 C 由 C_1 与 C_2 衔接而成(即 C_1 的终点是 C_2 的起点),则

$$\int\limits_C f(z)\mathrm{d}z = \int\limits_{C_1 + C_2} f(z)\mathrm{d}z = \int\limits_{C_1} f(z)\mathrm{d}z + \int\limits_{C_2} f(z)\mathrm{d}z. \quad (3.1.5)$$

一般,若 $C = \sum\limits_{l=1}^n C_l$,即 C 由 $C_l (l = 1, 2, \cdots, n)$ 依次衔接而成,则

$$\int\limits_C f(z)\mathrm{d}z = \int\limits_{\sum\limits_{l=1}^n C_l} f(z)\mathrm{d}z = \sum_{l=1}^n \int\limits_{C_l} f(z)\mathrm{d}z. \qquad (3.1.5)'$$

(3) 若 C^- 是有向曲线 C 的反向曲线,则

$$\int\limits_{C^-} f(z)\mathrm{d}z = - \int\limits_C f(z)\mathrm{d}z. \qquad (3.1.6)$$

事实上,若令 C 的参数方程为

$$C: z = z(t), (\alpha \leqslant t \leqslant \beta),$$

则其反向曲线 C^- 的参数方程可写为

$$C^-: \tilde{z} = \tilde{z}(t) = z(\alpha + \beta - t) \qquad (\alpha \leqslant t \leqslant \beta).$$

所以

$$\tilde{z}'(t) = - z'(\alpha + \beta - t) \qquad (\alpha \leqslant t \leqslant \beta).$$

$$\int\limits_{C^-} f(z)\mathrm{d}z = \int_\alpha^\beta f[\tilde{z}(t)]\tilde{z}'(t)\mathrm{d}t$$

$$= \int_\alpha^\beta f[z(\alpha + \beta - t)][- z'(\alpha + \beta - t)]\mathrm{d}t$$

$$\xlongequal{\diamondsuit\ \alpha+\beta-t=u}-\int_{\beta}^{\alpha}f(u)z'(u)(-\mathrm{d}u)$$

$$=\int_{\beta}^{\alpha}f(u)z'(u)\mathrm{d}u$$

$$=-\int_{\alpha}^{\beta}f(u)z'(u)\mathrm{d}u$$

$$=-\int_{C}f(z)\mathrm{d}z.$$

(4) 设 l 为曲线 C 的长度,对于 $z\in C,|f(z)|\leqslant M$,则

$$|\int_{C}f(z)\mathrm{d}z|\leqslant\int_{C}|f(z)|\mathrm{d}s\leqslant Ml. \tag{3.1.7}$$

事实上,由于

$$\Big|\sum_{k=1}^{n}f(\zeta_k)\Delta z_k\Big|\leqslant\sum_{k=1}^{n}|f(\zeta_k)||\Delta z_k|$$

$$\leqslant\sum_{k=1}^{n}|f(\zeta_k)|\Delta S_k\leqslant M\sum_{k=1}^{n}\Delta S_k$$

$$=Ml,$$

对不等式两边取极限,得

$$\Big|\int_{C}f(z)\mathrm{d}z\Big|\leqslant\int_{C}|f(z)|\mathrm{d}S\leqslant Ml.$$

例 3　设 C 是单位圆周,证明

$$\Big|\int_{C}\frac{\sin z}{z^2}\mathrm{d}z\Big|\leqslant 2\pi\mathrm{e}.$$

证　在 $C:|z|=1$ 上,

$$\Big|\frac{\sin z}{z^2}\Big|=\Big|\frac{\mathrm{e}^{\mathrm{i}z}-\mathrm{e}^{-\mathrm{i}z}}{2\mathrm{i}}\Big|\leqslant\frac{|\mathrm{e}^{\mathrm{i}z}|+|\mathrm{e}^{-\mathrm{i}z}|}{2}=\frac{\mathrm{e}^{y}+\mathrm{e}^{-y}}{2}\leqslant\mathrm{e},$$

所以有

$$\Big|\int_{C}\frac{\sin z}{z^2}\mathrm{d}z\Big|\leqslant 2\pi\mathrm{e}.$$

例 4　计算 $\int_{C}\mathrm{Re}z\mathrm{d}z$. 其中 C 是连接 O 与 A 的曲线,路径见图 3-2:

(1) 直线段 OA；

(2) 折线段 OB 与 BA.

解 (1) 直线段 OA 的参数方程为

$$\begin{cases} x = t \\ y = t \end{cases} (0 \leqslant t \leqslant 1),$$

其复数形式为 $z = z(t) = (1 + i)t$
$(0 \leqslant t \leqslant 1)$，因此

$$\operatorname{Re} z(t) = \operatorname{Re}[(1 + i)t] = t,$$
$$z'(t) = 1 + i.$$

图 3-2

由公式(3.1.3)得

$$\int_C \operatorname{Re} z \, dz = \int_0^1 \operatorname{Re}[z(t)] z'(t) dt = \int_0^1 t(1 + i) dt = \frac{1 + i}{2}.$$

(2) 直线段 OB 的参数方程是

$$\begin{cases} x = t \\ y = 0 \end{cases} \quad (0 \leqslant t \leqslant 1),$$

所以

$$z_1(t) = t \quad (0 \leqslant t \leqslant 1), \quad z'_1(t) = 1 \quad (0 \leqslant t \leqslant 1).$$

又 $\operatorname{Re}[z_1(t)] = x_1(t) = t$，直线段 BA 的参数方程是

$$\begin{cases} x = 1 \\ y = t \end{cases} \quad (0 \leqslant t \leqslant 1),$$

所以

$$z_2(t) = 1 + it \quad (0 \leqslant t \leqslant 1), \quad z'_2(t) = i \quad (0 \leqslant t \leqslant 1).$$

又

$$\operatorname{Re}[z_2(t)] = \operatorname{Re}[x_2(t) + iy_2(t)] = x_2(t) = 1,$$

积分

$$\int_C \operatorname{Re} z \, dz = \int_{OB} \operatorname{Re} z \, dz + \int_{BA} \operatorname{Re} z \, dz = \int_0^1 t \, dt + \int_0^1 i \, dt = \frac{1}{2} + i.$$

由此可见，复积分在起点与终点相同而路径不同时，积分值一般是不同的，然而我们也可以列举出一些函数，它们在曲线上的积分值

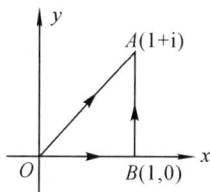

只与曲线的起点与终点有关而与曲线的路径无关. 那末, 函数究竟满足什么条件, 才能使它的积分值与路径无关呢? 下面的柯西积分定理及其一系列推论将阐明这个问题.

§3.2 柯西积分定理

3.2.1 柯西(Cauchy)积分定理

定理 3.2.1 柯西(积分)定理 设函数 $f(z)$ 在封闭曲线 C 上及其所包围的单连通区域 D 内解析, 则

$$\oint_C f(z)\mathrm{d}z = 0. \tag{3.2.1}$$

这个定理的严格证明比较复杂, 在此我们不作介绍. 为了简单起见, 我们假设 $f'(z)$ 在 D 内连续, 并在此条件下证明该定理.

证明 因为 $f(z) = u + \mathrm{i}v$ 在单连通区域 D 内解析, 且 $f'(z)$ 连续; 而 $f'(z) = u_x + \mathrm{i}v_x = v_y - \mathrm{i}u_y$, 因为 u_x, v_x, u_y, v_y 都是连续的, 且满足柯西 - 黎曼方程. 所以, 由格林(Green)公式可知

$$\oint_C u\mathrm{d}x - v\mathrm{d}y = \iint_D \left[-\frac{\partial v}{\partial x} - \frac{\partial u}{\partial y} \right]\mathrm{d}x\mathrm{d}y = 0,$$

$$\oint_C v\mathrm{d}x + u\mathrm{d}y = \iint_D \left(\frac{\partial u}{\partial x} - \frac{\partial v}{\partial y} \right)\mathrm{d}x\mathrm{d}y = 0.$$

从而

$$\oint_C f(z)\mathrm{d}z = \oint_C u\mathrm{d}x - v\mathrm{d}y + \mathrm{i}\oint_C v\mathrm{d}x + u\mathrm{d}y = 0.$$

推论 1 如果函数 $f(z)$ 在单连通区域 D 内解析, 则 $f(z)$ 在 D 内任意分段光滑曲线 C 上的积分与路径无关, 只与 C 的起点、终点有关.

证明 设 C_1 和 C_2 是 D 内起点为 z_0、终点头为 z_1 的任意两条曲

线, C_1 的正向与 C_2 的逆向曲线 C_2^- 形成一个围道 C (图 3-3),因为 D 为单连通区域,所以曲线 C 及其内部区域属于 D,$f(z)$ 在 C 及其内部区域上解析,则由定理 3.2.1 与复积分的基本性质(2) 和(3),有

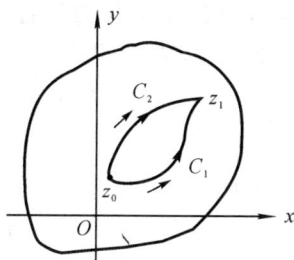

图 3-3

$$0 = \oint_C f(z)\mathrm{d}z = \int_{C_1+C_2^-} f(z)\mathrm{d}z$$

$$= \int_{C_1} f(z)\mathrm{d}z + \int_{C_2^-} f(z)\mathrm{d}z$$

$$= \int_{C_1} f(z)\mathrm{d}z - \int_{C_2} f(z)\mathrm{d}z,$$

所以

$$\int_{C_1} f(z)\mathrm{d}z = \int_{C_2} f(z)\mathrm{d}z.$$

由于 C_1 和 C_2 的任意性,得到推论的结论.

下面我们把柯西积分定理推广到多连通区域中去. 在讨论关于多连通区域的柯西积分定理之前,我们先定义多连通区域边界曲线的正向. 设有界多连通区域 D 是由 $n+1$ 条闭曲线 $C_0, C_1, C_2, \cdots, C_n$ 围成,其中 C_0 是外边界;$C_1, C_2, \cdots, C_n$ 是 C_0 内部 n 条互不相交、互不包含的均为逆时针方向的闭曲线. 见图 3-4(1).图中阴影部分是多

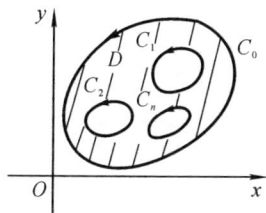

(1)

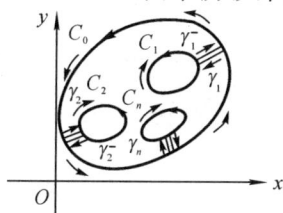

(2)

图 3-4

连通区域 D，而 D 的边界曲线 C 的正向是这样定义的：当点沿着曲线前进时，区域 D 始终在曲线的左边. 因此，由此作出的多连通区域 D 的边界曲线 C 的正向应是

$$C = C_0 + C_1^- + C_2^- + \cdots + C_n^-.$$

推论 2 **多连通区域 D 的柯西定理** 设函数 $f(z)$ 在多连通区域 D 及其边界 C 上解析，则

$$\int_C f(z)\mathrm{d}z = 0.$$

证明 用弧段 $\gamma_k(k = 1, 2, \cdots, n)$ 按图 3-4(2) 所示连接 C_0 与 $C_k(k = 1, 2, \cdots, n)$，则 $\gamma_k(k = 1, 2, \cdots, n)$ 必落在 D 内（除端点外）. 因为 γ_k 与 γ_k^- 是方向相反的同一弧段且 γ_k 均在 D 的内部，所以函数 $f(z)$ 在 γ_k 与 $\gamma_k^-(k = 1, 2, \cdots, n)$ 上解析. 对于割破以后的区域，可以看作是边界为

$$\Gamma = C_0 + C_1^- + \cdots + C_n^- + \sum_{k=1}^n \gamma_k + \sum_{k=1}^n \gamma_k^-$$

$$= C + \sum_{k=1}^n \gamma_k + \sum_{k=1}^n \gamma_k^-$$

的单连通区域. 如图 3-4(2) 所示，函数 $f(z)$ 在 Γ 及以 Γ 为边界的单连通区域内解析，由定理 3.2.1 及积分性质(2) 知

$$0 = \int_\Gamma f(z)\mathrm{d}z = \int_C f(z)\mathrm{d}z + \sum_{k=1}^n \int_{\gamma_k} f(z)\mathrm{d}z + \sum_{k=1}^n \int_{\gamma_k^-} f(z)\mathrm{d}z,$$

因为

$$\int_{\gamma_k^-} f(z)\mathrm{d}z = - \int_{\gamma_k} f(z)\mathrm{d}z \quad (k = 1, 2, \cdots, n),$$

所以有

$$\int_C f(z)\mathrm{d}z = 0.$$

于是，对于多连通区域的柯西积分定理得证.

上式也可写成

$$\oint_{C_0} f(z)\mathrm{d}z + \sum_{k=1}^{n} \oint_{C_k^-} f(z)\mathrm{d}z = 0,$$

因此有

$$\oint_{C_0} f(z)\mathrm{d}z = \sum_{k=1}^{n} \oint_{C_k} f(z)\mathrm{d}z. \qquad (3.2.2)$$

(3.2.2)式说明了函数 $f(z)$ 在多连通区域外边界 C_0 上的积分等于沿内部各边界闭曲线上的积分和(注意:任意一条闭曲线上的积分都按逆时针方向).

特别在(3.2.2)式中,当 $n = 1$ 时,即函数在由两条闭曲线 C_0 与 C_1 所围成的多连通区域 D 及边界上解析时,我们就得到

$$\oint_{C_0} f(z)\mathrm{d}z = \oint_{C_1} f(z)\mathrm{d}z. \qquad (3.2.3)$$

这个结果称为闭曲线上积分的形变原理.利用它,我们可以把复杂的(不易参数化的)闭曲线上的积分转化为简单的(易于参数化的)闭曲线上的积分,请看下面的重要例题.

例 5 计算积分 $\displaystyle\oint_C \frac{1}{(z-a)^n}\mathrm{d}z.\ C$ 为光滑闭曲线,a 不在 C 上,n 为整数(参见图 3-5).

解 当 $z = a$ 位于闭曲线 C 所围区域 D 的外部时,则被积函数 $f(z) = \dfrac{1}{(z-a)^n}$ 在 C 及其内部解析.由柯西积分定理知,有 $\displaystyle\oint_C \frac{1}{(z-a)^n}\mathrm{d}z = 0.$

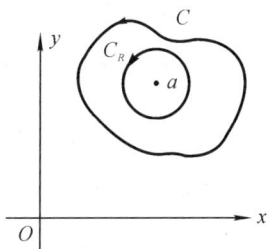

图 3-5

当 $n \leqslant 0$ 时,函数 $f(z) = \dfrac{1}{(z-a)^n}$ 是整函数,同样有

$$\oint_C \frac{1}{(z-a)^n}\mathrm{d}z = 0.$$

现在考虑 $n \geqslant 1, a \in D$ 的情况.

因为 $f(z)$ 在 D 内除 a 点外是解析的,作一个以 a 为中心、R 为半径的圆 C_R. 取 R 适当地小,以使 C_R 落在 C 的内部,则 $f(z)$ 在 C 及 C_R 上及它们所围的多连通区域内解析. 由形变公式(3.2.3)可知

$$\oint_C \frac{1}{(z-a)^n}\mathrm{d}z = \oint_{C_R} \frac{1}{(z-a)^n}\mathrm{d}z,$$

由本章例 2 知

$$\oint_{C_R} \frac{1}{(z-a)^n}\mathrm{d}z = \begin{cases} 2\pi\mathrm{i}, & n=1; \\ 0, & n \neq 1. \end{cases}$$

综合上述讨论,可得

$$\oint_C \frac{1}{(z-a)^n}\mathrm{d}z = \begin{cases} 2\pi\mathrm{i}, & \text{当 } a \text{ 在闭曲线 } C \text{ 内部且 } n=1 \text{ 时}; \\ 0, & \text{当 } a \text{ 在闭曲线 } C \text{ 外部或 } n \neq 1 \text{ 时}. \end{cases}$$

$$(3.2.4)$$

例 6 计算积分 $I = \oint_C \dfrac{1}{(z-a)(z-b)}\mathrm{d}z$,其中 a 和 b 为不在曲线 C 上的复数,且 $a \neq b$.

解 被积函数 $f(z) = \dfrac{1}{(z-a)(z-b)}$ 可改写为

$$\frac{1}{(z-a)(z-b)} = \frac{1}{a-b}\left(\frac{1}{z-a} - \frac{1}{z-b}\right).$$

由(3.2.4)式可得

$$I = \oint_C \frac{1}{(z-a)(z-b)}\mathrm{d}z$$

$$= \frac{1}{a-b}\left[\oint_C \frac{1}{z-a}\mathrm{d}z - \oint_C \frac{1}{z-b}\mathrm{d}z\right]$$

$$= \begin{cases} 0, & \text{当 } a,b \text{ 同时在 } C \text{ 内部或外部}; \\ \dfrac{2\pi\mathrm{i}}{a-b}, & \text{当 } a \text{ 在 } C \text{ 内部}, b \text{ 在 } C \text{ 外部}; \\ -\dfrac{2\pi\mathrm{i}}{a-b}, & \text{当 } a \text{ 在 } C \text{ 外部}, b \text{ 在 } C \text{ 内部}. \end{cases}$$

3.2.2 原函数定理

由柯西积分定理的推论 1,证得了积分与路径无关性的问题. 即在单连通区域 D 内解析的函数 $f(z)$,在 D 内任意曲线 C 上的积分 $\int\limits_C f(z)\mathrm{d}z$ 只与曲线的起点、终点有关. 固定 $z_0 \in D$,则对于 D 内任意一点 z,f 在以 z_0 为起点、z 为终点的曲线 γ 上的积分与 γ 的选取无关,该积分就在 D 内定义了一个积分上限的函数,记为

$$F(z) = \int_{z_0}^{z} f(\zeta)\mathrm{d}\zeta \quad (z \in D). \qquad (3.2.5)$$

定理 3.2.2 原函数定理 设函数 $f(z)$ 在单连通区域 D 内解析,则由 (3.2.5) 式定义的函数 $F(z)$ 也在 D 内解析,且
$$F'(z) = f(z).$$

证明 我们只需对 D 内任意一点 z 证明有 $F'(z) = f(z)$ 即可,即要证明如下事实:设 z 是 D 内任意一点,对于任意预先给定的 $\varepsilon > 0$,存在 $\delta > 0$,使当 $|\Delta z| < \delta$ 时,
$$\left| \frac{F(z + \Delta z) - F(z)}{\Delta z} - f(z) \right| < \varepsilon$$
成立.

事实上,由于 $f(z)$ 在 D 内解析,所以必在 D 内连续. 即对于 D 内任意一点 z 与预先给定的 $\varepsilon > 0$,存在着 $\delta > 0$,使当 $|\zeta - z| < \delta$(且使其 $\subset D$) 时
$$|f(\zeta) - f(z)| < \varepsilon$$
成立. 这样,我们作以 z 为中心、$R(R < \delta)$ 为半径的圆域,记该圆域为 $D(z, R) = \{\zeta;$ $|\zeta - z| < R\}$(显然有 $D(z, R) \subset D$),取点 $z + \Delta z \in D(z, R)$,必有 $0 < |\Delta z| < R < \delta$. 如图 3-6 所示,用直线连接 z 与 $z + \Delta z$,使连接

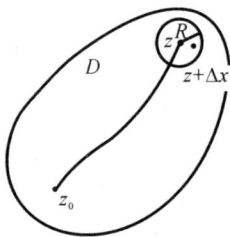

图 3-6

z_0 与 z 的曲线再从 z 沿直线线段 $\overline{z, z + \Delta z}$ 延长至 $z + \Delta z$,由(3.2.5)式及积分性质可知

$$\frac{F(z + \Delta z) - F(z)}{\Delta z} = \frac{1}{\Delta z}\Big[\int\limits_{z_0}^{z + \Delta z} f(\zeta)\mathrm{d}\zeta - \int\limits_{z_0}^{z} f(\zeta)\mathrm{d}\zeta\Big]$$

$$= \frac{1}{\Delta z}\int\limits_{z}^{z + \Delta z} f(\zeta)\mathrm{d}\zeta,$$

$f(z)$ 可以写成

$$f(z) = \frac{1}{\Delta z}\int\limits_{z}^{z + \Delta z} f(z)\mathrm{d}\zeta,$$

所以,当 $|\Delta z| < R < \delta$ 时,就有 $|\zeta - z| < R < \delta$,

$$\left|\frac{F(z + \Delta z) - F(z)}{\Delta z} - f(z)\right| = \left|\frac{1}{\Delta z}\int\limits_{z}^{z + \Delta z}[f(\zeta) - f(z)]\mathrm{d}\zeta\right|$$

$$\leqslant \frac{1}{|\Delta z|}\int\limits_{z}^{z + \Delta z}|f(\zeta) - f(z)|\mathrm{d}S$$

$$\leqslant \frac{\varepsilon}{|\Delta z|}|\Delta z| = \varepsilon.$$

由于 ε 具有任意性,即有

$$\lim_{\Delta z \to 0}\frac{F(z + \Delta z) - F(z)}{\Delta z} = f(z),$$

亦即

$$F'(z) = f(z) \quad (z \in D).$$

由于 z 是 D 中任意一点,所以 $F(z)$ 在 D 内解析,定理得证.

与实变量函数相类似,若在区域 D 内有 $G'(z) = f(z)$,则定义 $G(z)$ 为 $f(z)$ 的一个原函数.由(3.2.2)式可见,在单连通区域内,解析函数 $f(z)$ 的积分上限函数 $F(z)$ 是 $f(z)$ 的一个原函数.

推论 1　$f(z)$ 的任意原函数 $G(z)$ 在 D 内与(3.2.5)式所定义的积分上限函数 $F(z)$ 只相差一个常数,即

$$G(z) = F(z) + C = \int_{z_0}^{z} f(\zeta)\mathrm{d}\zeta + C. \tag{3.2.6}$$

(参见习题二 11 题)

由此我们还可导出与微积分学中的积分学基本定理(牛顿－莱布尼兹 Newton-Leibniz 定理) 相类似的定理,找出在积分与路径无关的条件下,一个函数 $f(z)$ 的复积分与它的原函数之间的关系.

推论 2 若 $f(z)$ 在区域 D 内解析,$G(z)$ 是 $f(z)$ 的一个原函数,则

$$\int_C f(z)\mathrm{d}z = G(z_1) - G(z_0). \qquad (3.2.7)$$

其中 z_0 和 z_1 为 D 内的两点,C 是 D 内连结 z_0 与 z_1 的光滑曲线.

证明 设曲线 C 的参数方程为

$$z = z(t) = x(t) + \mathrm{i}y(t) \quad \alpha \leqslant t \leqslant \beta,$$

已知 $G(z)$ 是 $f(z)$ 的一个原函数,即

$$\frac{\mathrm{d}G(z)}{\mathrm{d}z} = f(z)$$

所以

$$\frac{\mathrm{d}}{\mathrm{d}t}G[z(t)] = f[z(t)] \cdot z'(t)$$

由(3.1.3) 知

$$\int_C f(z)\mathrm{d}z = \int_\alpha^\beta f(z(t))z'(t)\mathrm{d}t = \int_\alpha^\beta \frac{\mathrm{d}}{\mathrm{d}t}G(z(t))\mathrm{d}t.$$

记 U 和 V 分别是 G 的实部和虚部,则

$$\int_\alpha^\beta \frac{\mathrm{d}}{\mathrm{d}t}G(z(t))\mathrm{d}t = \int_\alpha^\beta \frac{\mathrm{d}}{\mathrm{d}t}U(z(t))\mathrm{d}t + \mathrm{i}\int_\alpha^\beta \frac{\mathrm{d}}{\mathrm{d}t}V(z(t))\mathrm{d}t.$$

由一元实函数的 Newton-Leibniz 公式,

$$\int_\alpha^\beta \frac{\mathrm{d}}{\mathrm{d}t}G(z(t))\mathrm{d}t = U(z(\beta)) - U(z(\alpha)) + \mathrm{i}[V(z(\beta)) - V(z(\alpha))]$$

$$= G(z(\beta)) - G(z(\alpha))$$

$$= G(z_1) - G(z_0)$$

即

$$\int_C f(z)\mathrm{d}z = G(z_1) - G(z_0).$$

例7 计算 $\int_C \dfrac{\mathrm{d}z}{z}$,其中 C 是连接点 $(1+\mathrm{i})$ 与点 $2\mathrm{i}$ 的直线段.

解法一 设曲线 C 的参数方程为

$$C : z(t) = (2-t) + t\mathrm{i} \qquad (1 \leqslant t \leqslant 2),$$

所以

$$z'(t) = \mathrm{i} - 1.$$

$$
\begin{aligned}
\int_C \frac{\mathrm{d}z}{z} &= \int_1^2 \frac{1}{(2-t)+t\mathrm{i}} \cdot (\mathrm{i}-1)\mathrm{d}t \\
&= \int_1^2 \frac{1}{2+(\mathrm{i}-1)t}\mathrm{d}(\mathrm{i}-1)t \\
&= \ln[2+(\mathrm{i}-1)t]\Big|_1^2 \\
&= \ln 2\mathrm{i} - \ln(1+\mathrm{i}) \\
&= \frac{1}{2}\ln 2 + \frac{\pi}{4}\mathrm{i}.
\end{aligned}
$$

解法二 在区域 $D = \{r\mathrm{e}^{\mathrm{i}\theta}; 0 < r < +\infty, -\pi < \theta < \pi\}$ 中,函数 $f(z) = \dfrac{1}{z}$ 与 $G(z) = \ln z$ 解析,且 $(\ln z)' = \dfrac{1}{z}$,直线段 C 在 D 内部,所以由推论 2 的 (3.2.7) 式,有

$$\int_C \frac{1}{z}\mathrm{d}z = \ln z \Big|_{1+\mathrm{i}}^{2\mathrm{i}} = \ln 2\mathrm{i} - \ln(1+\mathrm{i}) = \frac{1}{2}\ln 2 + \frac{\pi}{4}\mathrm{i}.$$

显然,当 C 是连接点 $(1+\mathrm{i})$ 到 $2\mathrm{i}$ 的任意简单曲线(在 D 内部)时,解法二比解法一要方便得多.

例8 计算 $\int_C \cos z\mathrm{d}z$,其中 C 是从 -2 到 2 的椭圆 $\dfrac{x^2}{4} + y^2 = 1$ 的上半部分.

解 由 $(\sin z)' = \cos z$,$\sin z$ 是 $\cos z$ 的一个原函数,根据式(3.2.7),

$$\int_C \cos z\mathrm{d}z = \sin 2 - \sin(-2) = 2\sin 2.$$

§ 3.3　柯西积分公式

现在我们将要导出柯西积分定理的一个重要推论 —— 柯西积分公式.

3.3.1　柯西积分公式

这个公式表现了解析函数的一个基本性质:在区域 D 及其边界 C 上解析的函数 $f(z)$,在区域 D 内任意一点处的函数值可以由它在边界上的值完全确定.它是研究解析函数的重要工具之一.

定理 3.3.1　**柯西积分公式**　设函数 $f(z)$ 在有界闭区域 $\overline{D} = D + C$ 上解析(C 为单连通或多连通区域 D 的边界),则

$$f(z_0) = \frac{1}{2\pi i} \int_C \frac{f(z)}{z - z_0} \mathrm{d}z \quad (z_0 \in D). \tag{3.3.1}$$

证明　我们只证明 D 为单连通区域的情况.

对于任意固定 $z_0 \in D$,因为 $f(z)$ 在 D 内解析,而被积函数 $F(z) = \dfrac{f(z)}{z - z_0}$ 作为 z 的函数,在 D 内除 z_0 外均解析.

由于 $f(z)$ 在 z_0 点解析,所以 $f(z)$ 在 z_0 点必连续,亦即对于任意给定的 $\varepsilon > 0$,存在一个正数 δ,使当 $z \in \{z; |z - z_0| < \delta\} \subset D$ 时,$|f(z) - f(z_0)| < \varepsilon$ 成立.

作以 z_0 为中心、$\rho(\rho < \delta)$ 为半径的圆周 $C_\rho = \{z; |z - z_0| = \rho\}$. 显然,$C_\rho$ 及其内部落在 D 内,见图 3-7.

由闭曲线上积分的形变公式(3.2.3)知

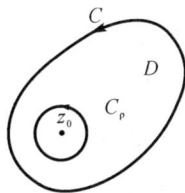

图 3-7

$$\oint_C \frac{f(z)}{z-z_0}\mathrm{d}z = \oint_{C_\rho} \frac{f(z)}{z-z_0}\mathrm{d}z$$

$$= \oint_{C_\rho} \frac{f(z)-f(z_0)}{z-z_0}\mathrm{d}z + f(z_0)\oint_{C_\rho}\frac{1}{z-z_0}\mathrm{d}z.$$

注意到上式右端的第二个积分 $\oint_{C_\rho}\dfrac{1}{z-z_0}\mathrm{d}z = 2\pi\mathrm{i}$ 和右端的第一个积分

$$\left| \oint_{C_\rho} \frac{f(z)-f(z_0)}{z-z_0}\mathrm{d}z \right| \leqslant \frac{\varepsilon}{\rho}\cdot 2\pi\rho = 2\pi\varepsilon,$$

所以

$$\left| \oint_C \frac{f(z)}{z-z_0}\mathrm{d}z - 2\pi\mathrm{i}f(z_0) \right| < 2\pi\varepsilon.$$

由 ε 的任意性,可知

$$\oint_C \frac{f(z)}{z-z_0}\mathrm{d}z = 2\pi\mathrm{i}f(z_0), \tag{3.3.2}$$

即

$$f(z_0) = \frac{1}{2\pi\mathrm{i}}\oint_C \frac{f(z)}{z-z_0}\mathrm{d}z.$$

注意:若区域 D 是多连通的,则柯西积分公式(3.3.1)中右端的积分需沿着 D 所有边界曲线的正向进行. 对于多连通区域情况,读者可以自己证明.

我们可以利用(3.3.2)式来计算某些函数在闭曲线上的复积分. 这类函数为 $F(z) = \dfrac{f(z)}{z-z_0}$ 的形式,其中 $f(z)$ 是 D 内的解析函数,$z_0 \in D$.

例 8　计算积分 $I = \oint\limits_{|z|=1} \dfrac{\cos(\mathrm{e}^z)}{z}\mathrm{d}z$.

解　因为函数 $f(z) = \cos(\mathrm{e}^z)$ 是整函数,所以在 $|z| \leqslant 1$ 解析,$z = 0 \in \{z; |z| < 1\}$. 由公式(3.3.2)有

$$I = 2\pi\mathrm{i}\cos(\mathrm{e}^z)\Big|_{z=0} = 2\pi\mathrm{i}\cos 1.$$

例 9　计算积分 $\oint_C \dfrac{\mathrm{e}^z + z}{z - 2}\mathrm{d}z$，其中 C 是：

(1) 单位圆周曲线，逆时针方向；

(2) 中心在原点、半径为 3 的圆周曲线，逆时针方向.

解　(1) $F(z) = \dfrac{\mathrm{e}^z + z}{z - 2}$ 在 $\mathbb{C}\backslash\{2\}$ 上解析，所以在 $\{z; |z| \leqslant 1\}$ 上解析. 由柯西积分定理可知

$$\oint_{|z|=1} \frac{\mathrm{e}^z + z}{z - 2}\mathrm{d}z = 0.$$

(2) 因为 $\mathrm{e}^z + z$ 在 $\mathbb{C}$ 上解析，所以 $\mathrm{e}^z + z$ 在 $|z| \leqslant 3$ 上解析. 点 $z = 2$ 在 $\{z; |z| < 3\}$ 内部，由柯西积分公式(3.3.2)知

$$\oint_{|z|=3} \frac{\mathrm{e}^z + z}{z - 2}\mathrm{d}z = 2\pi\mathrm{i}(\mathrm{e}^z + z)\Big|_{z=2} = 2\pi(\mathrm{e}^2 + 2)\mathrm{i}.$$

例 10　求积分 $I = \displaystyle\oint_{|z|=2} \frac{\sin z}{z^2 - 1}\mathrm{d}z$ 的值.

解法一　利用 $\dfrac{1}{z^2 - 1} = \dfrac{1}{2}\left(\dfrac{1}{z - 1} - \dfrac{1}{z + 1}\right)$，得

$$I = \frac{1}{2}\left[\oint_{|z|=2} \frac{\sin z}{z - 1}\mathrm{d}z - \oint_{|z|=2} \frac{\sin z}{z + 1}\mathrm{d}z\right]$$

$$= \frac{1}{2} \cdot 2\pi\mathrm{i}\left[(\sin z)\big|_{z=1} - (\sin z)\big|_{z=-1}\right]$$

$$= 2\pi\mathrm{i}\sin 1.$$

解法二　由柯西积分定理的推论 2 即(3.2.2)式知

$$\oint_{|z|=2} \frac{\sin z}{z^2 - 1}\mathrm{d}z = \oint_{C_1} \frac{\sin z}{z^2 - 1}\mathrm{d}z + \int_{C_2} \frac{\sin z}{z^2 - 1}\mathrm{d}z.$$

其中 C_1 和 C_2 是在 $|z| < 2$ 中，分别包含 $z = -1$ 与 $z = 1$ 的两条互不相交、互不包含的闭曲线. 不妨令

$$C_1 = \left\{z; |z + 1| = \frac{1}{2}\right\}, \qquad C_2 = \left\{z; |z - 1| = \frac{1}{2}\right\}$$

如图 3-8 所示. 因为

$$\int_{C_1} \frac{\sin z}{z^2-1}\mathrm{d}z = \oint_{C_1} \frac{\dfrac{\sin z}{z-1}}{z+1}\mathrm{d}z = 2\pi\mathrm{i}\left(\frac{\sin z}{z-1}\right)\Big|_{z=-1} = \pi\mathrm{i}\,\sin 1,$$

$$\int_{C_2} \frac{\sin z}{z^2-1}\mathrm{d}z = \oint_{C_2} \frac{\dfrac{\sin z}{z+1}}{z-1}\mathrm{d}z = 2\pi\mathrm{i}\left(\frac{\sin z}{z+1}\right)\Big|_{z=1} = \pi\mathrm{i}\,\sin 1,$$

所以

$$\oint_{|z|=2} \frac{\sin z}{z^2-1}\mathrm{d}z = \pi\mathrm{i}\,\sin 1 + \pi\mathrm{i}\,\sin 1 = 2\pi\mathrm{i}\,\sin 1.$$

3.3.2　解析函数的积分平均值定理

由柯西积分公式,我们可以得到下面关于解析函数的积分平均值公式,即定理 3.3.2.

定理 3.3.2　如果曲线 C 是以 z_0 为中心、R 为半径的圆周 $C_R:|z-z_0|=R$,函数 $f(z)$ 在 $|z-z_0|\leqslant R$ 上解析,则

$$f(z_0) = \frac{1}{2\pi}\int_0^{2\pi} f(z_0 + R\mathrm{e}^{\mathrm{i}\theta})\mathrm{d}\theta.$$

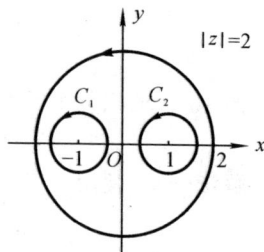

图 3-8

$$(3.3.3)$$

证明　C_R 的参数方程为

$$C:z(\theta) = z_0 + R\mathrm{e}^{\mathrm{i}\theta} \quad (0 \leqslant \theta \leqslant 2\pi),$$

$$z'(\theta) = R\mathrm{i}\mathrm{e}^{\mathrm{i}\theta}.$$

由柯西积分公式(3.3.1)有

$$f(z_0) = \frac{1}{2\pi\mathrm{i}}\oint_{C_R} \frac{f(z)}{z-z_0}\mathrm{d}z$$

$$= \frac{1}{2\pi\mathrm{i}}\int_0^{2\pi} \frac{f(z_0 + R\mathrm{e}^{\mathrm{i}\theta})}{R\mathrm{e}^{\mathrm{i}\theta}}R\mathrm{i}\mathrm{e}^{\mathrm{i}\theta}\mathrm{d}\theta$$

$$= \frac{1}{2\pi} \int_0^{2\pi} f(z_0 + Re^{i\theta}) d\theta.$$

解析函数的积分平均值公式(3.3.3)表示了函数 $f(z)$ 在圆心处的值等于它在圆周上的积分平均值.

*3.3.3 调和函数的平均值性质及泊松(Poisson)公式

定理 3.3.3   如果 $u = u(\rho e^{i\varphi})$ 是闭圆盘 $\overline{D(0,r)} = \{z; |z| \leqslant r\}$ 上的连续函数,且在开圆盘 $D(0,r)$ 上调和,则对于 $\rho < r$ 有

$$u(\rho e^{i\varphi}) = \frac{r^2 - \rho^2}{2\pi} \int_0^{2\pi} \frac{u(re^{i\theta})}{r^2 + \rho^2 - 2r\rho\cos(\theta - \varphi)} d\theta. \tag{3.3.4}$$

(3.3.4)式称为泊松(Poisson)公式.

证明   因为 u 在开圆盘 $D(0,r)$ 上调和,而 $D(0,r)$ 是单连通区域,所以存在一个 $D(0,r)$ 中解析的函数 f,使 $\mathrm{Re}\, f = u$. 下面我们把调和函数的问题转化为利用柯西积分公式来处理解析函数的问题.

对于 $z \in D(0,r), z = \rho e^{i\varphi} (\rho < r)$,任取 s,使 $\rho < s < r$. 此时 $z \in D(0,s)$,见图 3-9. 因为 $\gamma_s: |z| = s$,则由柯西积分公式

$$f(z) = \frac{1}{2\pi i} \oint_{\gamma_s} \frac{f(\zeta)}{\zeta - z} d\zeta \qquad (z \in D(0,s)).$$

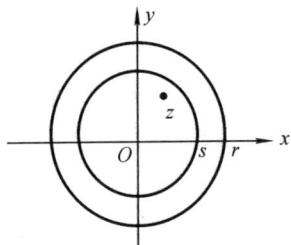

图 3-9

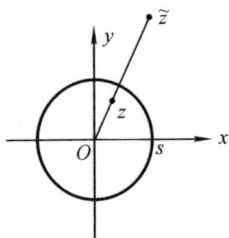

图 3-10

由于该式右边被积函数的分子分母都是复变函数,故不便直接取实部. 我们施行一些运算技巧,使右式化成一个合适的表达式,以易于取实部.

令 $\widetilde{z} = \dfrac{s^2}{\bar{z}}(z \in D(0,s))$ 为 z 关于圆周 $|z| = s$ 的对称点,如图 3-10.显然,$\widetilde{z}$ 落在 $|z| < s$ 的外部,因此有

$$\frac{1}{2\pi i} \int_{\gamma_s} \frac{f(\zeta)}{\zeta - \widetilde{z}} d\zeta = 0 \qquad (|z| < s).$$

与先前的积分相加得

$$f(z) = \frac{1}{2\pi i} \int_{\gamma_s} f(\zeta) \left[\frac{1}{\zeta - z} - \frac{1}{\zeta - \widetilde{z}} \right] d\zeta.$$

注意:这时 $|\zeta| = s$,右式括号内的部分可简化为

$$\frac{1}{\zeta - z} - \frac{1}{\zeta - \widetilde{z}} = \frac{1}{\zeta - z} - \frac{1}{\zeta - \dfrac{|\zeta|^2}{\bar{z}}}$$

$$= \frac{1}{\zeta - z} - \frac{\bar{z}}{\bar{z}\zeta - \zeta\bar{\zeta}} = \frac{1}{\zeta - z} - \frac{\bar{z}}{\zeta(z - \zeta)}$$

$$= \frac{1}{\zeta - z} + \frac{\bar{z}}{\zeta(\zeta - z)} = \frac{\zeta(\bar{\zeta} - \bar{z}) + \bar{z}(\zeta - z)}{\zeta|\zeta - z|^2}$$

$$= \frac{|\zeta|^2 - |z|^2}{\zeta|\zeta - z|^2},$$

因此

$$f(z) = \frac{1}{2\pi i} \int_{\gamma_s} \frac{f(\zeta)}{\zeta} \frac{|\zeta|^2 - |z|^2}{|\zeta - z|^2} d\zeta.$$

令 $\zeta = s e^{i\theta}, z = \rho e^{i\varphi}$,所以

$$|\zeta|^2 = s^2, |z|^2 = \rho^2,$$

$$|\zeta - z|^2 = \rho^2 + s^2 - 2s\rho\cos(\theta - \varphi),$$

$$f(\rho e^{i\varphi}) = \frac{1}{2\pi} \int_0^{2\pi} f(s e^{i\theta}) \frac{s^2 - \rho^2}{s^2 + \rho^2 - 2s\rho\cos(\theta - \varphi)} d\theta.$$

其中 $\rho < s$.对等式两边取实部,得

$$u(\rho e^{i\varphi}) = \frac{1}{2\pi} \int_0^{2\pi} u(s e^{i\theta}) \frac{s^2 - \rho^2}{s^2 + \rho^2 - 2s\rho\cos(\theta - \varphi)} d\theta.$$

因为对于任意的 $s > \rho, s^2 + \rho^2 - 2s\rho\cos(\theta - \varphi)$ 恒不为 0,且

$$\frac{u(s e^{i\theta})(s^2 - \rho^2)}{s^2 + \rho^2 - 2s\rho\cos(\theta - \varphi)}$$

关于 s 和 θ 是连续的(对于固定的 ρ,φ),所以在闭集 $0\leqslant\theta\leqslant 2\pi,\dfrac{r+\rho}{2}$ $\leqslant s\leqslant r$ 中一致连续,从而当 $s\to r$ 时,

$$\frac{u(se^{i\theta})(s^2-\rho^2)}{s^2+\rho^2-2s\rho\cos(\theta-\varphi)}\to\frac{u(re^{i\theta})(r^2-\rho^2)}{r^2+\rho^2-2r\rho\cos(\theta-\varphi)}$$

关于 θ 一致成立. 这就是当 $s\to r$ 时,

$$\frac{1}{2\pi}\int_0^{2\pi}\frac{u(se^{i\theta})(s^2-\rho^2)}{s^2+\rho^2-2s\rho\cos(\theta-\varphi)}\mathrm{d}\theta\to$$
$$\frac{1}{2\pi}\int_0^{2\pi}\frac{u(re^{i\theta})(r^2-\rho^2)}{r^2+\rho^2-2r\rho\cos(\theta-\varphi)}\mathrm{d}\theta.$$

所以有

$$u(\rho e^{i\varphi})=\frac{1}{2\pi}\int_0^{2\pi}\frac{u(re^{i\theta})(r^2-\rho^2)}{r^2+\rho^2-2r\rho\cos(\theta-\varphi)}\mathrm{d}\theta.$$

泊松公式说明,一个调和函数在一个圆内一点处的值可以用它在圆周上的积分值表示.

如果在圆 $|z|=r$ 上给定一个连续函数 u_0,则由公式(3.3.4)定义的 u 就是:

$$u(\rho e^{i\varphi})=\frac{1}{2\pi}\int_0^{2\pi}\frac{u_0(re^{i\theta})(r^2-\rho^2)}{r^2+\rho^2-2r\rho\cos(\theta-\varphi)}\mathrm{d}\theta\qquad(3.3.5)$$

就是圆盘上的拉普拉斯方程边值问题的解(参见 6.5.1 边值问题 1).

§3.4 解析函数的无穷可微性

在实变量函数中,定义在一个区间上的函数即使在这区间内可导,也不能保证该函数在这个区间内的二阶导数存在.但在复变函数中,若一个函数在一个区域内解析,则可以利用 §3.3 中的柯西积分公式推知,该解析函数是无穷次可微的.

3.4.1 高阶导数的柯西积分公式

定理 3.4.1 **高阶导数的柯西积分公式** 设函数 $f(z)$ 在闭区域 $\overline{D}$ 上解析（D 为单连通区域或多连通区域），则 $f(z)$ 在 D 内的任意阶导数存在，且

$$f^{(n)}(z_0) = \frac{n!}{2\pi i} \oint_C \frac{f(z)}{(z-z_0)^{n+1}} \mathrm{d}z \quad (n = 1, 2, \cdots),\qquad (3.4.1)$$

其中 C 为 D 的边界，取正向，$z_0 \in D$.

证明 首先对 $n = 1$ 的情况给予证明，即要证明

$$f'(z_0) = \lim_{\Delta z \to 0} \frac{f(z_0 + \Delta z) - f(z_0)}{\Delta z} = \frac{1}{2\pi i} \oint_C \frac{f(z)}{(z-z_0)^2} \mathrm{d}z$$

成立. 取 $|\Delta z|$ 充分小使 $z + \Delta z \in D$，由柯西积分公式知

$$\frac{f(z_0 + \Delta z) - f(z_0)}{\Delta z} = \frac{1}{\Delta z} \cdot \frac{1}{2\pi i} \oint_C \left[\frac{f(z)}{z - (z_0 + \Delta z)} - \frac{f(z)}{z - z_0} \right] \mathrm{d}z$$

$$= \frac{1}{2\pi i} \oint_C \frac{f(z)}{[z - (z_0 + \Delta z)](z - z_0)} \mathrm{d}z,$$

而

$$\frac{f(z_0 + \Delta z) - f(z_0)}{\Delta z} - \frac{1}{2\pi i} \oint_C \frac{f(z)}{(z-z_0)^2} \mathrm{d}z$$

$$= \frac{1}{2\pi i} \oint_C \left\{ \frac{f(z)}{[z - (z_0 + \Delta z)](z - z_0)} - \frac{f(z)}{(z - z_0)^2} \right\} \mathrm{d}z$$

$$= \frac{1}{2\pi i} \oint_C \frac{f(z) \cdot \Delta z}{[z - (z_0 + \Delta z)](z - z_0)^2} \mathrm{d}z.$$

令 $\delta = \min\limits_{z \in C} |z - z_0|$，如图 3-11 取 $|\Delta z|$ 充分小，使 $|\Delta z| < \delta$，则必有 $z_0 + \Delta z \in D$. 因为对于 C 上任意一点 z，都有 $|z - z_0| \geqslant \delta$，所以

$$|z - (z_0 + \Delta z)| = |(z - z_0) - \Delta z| \geqslant \delta - |\Delta z| > 0,$$

设 $M = \max\limits_{z \in C} |f(z)|$，此时有

$$\left| \oint_C \frac{f(z) \cdot \Delta z}{[z - (z_0 + \Delta z)](z - z_0)^2} \mathrm{d}z \right| \leqslant \frac{M|\Delta z|}{(\delta - |\Delta z|)\delta^2} \cdot l,$$

其中 l 为曲线 C 的长度,因而当 $|\Delta z| \to 0$ 时,

$$\left| \frac{f(z_0 + \Delta z) - f(z_0)}{\Delta z} - \frac{1}{2\pi i} \oint_C \frac{f(z)}{(z - z_0)^2} \mathrm{d}z \right|$$

$$\leqslant \frac{Ml \cdot |\Delta z|}{2\pi(\delta - |\Delta z|)\delta^2} \to 0.$$

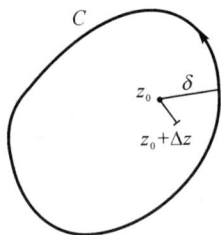

图 3-11

于是

$$f'(z_0) = \frac{1}{2\pi i} \oint_C \frac{f(z)}{(z - z_0)^2} \mathrm{d}z.$$

因为 z_0 是 D 内任意一点,所以当 $n = 1$ 时,
(3.4.1)式在 D 内成立.

对于 $n \geqslant 2$ 的情况,我们可以用归纳法
证明. 证明虽不难但演算较麻烦,此处从略.

实际上,为了便于记忆,(3.4.1)式

$$f'(z_0) = \frac{1}{2\pi i} \oint_C \frac{f(z)}{(z - z_0)^2} \mathrm{d}z$$

从形式上可以看成是柯西积分公式(3.3.1)式

$$f(z_0) = \frac{1}{2\pi i} \oint_C \frac{f(z)}{z - z_0} \mathrm{d}z$$

的两端对 z_0 求导;而右端关于 z_0 的求导可以在积分号下进行,即右端的求导运算与积分运算可以交换,高阶导数($n \geqslant 2$)的情况也是如此.

例 11 计算积分 $\displaystyle\oint_C \frac{\cos z}{(z - i)^3} \mathrm{d}z$,其中 C 是绕 i 一周的闭曲线.

解 由于 $\cos z$ 在 C 及其内部解析,所以由(3.4.1)式得

$$\oint_C \frac{\cos z}{(z - i)^3} \mathrm{d}z = \frac{2\pi i}{2!}(\cos z)'' \Big|_{z=i}$$

$$= \pi i \cos\left(z + 2 \cdot \frac{\pi}{2}\right) \Big|_{z=i} = -\pi i \operatorname{ch} 1.$$

例 12 计算积分 $I = \oint\limits_{|z|=2} \dfrac{2z^2 - z + 1}{(z-1)^2}\mathrm{d}z$.

解法一 由于 $\dfrac{2z^2 - z + 1}{(z-1)^2} = 2 + \dfrac{3}{z-1} + \dfrac{2}{(z-1)^2}$,所以

$$I = 2\oint\limits_{|z|=2}\mathrm{d}z + 3\oint\limits_{|z|=2}\frac{1}{z-1}\mathrm{d}z + 2\oint\limits_{|z|=2}\frac{1}{(z-1)^2}\mathrm{d}z$$

$$= 0 + 3 \times 2\pi\mathrm{i} + 0 = 6\pi\mathrm{i}.$$

解法二 直接运用高阶导数的柯西积分公式(3.4.1)得

$$I = 2\pi\mathrm{i}(2z^2 - z + 1)'\big|_{z=1} = 2\pi\mathrm{i}(4z - 1)\big|_{z=1} = 6\pi\mathrm{i}.$$

例 13 计算积分 $I = \oint\limits_{C}\dfrac{\mathrm{e}^z}{(z^2-1)^2}\mathrm{d}z$,其中 C 为逆时针方向圆周

曲线 $|z| = r > 1$.

解 作两个小圆 $C_1 : |z-1| = \delta, C_2 : |z+1| = \delta$,此处取 δ 充分小,使 C_1 和 C_2 落在 C 内,且互不相交. 为此,只需取 $\delta < \min\{1, r-1\}$ 即可,于是

$$I = \oint\limits_{C}\frac{\mathrm{e}^z}{(z^2-1)^2}\mathrm{d}z$$

$$= \oint\limits_{C_1}\frac{\mathrm{e}^z}{(z^2-1)^2}\mathrm{d}z + \oint\limits_{C_2}\frac{\mathrm{e}^z}{(z^2-1)^2}\mathrm{d}z$$

$$= \oint\limits_{C_1}\frac{\dfrac{\mathrm{e}^z}{(z+1)^2}}{(z-1)^2}\mathrm{d}z + \oint\limits_{C_2}\frac{\dfrac{\mathrm{e}^z}{(z-1)^2}}{(z+1)^2}\mathrm{d}z$$

$$= 2\pi\mathrm{i}\left[\frac{\mathrm{e}^z}{(z+1)^2}\right]'\bigg|_{z=1} + 2\pi\mathrm{i}\left[\frac{\mathrm{e}^z}{(z-1)^2}\right]'\bigg|_{z=-1}$$

$$= 2\pi\mathrm{i}\frac{(z-1)\mathrm{e}^z}{(z+1)^3}\bigg|_{z=1} + 2\pi\mathrm{i}\frac{(z-3)\mathrm{e}^z}{(z-1)^3}\bigg|_{z=-1}$$

$$= 0 + 2\pi\mathrm{i}\frac{\mathrm{e}^{-1}}{2}$$

$$= \frac{\pi}{\mathrm{e}}\mathrm{i}.$$

3.4.2　柯西不等式和柳维尔(Liouville)定理

利用高阶导数的柯西积分公式,我们可以对导数的模进行估计.

定理 3.4.2　柯西不等式　设函数 $f(z)$ 在闭圆盘 $\{z; |z-z_0| \leqslant R\}$ 上解析,则有

$$|f^{(n)}(z_0)| \leqslant \frac{n!}{R^n} M.$$

其中 $M = \max\limits_{n \in |z-z_0|=R} |f(z)|$. 此式的证明请读者自己完成.

定理 3.4.3　柳维尔定理　有界整函数 $f(z)$ 必为常数.

证明　因为 $f(z)$ 是有界整函数,所以必存在 $M > 0$,使对于一切 $z \in \mathbb{C}$,有 $|f(z)| \leqslant M$.

对于任意的 $z_0 \in \mathbb{C}$,由柯西不等式知,

$$|f'(z_0)| \leqslant \frac{M}{R}.$$

令 $R \to \infty$,得 $|f'(z_0)| = 0$,因此有 $f'(z_0) = 0$. 由于 z_0 的任意性,得 $f'(z) = 0, z \in \mathbb{C}$,所以 $f(z)$ 恒为常数.

这是复变函数与实变函数不同的又一特性.在实分析中,有许多非常数的有界光滑函数(甚至在整个实轴上,函数的任意阶导数存在).例如函数 $f(x) = \sin x$ 是整个实轴上的任意次可微函数,且有 $|\sin x| \leqslant 1$,即它是有界函数,但它不是常数.而在复变函数中,非常数的有界整函数是不存在的.

运用柳维尔定理,我们可以非常简洁地证明代数学基本定理.(在代数学中要证明这个定理难度是较高的)

定理 3.4.4　代数学基本定理　设 $a_0, a_1, \cdots, a_n$ 是复常数,$n \geqslant 1$,且 $a_n \neq 0$.令 $P(z) = a_0 + a_1 z + \cdots + a_n z^n$,它是一个整函数,则至少存在着一个点 $z_0 \in \mathbb{C}$,使得 $P(z_0) = 0$.

注意:定理的结论亦为"n 次多项式必有 n 个零点"(如果把同一零点出现的次数记成为零点的个数的话).

证明 反证法 设 $P(z)$ 在 $\mathbb{C}$ 上无零点,由于 $P(z)$ 是整函数,所以 $f(z) = \dfrac{1}{P(z)}$ 在 $\mathbb{C}$ 上也解析. 由于

$$|P(z)| = |a_n z^n + a_0 + a_1 z + \cdots + a_{n-1} z^{n-1}|$$
$$\geqslant |a_n||z|^n - |a_0| - |a_1||z| - \cdots - |a_{n-1}||z|^{n-1}.$$

令 $a = |a_0| + |a_1| + \cdots + |a_{n-1}|$,如果 $|z| > 1$,于是

$$|P(z)| \geqslant |z|^{n-1}\left(|a_n||z| - \frac{|a_0|}{|z|^{n-1}} - \frac{|a_1|}{|z|^{n-2}} - \cdots \frac{|a_{n-1}|}{1}\right)$$
$$\geqslant |z|^{n-1}(|a_n||z| - a)$$
$$> |a_n||z| - a.$$

对于任意给定的 $M > 0$,令 $R = \max\{1, \dfrac{M+a}{|a_n|}\}$,则当 $|z| > R$ 时,

$$|P(z)| \geqslant M.$$

这样,当 $|z| > R$ 时,有

$$|f(z)| = \frac{1}{|P(z)|} < \frac{1}{M}.$$

在闭圆盘 $|z| \leqslant R$ 上,$f(z)$ 解析,所以它的模有界. 设存在 $L > 0$,使 $|f(z)| \leqslant L (|z| \leqslant R)$,于是对于 $z \in \mathbb{C}$,$|f(z)| = \dfrac{1}{|P(z)|} \leqslant \max(\dfrac{1}{M}, L)$. 由柳维尔定理知 $\dfrac{1}{P(z)}$ 必为常数,即 $P(z)$ 必为常数,这与定理的假设矛盾,故定理得证.

我们也可用较为简单的极限定理来证明该定理. 因为

$$f(z) = \frac{1}{P(z)}$$
$$= \frac{1}{a_n z^n + a_{n-1} z^{n-1} + \cdots + a_0}$$
$$= \frac{\dfrac{1}{z^n}}{a_n + a_{n-1}\left(\dfrac{1}{z}\right) + a_{n-2}\left(\dfrac{1}{z^2}\right) + \cdots + a_0\left(\dfrac{1}{z^n}\right)}.$$

令 $z \to \infty$,我们得到

$$\lim_{z \to \infty} f(z) = \frac{0}{a_n + 0 + \cdots + 0} = 0 \quad (因为 a_n \neq 0).$$

所以,存在充分大的正数 $R > 0$,当 $|z| > R$ 时 $|f(z)| < 1$,即 $\left| \dfrac{1}{P(z)} \right| < 1$. 又因为 $\dfrac{1}{P(z)}$ 在闭圆 $|z| \leqslant R$ 上连续,故存在 $M > 0$,使 $\left| \dfrac{1}{P(z)} \right| \leqslant M \ (z \in |z| \leqslant R)$,从而在整个复平面 $\mathbb{C}$ 上有

$$\left| \frac{1}{P(z)} \right| \leqslant M + 1.$$

于是 $\dfrac{1}{P(z)}$ 在 $\mathbb{C}$ 上解析,且有界. 由柳维尔定理知,$\dfrac{1}{P(z)}$ 必为常数,即 $P(z)$ 必为常数,这与定理假设矛盾,故定理得证.

思考题三

1. 复积分 $\displaystyle\int_C f(z)\mathrm{d}z$ 中,C 是连接 a 和 b 两点的有向曲线,我们能否把积分写成 $\displaystyle\int_a^b f(z)\mathrm{d}z$ 的形式?为什么?什么情况下可以用这样的写法来代替?

2. 若用参数方程 $z = z(t) \ \alpha \leqslant t \leqslant \beta$ 来表示曲线 C,那么如何利用 $z(t)$ 来表示它的反向曲线?

3. 如果有 $\displaystyle\oint_C f(z)\mathrm{d}z = 0$,那么是否一定有结论:$f(z)$ 在 C 及其内部区域 D 上解析?请举例说明.

4. 若函数 $f(z)$ 在单连通区域 D 内解析,C 为 D 内任意一条闭光滑曲线,则由柯西定理知 $\displaystyle\oint_C f(z)\mathrm{d}z = 0$,而 $f(z) = \mathrm{Re}f(z) + \mathrm{i}\,\mathrm{Im}f(z)$,问是否必有 $\displaystyle\oint_C \mathrm{Re} f(z)\mathrm{d}z = 0,\ \oint_C \mathrm{Im}\,f(z)\mathrm{d}z = 0$?如果成立,试给出证明;如果不成立,试举反例说明.

5. 下列各组中的积分值是否相等?

(1) $\displaystyle\int_{\mathrm{I}} \frac{\mathrm{d}z}{z - a}, \quad \int_{\mathrm{II}} \frac{\mathrm{d}z}{z - a}, \quad \int_{\mathrm{III}} \frac{\mathrm{d}z}{z - a};$

$$(2) \int_{\mathrm{I}} \frac{\mathrm{d}z}{(z-a)^2}, \quad \int_{\mathrm{II}} \frac{\mathrm{d}z}{(z-a)^2}, \quad \int_{\mathrm{III}} \frac{\mathrm{d}z}{(z-a)^2}.$$

其中 Ⅰ,Ⅱ,Ⅲ 是起点同为 A、终点同为 B 的三条不相交的光滑曲线,a 点在曲线 Ⅱ 与 Ⅲ 所围成的区域内部(如图 3-12 所示).

6. 什么样的分段光滑闭曲线 C 能使积分 $\oint_C \frac{1}{z^2 - a^2} \mathrm{d}z$ 等于零?(其中 a 为不等于零的复数,且点 a 与 $-a$ 不在曲线 C 上).

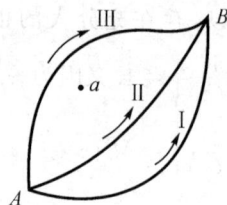

图 3-12

7. 形变定理的方法对于计算复积分有什么好处?试举例说明.

8. 在第 3 题中,如果我们对于曲线 C 及函数 $f(z)$ 给出一定的假设,那末我们可以利用原函数定理来证明下面的莫累拉(Morera)定理(也可看作为柯西积分定理的逆定理).

* 莫累拉(Morera)定理　设 $f(z)$ 在单连通区域 D 内连续,且对于 D 内任意闭曲线 C,有 $\oint_C f(z)\mathrm{d}z = 0$,则 $f(z)$ 在 D 内解析.

证略.

(注意:定理中区域 D 是单连通的,C 是 D 内任意闭曲线的条件是必要的)

习题三

1. 求下列积分

$(1) \int_C y\mathrm{d}z$,其中 C 是连接 0 到 i 再到 $2+\mathrm{i}$ 的折线段;

$(2) \int_C \bar{z}\mathrm{d}z$,其中 C 是 (a) 逆时针方向单位圆周曲线,(b) 连接 0 到 $1+\mathrm{i}$ 的直线段;

$(3) \int_C (x^2 - y^2)\mathrm{d}z$,其中 C 是连接 0 到 i 的直线段.

2. 估计积分 $\int_C \frac{1}{2+z^2}\mathrm{d}z$ 的模,其中 C 是上半单位圆周(沿逆时针方向)曲线.

3. 计算积分 $\int\limits_C \cos(3 + \dfrac{1}{z-3})\mathrm{d}z$，$C$ 是具有角点 $0,1,1+\mathrm{i},\mathrm{i}$ 的单位正方形，逆时针方向为正向.

4. 设 $f(z)$ 是整函数，求积分

$$\int_0^{2\pi} f(z_0 + r\mathrm{e}^{\mathrm{i}\theta})\mathrm{e}^{\mathrm{i}k\theta}\mathrm{d}\theta.$$

其中 $k \geqslant 1$ 整数.

（提示：令 $z = z_0 + r\mathrm{e}^{\mathrm{i}\theta}, 0 \leqslant \theta \leqslant 2\pi$）

5. 设 $f(z)$ 在单连通区域 D 内解析，且不为零，C 是 D 内任意简单闭曲线，试问积分

$$\oint\limits_C \frac{f'(z)}{f(z)}\mathrm{d}z$$

是否等于零？为什么？

6. 试问下列各式是否成立（不必计算出值）？

（1）$\oint\limits_{|z|=1} \dfrac{1}{z^3(z-3)}\mathrm{d}z = \oint\limits_{|z|=2} \dfrac{1}{z^3(z-3)}\mathrm{d}z$；

（2）$\oint\limits_{|z|=1} \dfrac{1}{z^3(z-3)}\mathrm{d}z = \oint\limits_{|z|=4} \dfrac{1}{z^3(z-3)}\mathrm{d}z$.

7. 求下列各积分值（用最简单的方法）：

（1）$\oint\limits_C \dfrac{1}{z}\mathrm{d}z$ 其中 $C: z(t) = \cos t + \mathrm{i}2\sin t, 0 \leqslant t \leqslant 2\pi$.

（2）$\oint\limits_C \dfrac{1}{z^2}\mathrm{d}z$ 其中 C 与（1）同.

（3）$\oint\limits_C \dfrac{\mathrm{e}^z}{z}\mathrm{d}z$ 其中 $C: z(t) = 2 + \mathrm{e}^{\mathrm{i}t}, 0 \leqslant t \leqslant 2\pi$.

（4）$\oint\limits_C \dfrac{1}{z^2-1}\mathrm{d}z$ 其中 $C: |z-1| = 1$.

（5）$\oint\limits_C z^2\sin z\mathrm{d}z$ 其中 $C: |z| = r > 0$.

（6）$\oint\limits_C \dfrac{1}{(1-z)^3}\mathrm{d}z$ 其中 $C: |z+1| = \dfrac{1}{2}$.

8. 计算下列各积分值：

（1）$\oint\limits_{|z|=3} \dfrac{z^2}{z-2\mathrm{i}}\mathrm{d}z$；   （2）$\oint\limits_{|z|=1} \dfrac{z^2+\mathrm{e}^z}{z(z-3)}\mathrm{d}z$；

(3) $\oint\limits_{|z|=2} \dfrac{z^2-1}{z^2+1}\mathrm{d}z$;　　　(4) $\oint\limits_{|z-\frac{3}{2}|=1} \dfrac{1}{(z^2-1)(z^3-8)}\mathrm{d}z$.

9. 设 $f(z)$ 在整个复平面上解析, z_0 不在曲线 C 上, 证明:

$$\oint_C \frac{f'(z)}{z-z_0}\mathrm{d}z = \oint_C \frac{f(z)}{(z-z_0)^2}\mathrm{d}z,$$

试推出一般结果.

10. 函数 $f(z)$ 在简单闭曲线 C 及其内部解析, 且在 C 上有 $f(z)=0$. 证明: 在 C 内部, $f(z)=0$.

11. 由复积分 $\oint\limits_{|z|=1} \dfrac{\mathrm{e}^z}{z}\mathrm{d}z$ 的值, 证明实积分 $\displaystyle\int_0^\pi \mathrm{e}^{\cos\theta}\cos(\sin\theta)\mathrm{d}\theta = \pi$.

12. 计算下列各积分

(1) $\oint\limits_{|z|=1} \dfrac{\sin(\mathrm{e}^z)}{z^2}\mathrm{d}z$;

(2) $\oint\limits_{|z|=2} \dfrac{\sin z}{(z-\frac{\pi}{2})^2}\mathrm{d}z$;

(3) $\oint\limits_C \dfrac{\sin\pi z}{(z-1)^4}\mathrm{d}z$, 其中 C: $|z|=r>1$;

(4) $\oint\limits_C \dfrac{\mathrm{e}^{tz}}{z^3}\mathrm{d}z$, 其中 C 是包含原点 O 的光滑闭曲线(t 为实数, 且 $t\neq 0$);

(5) $\oint\limits_C \dfrac{1}{(z^2+9)^2}\mathrm{d}z$, 其中 C: $|z+2\mathrm{i}|=2$;

(6) $\oint\limits_{|z|=2} \dfrac{5z^2-3z+2}{(z-1)^3}\mathrm{d}z$;

(7) $\oint\limits_C \dfrac{\mathrm{e}^{-z}\sin z}{z^2}\mathrm{d}z$, 其中 C: $|z-\mathrm{i}|=2$.

13. 已知 $f(z)$ 是整函数, 如果在整个复平面上有 $|f(z)|\geqslant 1$, 证明 $f(z)$ 必为常数.

14. 已知 $f(z)$ 是整函数, 且存在着实数 M, 使 $\operatorname{Re} f(z)<M, (z\in\mathbb{C})$ 成立. 试证明 $f(z)$ 必为常数.

15. 如果 $f(z)$ 在闭圆盘 $\{z; |z|\leqslant 1\}$ 上解析, 试证明

$$f(r\mathrm{e}^{\mathrm{i}\varphi}) = \frac{1}{2\pi}\int_0^{2\pi} \frac{f(\mathrm{e}^{\mathrm{i}\theta})}{1-r\mathrm{e}^{\mathrm{i}(\varphi-\theta)}}\mathrm{d}\theta, \quad (r<1).$$

(提示: 设 $z_0 = r\mathrm{e}^{\mathrm{i}\varphi} \in \{z; |z|<1\}$)

16. 设 $f(z)$ 在单连通区域 D 内除点 z_0 外解析,但在 z_0 点近旁有界.证明:对于 D 内包含 z_0 的任何简单闭曲线 C,有 $\oint\limits_C f(z)\mathrm{d}z = 0$.

(提示:利用形变定理,作中心在 z_0,半径充分小的圆周 C_δ).

第四章 级 数

在这一章中,我们将利用解析函数的柯西积分公式给出解析函数的级数表示,讨论台劳(Taylor)级数与罗朗(Laurent)级数.

§ 4.1 复数项级数与幂级数

我们首先介绍复数序列与复数项级数、复函数序列与复函数项级数的概念及基本定理. 由于它们的许多结论及其证明方法与实数序列及实数项级数相类似,因此一般情况下,我们只作叙述而不给证明.

4.1.1 复数序列与复数项级数

定义 4.1.1 设 $\{z_n\}$ $(n=1,2,\cdots)$ 是一个复数序列,其中 $z_n = a_n + ib_n (n=1,2,\cdots)$, $a_n = \operatorname{Re} z_n$, $b_n = \operatorname{Im} z_n$;又设 $z_0 = a + ib$ 是一复数.如果对于任意给定的 $\varepsilon > 0$,存在正整数 $N = N(\varepsilon)$,使得 $n > N$ 时,有

$$|z_n - z_0| < \varepsilon$$

成立,则称复数序列 $\{z_n\}$ 的极限为 z_0,或者称 $\{z_n\}$ 收敛于 z_0,记作

$$\lim_{n \to \infty} z_n = z_0. \tag{4.1.1}$$

如果复数序列 $\{z_n\}$ 不收敛,则称 $\{z_n\}$ 发散.

由不等式

$$|a_n - a| \leqslant |z_n - z_0| \leqslant |a_n - a| + |b_n - b|$$

$$|b_n - b| \leqslant |z_n - z_0| \leqslant |a_n - a| + |b_n - b|$$

容易得到下面的结论.

定理 4.1.1 复数序列 $\{z_n\} = \{a_n + ib_n\}(n = 1, 2, \cdots)$ 收敛于 $z_0 = a + ib$ 的充分必要条件是

$$\lim_{n \to \infty} a_n = a, \qquad \lim_{n \to \infty} b_n = b. \qquad (4.1.2)$$

定理 4.1.2 柯西收敛准则 复数序列 $\{z_n\}$ 有极限的充分必要条件是,对于任何 $\varepsilon > 0$,存在着 $N = N(\varepsilon)$,使当 $n > N$ 时恒有

$$|z_{n+p} - z_n| < \varepsilon \qquad (p = 1, 2, \cdots)$$

成立.

定义 4.1.2 对复数序列 $\{z_n\} = \{a_n + ib_n\}(n = 1, 2, \cdots)$,和式

$$\sum_{n=1}^{\infty} z_n = z_1 + z_2 + \cdots + z_n + \cdots \qquad (4.1.3)$$

称为复数项级数,它的前 n 项之和

$$S_n = z_1 + z_2 + \cdots + z_n$$

称为级数(4.1.3)式的部分和,$\{S_n\}(n = 1, 2, \cdots)$ 称为级数(4.1.3) 的部分和序列,z_n 称为级数 $\sum_{n=1}^{\infty} z_n$ 的一般项或通项.

如果 $\{S_n\}$ 收敛,则称级数(4.1.3)收敛,其和为 S_n 的极限, $\lim_{n \to \infty} S_n = S$,即 $\sum_{n=1}^{\infty} z_n = S$,亦称级数(4.1.3)收敛于 S. 如果$\{S_n\}$ 不收敛,则称级数(4.1.3)发散.

由定理 4.1.2 与定义 4.1.2 立即可推得定理 4.1.3.

定理 4.1.3 复数项级数 $\sum_{n=1}^{\infty} z_n$ 收敛的充分必要条件是它的部分和序列 $\{S_n\}$ 满足柯西收敛准则,即对于任意给定的 $\varepsilon > 0$,存在着 $N = N(\varepsilon)$,使当 $n > N$ 时 $|S_{n+p} - S_n| < \varepsilon$ 成立$(p = 1, 2, \cdots)$.

如果在上述推论中令 $p = 1$,则有 $|S_{n+1} - S_n| = |z_{n+1}| < \varepsilon$.

由此可得复数项级数收敛的必要条件为它的一般项 z_n 趋向零.

即:若 $\sum_{n=1}^{\infty} z_n$ 收敛,则必有

$$\lim_{n \to \infty} z_n = 0. \qquad (4.1.4)$$

定理 4.1.4 级数 $\sum\limits_{n=1}^{\infty} z_n$ 收敛的充分必要条件是级数 $\sum\limits_{n=1}^{\infty} a_n$ 与 $\sum\limits_{n=1}^{\infty} b_n$ 均收敛（其中 $z_n = a_n + \mathrm{i}b_n, n = 1, 2, \cdots$）.

例 1 考察级数 $\sum\limits_{n=1}^{\infty} \left(\dfrac{1}{n} + \dfrac{\mathrm{i}}{2^n} \right)$ 的收敛性.

解 因为 $\sum\limits_{n=1}^{\infty} \dfrac{1}{n}$ 发散，所以原级数发散.

定义 4.1.3 如果级数 $\sum\limits_{n=1}^{\infty} |z_n|$ 收敛，则称 $\sum\limits_{n=1}^{\infty} z_n$ 绝对收敛. 如果 $\sum\limits_{n=1}^{\infty} z_n$ 收敛，而 $\sum\limits_{n=1}^{\infty} |z_n|$ 不收敛，则称 $\sum\limits_{n=1}^{\infty} z_n$ 为条件收敛.

由复数的模的不等式

$$
\begin{aligned}
|S_{n+p} - S_n| &= |z_{n+1} + z_{n+2} + \cdots + z_{n+p}| \\
&\leqslant |z_{n+1}| + |z_{n+2}| + \cdots + |z_{n+p}|,
\end{aligned}
$$

由定理 4.1.2 立即可得下面的定理.

定理 4.1.5 若级数 $\sum\limits_{n=1}^{\infty} |z_n|$ 收敛，则级数 $\sum\limits_{n=1}^{\infty} z_n$ 必收敛，亦即绝对收敛的级数必收敛，但反之不一定成立.

由于绝对收敛级数 $\sum\limits_{n=1}^{\infty} |z_n|$ 的一般项 $|z_n|$ 为非负实数，因此可以从实分析中正项级数的理论与方法去判定它的收敛性.

4.1.2 复函数序列与复函数项级数

定义 4.1.4 设 $\{f_n(z)\}$ 是一个定义在区域 D 上的函数序列，又设 $f(z)$ 是定义在 D 上的一个函数. 如果对于任意给定的 $\varepsilon > 0$，存在正整数 $N = N(\varepsilon, z)$，使 $n > N$ 时，有

$$|f_n(z) - f(z)| < \varepsilon \qquad (z \in D)$$

成立,则称复函数序列$\{f_n(z)\}$的极限为$f(z)$,或称$\{f_n(z)\}$收敛于$f(z)$.

定义4.1.5 对于定义在区域D上的函数序列$\{f_n(z)\}$($n=1,$ $2,\cdots$),我们称

$$\sum_{n=1}^{\infty} f_n(z) = f_1(z) + f_2(z) + \cdots + f_n(z) + \cdots \quad (4.1.5)$$

为函数项级数,它的前n项之和

$$S_n(z) = f_1(z) + f_2(z) + \cdots + f_n(z)$$

称为级数(4.1.5)的部分和,$\{S_n(z)\}$称为级数(4.1.5)的部分和函数序列.

如果对于D内某一点z_0,极限

$$\lim_{n \to \infty} S_n(z_0) = S(z_0) \qquad (z_0 \in D)$$

存在,则称级数(4.1.5)式在z_0点收敛,其和为$S(z_0)$;如果级数在D内处处收敛于$S(z)$,我们称$S(z)$为级数(4.1.5)式在D内的和函数,即

$$S(z) = \sum_{n=1}^{\infty} f_n(z) \qquad (z \in D).$$

下面我们只讨论幂级数,即复函数项级数的每一个项$f_n(z)$是幂函数的情况.

4.1.3 幂级数的敛散性

设幂级数形式为

$$\sum_{n=0}^{\infty} C_n(z-a)^n = C_0 + C_1(z-a) + \cdots + C_n(z-a)^n + \cdots$$

$$(4.1.6)$$

其中C_n是复常数,称为幂级数(4.1.6)式的系数,a也是复常数.

不失一般性,我们可以假设$a=0$,此时幂级数(4.1.6)式为

$$\sum_{n=0}^{\infty} C_n z^n = C_0 + C_1 z + \cdots + C_n z^n + \cdots \qquad (4.1.7)$$

事实上,只须在(4.1.6)式中令 $\zeta = z - a$,就得到(4.1.7)的形式. 因此,为了方便起见,我们就幂级数(4.1.7)式来进行讨论.

定理 4.1.6 阿贝尔(Abel)定理　如果幂级数 $\sum_{n=0}^{\infty} C_n z^n$ 在 $z = z_0 (z_0 \neq 0)$ 处收敛,那么当 $z \in \{z; |z| < |z_0|\}$ 时,幂级数绝对收敛;如果幂级数在 $z = z_1$ 处发散,那么当 $z \in \{z; |z| > |z_0|\}$ 时幂级数发散.

证明　我们只证明定理的前半部分.

由于 $\sum_{n=0}^{\infty} C_n z_0^n$ 收敛,于是由收敛的必要条件有 $\lim\limits_{n \to \infty} C_n z_0^n = 0$,因而存在正数 M,使对于所有的 n 有 $|C_n z_0^n| \leqslant M$. 当 $z \in \{z; |z| < |z_0|\}$ 时,令 $|\frac{z}{z_0}| = q < 1$,因而

$$|C_n z^n| = |C_n z_0^n| |\frac{z}{z_0}|^n < M q^n.$$

由实分析中正项级数的比较判别法知,当 $z \in \{z; |z| < |z_0|\}$ 时,$\sum_{n=0}^{\infty} |C_n z^n|$ 收敛,从而级数 $\sum_{n=0}^{\infty} C_n z^n$ 是绝对收敛的.

定理的后半部分,留给读者自己证明.

从定理 4.1.6 可以确定出幂级数的收敛范围是一个圆域(这里不作严格的叙述与证明),级数在该圆内绝对收敛,在该圆外发散,该圆半径称为幂级数的收敛半径. 设幂级数的收敛半径为 R,则按不同情况有:

1. $R = 0$,即对于任意的 $z \neq 0$,幂级数 $\sum_{n=0}^{\infty} C_n z^n$ 处处发散.

例 2　对幂级数 $\sum_{n=1}^{\infty} n^n z^n$,当 $z \neq 0$ 时,一般项 $n^n z^n$ 不趋于零,所以该幂级数发散.

2. $R = +\infty$，对于任意的 z，幂级数 $\sum\limits_{n=0}^{\infty} C_n z^n$ 均收敛.

例 3 级数 $\sum\limits_{n=1}^{\infty} \dfrac{z^n}{n^n} = z + \dfrac{z^2}{2^2} + \cdots + \dfrac{z^n}{n^n} + \cdots$ 对于任意固定的 z，从某个 n 开始，总有 $\dfrac{|z|}{n} < \dfrac{1}{2}$，于是从 n 项以后有 $\left| \dfrac{z^n}{n^n} \right| < \left(\dfrac{1}{2} \right)^n$，故级数对任意 z 均收敛.

3. 存在着收敛半径 R：$0 < R < +\infty$，幂级数 $\sum\limits_{n=0}^{\infty} C_n z^n$ 在 $|z| < R$ 中绝对收敛；在 $|z| > R$ 中发散.

至于在收敛圆周 $|z| = R$ 上，级数收敛与否却不能作出一般结论，我们在此不作具体讨论.

例 4 讨论级数

$$\sum_{n=0}^{\infty} z^n = 1 + z + \cdots + z^{n-1} + \cdots$$

的敛散性.

解 级数 $\sum\limits_{n=0}^{\infty} z^n$ 的部分和为

$$S_n = 1 + z + \cdots + z^{n-1} = \frac{1 - z^n}{1 - z} \quad (z \neq 1).$$

当 $|z| < 1$ 时，由于 $\lim\limits_{n \to \infty} z^n = 0$，从而有 $\lim\limits_{n \to \infty} S_n = \dfrac{1}{1-z}$，即当 $|z| < 1$ 时，级数 $\sum\limits_{n=0}^{\infty} z^n$ 绝对收敛，其和函数为 $\dfrac{1}{1-z}$；当 $|z| \geqslant 1$ 时，级数的一般项 z^{n-1} 当 $n \to \infty$ 时不趋于零，故级数发散，于是有

$$\sum_{n=0}^{\infty} z^n = 1 + z + \cdots + z^{n-1} + \cdots = \frac{1}{1-z} \quad (|z| < 1).$$

$$(4.1.8)$$

(4.1.8)式类似于实级数中的等比级数求和公式，它还可以推广到一般形式：

$$\sum_{n=0}^{\infty} u^n = \frac{1}{1-u}, \quad \text{其中 } u = u(z), |u(z)| < 1 \quad (z \in D).$$

$$(4.1.8')$$

4.1.4 幂级数的收敛半径 R 的求法

定理 4.1.7 如果幂级数 $\sum_{n=0}^{\infty} C_n z^n$ 的系数为 C_n, 下列极限之一存在:

$$(1) \lim_{n \to \infty} \left| \frac{C_n}{C_{n+1}} \right| = R, \qquad (2) \lim_{n \to \infty} \frac{1}{\sqrt[n]{|C_n|}} = R,$$

则 R 就是该幂级数的收敛半径.

上述定理可利用实变量级数中正项级数敛散性的达朗倍尔 (D'Alembert) 比率判别法和柯西的根式判别法证得, 本书从略.

例 5 求下列幂级数的收敛半径 R 及收敛圆.

$$(1) \sum_{n=1}^{\infty} \frac{z^n}{n^2}; \qquad (2) \sum_{n=1}^{\infty} \frac{(z-2)^n}{n^\alpha} \quad (\alpha > 0);$$

$$(3) \sum_{n=1}^{\infty} \frac{z^n}{n^n}; \qquad (4) \sum_{n=1}^{\infty} (1 - \frac{1}{n})^n z^n.$$

解 (1) 因为 $\lim\limits_{n \to \infty} = \dfrac{\dfrac{1}{n^2}}{\dfrac{1}{(n+1)^2}} = 1$, 所以收敛半径 $R = 1$, 收敛圆为 $\{z; |z| < 1\}$.

(2) 因为 $\lim\limits_{n \to \infty} \dfrac{\dfrac{1}{n^\alpha}}{\dfrac{1}{(n+1)^\alpha}} = \lim\limits_{n \to \infty} (\dfrac{n}{n+1})^\alpha = 1$, 所以 $R = 1$. 当 $|z - 2| < 1$ 时, 幂级数 $\sum_{n=1}^{\infty} \dfrac{(z-2)^n}{n^\alpha}$ 绝对收敛, 其收敛圆是以 2 为中心、1 为半径的圆的内部.

(3) 因为 $\lim\limits_{n\to\infty}\sqrt[n]{|C_n|} = \lim\limits_{n\to\infty}\dfrac{1}{n} = 0$，所以 $R = +\infty$. 幂级数

$\sum\limits_{n=1}^{\infty}\dfrac{z^n}{n^n}$ 在整个复平面上处处绝对收敛.

(4) 因为 $\lim\limits_{n\to\infty}\sqrt[n]{|C_n|} = \lim\limits_{n\to\infty}(1-\dfrac{1}{n}) = 1$，所以 $R = 1$.

注意：在(4)中有 $\lim\limits_{n\to\infty}C_n = \lim\limits_{n\to\infty}(1-\dfrac{1}{n})^n = \dfrac{1}{e}$. 我们可以发现，若

幂级数 $\sum\limits_{n=0}^{\infty}C_n z^n$ 中的系数 C_n 趋于一个非零的有限极限，由定理

4.1.7 知，此时幂级数的收敛半径必然是 1，反之不一定成立. 这里

不作证明.

4.1.5 幂级数和函数的解析性

与实变量级数相类似，复幂级数在其收敛圆内具有如下性质.

定理 4.1.8 设幂级数 $\sum\limits_{n=0}^{\infty}C_n z^n$ 的收敛半径为 R，并设在收敛圆

$\{z;|z|<R\}$ 内幂级数 $\sum\limits_{n=0}^{\infty}C_n z^n$ 收敛于和函数 $f(z)$，则

(1) 在收敛圆 $\{z;|z|<R\}$ 内，幂级数可以逐项求导直至任意

阶. 即

$$f'(z) = \left(\sum_{n=0}^{\infty}C_n z^n\right)' = \sum_{n=0}^{\infty}(C_n z^n)' = \sum_{n=1}^{\infty}n C_n z^{n-1}.$$

$$(4.1.11)$$

一般有

$$f^{(n)}(z) = n!C_n + \dfrac{(n+1)!}{1!}C_{n+1}z + \cdots + \dfrac{(n+k)!}{k!}C_{n+k}z^k + \cdots$$

$$(n=1,2,\cdots) \qquad (|z|<R),\qquad (4.1.12)$$

且(4.1.12)式右边的级数与原级数有相同的收敛半径 R，收敛圆亦

为 $\{z;|z|<R\}$，同时有 $f^{(n)}(0) = n!C_n$，所以

$$C_n = \frac{f^{(n)}(0)}{n!} \qquad (n = 0,1,2,\cdots,\text{记 } 0! = 1). \quad (4.1.13)$$

(2) 由(4.1.12)式可见,幂级数 $\sum\limits_{n=0}^{\infty} C_n z^n$ 的和函数在 $|z| < R$ 内解析.

(3) 对于收敛圆 $\{z; |z| < R\}$ 内的任意分段光滑曲线 C,幂级数可以逐项求积分

$$\int_C f(z)\mathrm{d}z = \int_C \left(\sum_{n=0}^{\infty} C_n z^n\right)\mathrm{d}z = \sum_{n=0}^{\infty} C_n \int_C z^n \mathrm{d}z \quad (|z| < R).$$

$$(4.1.14)$$

如果 C 是连接原点到 $|z| < R$ 内一点 z 的分段光滑曲线,则

$$\int_C f(z)\mathrm{d}z = \sum_{n=0}^{\infty} \frac{C_n}{n+1} z^{n+1} \qquad (|z| < R). \qquad (4.1.15)$$

(证明从略)

§ 4.2   台劳(Taylor)级数

4.2.1   台劳定理

在上节中,我们已经知道幂级数的和函数在收敛圆内是一个解析函数. 现在,我们要来研究与此相反的问题,即在圆内解析的函数能否用一个收敛的幂级数来表示.

定理4.2.1   台劳定理   设 $f(z)$ 在以 z_0 为中心、R 为半径的圆域 $D = \{z; |z - z_0| < R\}$ 内解析,于是 $f(z)$ 在此圆内可以展开成幂级数

$$f(z) = \sum_{n=0}^{\infty} C_n (z - z_0)^n \quad (|z - z_0| < R), \qquad (4.2.1)$$

其中系数

$$C_n = \frac{f^{(n)}(z_0)}{n!} = \frac{1}{2\pi i}\int_{C_r} \frac{f(s)}{(s-z_0)^{n+1}}ds \ (n=0,1,2,\cdots),$$

$C_r = \{|s-z_0|=r\}, 0<r<R$,且展开式是唯一的.

证明　设 $|z-z_0|<R$ 内任意点 z,
以 z_0 为中心、R_1 为半径($R_1<R$)作圆
$C_{R_1} = \{z \mid |z-z_0|=R_1\}$,使 z 包含在 C_{R_1}
内部(如图 4-1).由柯西积分公式,得

$$f(z) = \frac{1}{2\pi i}\int_{C_{R_1}} \frac{f(\zeta)}{\zeta-z}d\zeta.$$

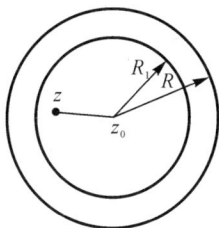

图 4-1

由于在 C_{R_1} 上 $|\zeta-z_0|=R_1$,z 在 C_{R_1} 的内

部,所以有 $|z-z_0|<R_1$,$\left|\dfrac{z-z_0}{\zeta-z_0}\right|<1$.因为

$$\frac{1}{\zeta-z} = \frac{1}{(\zeta-z_0)-(z-z_0)} = \frac{1}{\zeta-z_0}\frac{1}{1-\dfrac{z-z_0}{\zeta-z_0}},$$

由(4.1.8)式,我们有

$$\frac{1}{\zeta-z} = \frac{1}{\zeta-z_0}\Big[1 + \frac{z-z_0}{\zeta-z_0} + \cdots + \frac{(z-z_0)^n}{(\zeta-z_0)^n} + \cdots\Big].$$

$$(4.2.2)$$

将上式两边乘以 $\dfrac{1}{2\pi i}f(\zeta)$,并在 C_{R_1} 上逐项求积分[①]得

$$f(z) = \frac{1}{2\pi i}\int_{C_{R_1}} \frac{f(\zeta)}{\zeta-z}d\zeta$$

$$= \sum_{n=0}^{\infty}\Big[\frac{1}{2\pi i}\int_{C_{R_1}} \frac{f(\zeta)}{(\zeta-z_0)^{n+1}}d\zeta\Big](z-z_0)^n$$

————————

① (4.2.2)式右边括号内级数在 C_{R_1} 上的逐项可积性基于它在 C_{R_1} 上关于 ζ 是一致收敛的,因此与有界函数 $\dfrac{f(\zeta)}{\zeta-z_0}$ 相乘后在 C_{R_1} 上关于 ζ 仍然一致收敛于 $\dfrac{f(\zeta)}{\zeta-z}$,所以可以逐项积分,在此我们不作严格证明.

$$= \sum_{n=0}^{\infty} C_n(z - z_0)^n \qquad (|z - z_0| < R),$$

其中 C_n 由高阶导数的柯西积分公式求得：

$$C_n = \frac{1}{2\pi i} \int_{C_{R_1}} \frac{f(\zeta)}{(\zeta - z_0)^{n+1}} \,\mathrm{d}\zeta$$

$$= \frac{1}{n!} \Big[\frac{n!}{2\pi i} \int_{C_{R1}} \frac{f(\zeta)}{(\zeta - z_0)^{n+1}} \,\mathrm{d}\zeta \Big]$$

$$= \frac{f^{(n)}(z_0)}{n!}. \qquad\qquad (4.2.3)$$

由形变定理，对于任何 $0 < r < R$，

$$\int_{C_r} \frac{f(s)}{(s - z_0)^{n+1}} \mathrm{d}s = \int_{C_{R_1}} \frac{f(s)}{(s - z_0)^{n+1}} \mathrm{d}s,$$

因此，$C_n = \dfrac{f^{(n)}(z_0)}{n!} = \dfrac{1}{2\pi i} \displaystyle\int_{C_r} \dfrac{f(s)}{(s - z_0)^{n+1}} \mathrm{d}s.$

现在证明展开式的唯一性.

如果 $f(z)$ 在 $|z - z_0| < R$ 中另有展开式

$$f(z) = \sum_{n=0}^{\infty} C'_n(z - z_0)^n \qquad (|z - z_0| < R),$$

由定理 4.1.8 中(1)，两边逐项求导，并令 $z = z_0$ 就得到系数公式

$$C'_n = \frac{f^{(n)}(z_0)}{n!} = C_n \qquad (n = 0, 1, 2, \cdots).$$

所以展开式是唯一的，定理证毕.

我们称(4.2.1)式为 $f(z)$ 在点 z_0 的台劳展开式，称(4.2.3)式为它的台劳系数.(4.2.1)式右边的级数称为台劳级数.

当取 $z_0 = 0$(即在以原点为中心的圆域内展开时)，(4.2.1)式为

$$f(z) = \sum_{n=0}^{\infty} \frac{f^{(n)}(0)}{n!} z^n$$

$$= f(0) + \frac{f'(0)}{1!} z + \cdots + \frac{f^{(n)}(0)}{n!} z^n + \cdots (|z| < R).$$

$$(4.2.4)$$

(4.2.4)式亦称为 $f(z)$ 的麦克劳林(Maclaurin)级数.

结合定理 4.1.8 中(2)与定理 4.2.1,我们得到下面的推论.

推论 函数 $f(z)$ 在区域 D 内解析的充分必要条件是,$f(z)$ 在 D 内任意点 z_0(存在 z_0 的一个邻域)处均可展开为收敛的幂级数.(读者可自行证明)

该推论刻画了解析函数的一个等价性定理,它可以当作一个函数在区域上解析的定义.

由台劳定理不难看出,D 是函数 $f(z)$ 的最大解析区域,C 为 D 的边界,则在 D 内任意点 z_0 处的邻域 $D_R = \{z \mid |z - z_0| < R\}$ 内的台劳展开式的收敛半径 R 等于 z_0 点到 D 的边界 C 的最近距离. 这就使我们不必用 $f(z)$ 展开成台劳级数以后再利用台劳系数与定理4.1.7的公式去计算收敛半径 R,而只须从分析 $f(z)$ 的解析性就可获得.

如果 $f(z)$ 在 D 内除 $a_1, a_2, \cdots, a_n$ 外的区域上解析,则 $f(z)$ 在解析点 z_0 处的台劳级数收敛半径为

$$R = \min\left\{ \min_{1 \leqslant k \leqslant n} |z_0 - a_k|, \quad \min_{\zeta \in C} |\zeta - z_0| \right\},$$

其中 C 是 D 的边界曲线.

注意:实际上 $a_k(k = 1, 2, \cdots, n)$ 也可视作 $f(z)$ 的解析区域的边界点.

4.2.2 一些初等函数的台劳展开式

下面介绍一些基本初等函数的台劳级数(或麦克劳林级数),它们的形式与实变量级数中大家熟知的形式是一致的.

例 6 $f(z) = e^z$ 在 z 平面上解析,且

$$f^{(n)}(0) = (e^z)^{(n)} \big|_{z=0} = e^z \big|_{z=0} = 1,$$

所以它在 $z = 0$ 处的麦克劳林级数为

$$e^z = \sum_{n=0}^{\infty} \frac{f^{(n)}(0)}{n!} z^n = \sum_{n=0}^{\infty} \frac{z^n}{n!}$$

$$= 1 + z + \frac{z^2}{2!} + \cdots + \frac{z^n}{n!} + \cdots \quad (|z| < \infty).$$

$$(4.2.5)$$

例 7 利用 $\cos z = \dfrac{e^{iz} + e^{-iz}}{2} = \dfrac{1}{2} \Big[\displaystyle\sum_{n=0}^{\infty} \dfrac{1}{n!}(iz)^n + \sum_{n=0}^{\infty} \dfrac{1}{n!}(-iz)^n \Big]$ 右式中奇次幂正好消去，因此得

$$\cos z = \sum_{n=0}^{\infty} \frac{(-1)^n z^{2n}}{(2n)!}$$

$$= 1 - \frac{z^2}{2!} + \frac{z^4}{4!} + \cdots$$

$$+ (-1)^n \frac{z^{2n}}{(2n)!} + \cdots \quad (|z| < \infty). \qquad (4.2.6)$$

同样可得

$$\sin z = \sum_{n=0}^{\infty} \frac{(-1)^n z^{2n+1}}{(2n+1)!}$$

$$= z - \frac{z^3}{3!} + \frac{z^5}{5!} + \cdots + (-1)^n \frac{z^{2n+1}}{(2n+1)!} + \cdots$$

$$(|z| < \infty), \qquad (4.2.7)$$

$$\text{sh } z = \sum_{n=0}^{\infty} \frac{z^{2n+1}}{(2n+1)!}$$

$$= z + \frac{z^3}{3!} + \frac{z^5}{5!} + \cdots + \frac{z^{2n+1}}{(2n+1)!} + \cdots \quad (|z| < \infty),$$

$$(4.2.8)$$

$$\text{ch } z = \sum_{n=0}^{\infty} \frac{z^{2n}}{(2n)!}$$

$$= 1 + \frac{z^2}{2!} + \frac{z^4}{4!} + \cdots + \frac{z^{2n}}{(2n)!} + \cdots \quad (|z| < \infty).$$

$$(4.2.9)$$

直接利用台劳系数公式 (4.2.3) 求 $f(z)$ 的台劳展开式，只适用于很少量的较为简单的函数. 这是因为对于一般的解析函数，要计算出 $f(z)$ 在 z_0 点的各阶导数值是比较麻烦的. 因此，对一个函数求其

台劳展开式时常常可以利用一些基本初等函数的台劳公式及等比级数的求和公式(如(4.1.8′)式),然后通过代数运算、代换、逐项求导、逐项积分等方法求出给定函数的台劳级数.

例 8 求函数 $f(z) = \ln(1 + z)$ 的麦克劳林级数.

解 由(4.1.8)式中用 $-z$ 代替 z,得

$$\frac{1}{1+z} = 1 - z + z^2 + \cdots + (-1)^n z^n + \cdots \quad (|z| < 1).$$
$$(4.2.10)$$

再在 $|z| < 1$ 内任取一条从原点 O 到单位圆内一点 z 的曲线 C,将(4.2.10)等式两边沿曲线 C 积分

$$\int_0^z \frac{1}{1+z} \mathrm{d}z = \int_0^z \mathrm{d}z - \int_0^z z \mathrm{d}z + \cdots$$
$$+ (-1)^n \int_0^z z^n \mathrm{d}z + \cdots \quad (|z| < 1).$$

得到

$$\ln(1+z) = z - \frac{z^2}{2} + \frac{z^3}{3} + \cdots + \frac{(-1)^n}{n+1} z^{n+1} + \cdots \quad (|z| < 1).$$
$$(4.2.11)$$

以 $-z$ 代替 z 得

$$\ln(1-z) = -\sum_{n=1}^{\infty} \frac{z^n}{n} \quad (|z| < 1). \quad (4.2.12)$$

若将(4.2.10)式两边求导,可得到 $\dfrac{1}{(1+z)^2}$ 的台劳展开式:

$$\frac{1}{(1+z)^2} = 1 - 2z + 3z^2 + \cdots + (-1)^{n-1} n z^{n-1} + \cdots$$
$$(|z| < 1). \quad (4.2.13)$$

例 9 试将函数 $f(z) = \dfrac{z}{z+1}$ 在 $z_0 = 1$ 处展开成台劳级数,并指出该级数的收敛范围.

解 $f(z) = \dfrac{z}{z+1}$

$$= 1 - \frac{1}{z+1} = 1 - \frac{1}{(z-1)+2}$$

$$= 1 - \frac{1}{2} \frac{1}{1 + \dfrac{z-1}{2}}.$$

由 $(4.1.8')$ 式

$$f(z) = 1 - \frac{1}{2} \sum_{n=0}^{\infty} (-1)^n \left(\frac{z-1}{2}\right)^n \qquad (|\frac{z-1}{2}| < 1)$$

$$= 1 - \sum_{n=0}^{\infty} (-1)^n \frac{(z-1)^n}{2^{n+1}} \qquad (|z-1| < 2),$$

级数收敛区域为 $\{z; |z-1| < 2\}$.

§ 4.3 解析函数零点的
孤立性及唯一性定理

定义 4.3.1 设函数 $f(z)$ 在解析区域 D 内的一点 z_0 处的值为零,则称 z_0 为解析函数 $f(z)$ 的零点.

定义 4.3.2 如果函数 $f(z)$ 在 z_0 点的某个邻域 $D(z_0, \delta) = \{z; |z - z_0| < \delta\}$ 中解析, $f(z_0) = 0$,且除了点 z_0 外在 $D(z_0, \delta)$ 内 $f(z)$ 处处不为零,则称 z_0 为 $f(z)$ 的孤立零点.

定义 4.3.3 如果解析函数 $f(z)$ 在点 z_0 的邻域内可以表示为

$$f(z) = (z - z_0)^m \psi(z),$$

其中 $\psi(z)$ 在 z_0 点解析,且 $\psi(z_0) \neq 0, m \geqslant 1$,则称 z_0 为 $f(z)$ 的 m 级零点, $m = 1$ 时称为单零点.

定理 4.3.1 设 $f(z)$ 在区域 D 内解析, $\{z_n\}(n = 1, 2, \cdots)$ 是 $f(z)$ 在 D 内一列两两不同的零点序列,且 $z_n \to z_0 \in D(n \to \infty)$,则 $f(z)$ 在 D 内必恒为零.

证明 存在 $r > 0$ 使圆域 $D(z_0, r) \subset D$. 由台劳定理, $f(z)$ 在圆域 $D(z_0, r)$ 内可以展开成幂级数

$$f(z) = \sum_{n=0}^{\infty} C_n (z - z_0)^n$$

先证明：对于任意 $n \geqslant 0, C_n = 0$.

反证法　如若不然，存在 $k \geqslant 0$ 使 $C_0 = C_1 = \cdots = C_{k-1} = 0$, $C_k \neq 0$, 此时有

$$\begin{aligned}
f(z) &= C_k (z - z_0)^k + C_{k+1}(z - z_0)^{k+1} + \cdots \\
&= (z - z_0)^k [C_k + C_{k-1}(z - z_0) + \cdots] \\
&= (z - z_0)^k \psi(z).
\end{aligned}$$

其中，$\psi(z)$ 在圆域 $D(z_0, r)$ 内解析且 $\psi(z_0) = C_k \neq 0$. 由 $\psi(z)$ 在 z_0 点的连续性，存在 $0 < \delta_0 < r$ 使在 $D(z_0, \delta_0)$ 内 $\psi(z)$ 恒不为零，所以 $f(z)$ 在圆域 $D(z_0, \delta_0)$ 内只有一个零点 z_0，与条件矛盾. 因此，对于任意 $n \geqslant 0, C_n = 0$. 这说明在 $D(z_0, r)$ 内，$f(z)$ 恒为零.

最后要证明：对于任何 $z' \in D, f(z') = 0$.

对于任意 $z' \in D$，存在 D 内的折线 γ 连接 z_0 和 z'. 存在 $\delta > 0$ 和 γ 上的点 $z_0 = s_0, s_1, \cdots, s_m = z'$ 使 $D(s_j, \delta) \subset D (0 \leqslant j \leqslant m)$ 和 $s_{j+1} \in D(s_j, \delta) (0 \leqslant j \leqslant m - 1)$.

已知在 $D(z_0, \delta) \bigcap D(s_1, \delta)$ 内，$f(z)$ 恒为零，由上面的证明方法知：在 $D(s_1, \delta)$ 内，$f(z)$ 恒为零. 依次类推，在每个 $D(z_j, \delta) (0 \leqslant j \leqslant m)$ 内，$f(z)$ 恒为零. 特别地，$f(z') = 0$. 因此，在 D 内 $f(z)$ 恒为零.

根据定理 4.3.1，有下面两个直接推论.

推论 1　孤立零点定理　不恒为零的解析函数的零点必是孤立的.

孤立零点定理描述了解析函数有别于实可微函数的又一重要性质. 对于实可微函数，其零点不一定是孤立的，例如

$$f(x) = \begin{cases} x^2 \sin \dfrac{1}{x}, & x \neq 0; \\ 0, & x = 0. \end{cases}$$

$f(x)$ 在整个实数域上可微，$x = 0$ 和 $x_n = \dfrac{1}{n\pi} (n = 1, 2, \cdots)$ 是 $f(x)$

的零点且 $\lim\limits_{n\to\infty} x_n = 0$，所以 $x = 0$ 不是 $f(x)$ 的孤立零点.

推论 2 **解析函数的唯一性定理** 设函数 $f(z)$ 与 $g(z)$ 在区域 D 内解析，$\{z_n\}$ $(n = 1, 2, \cdots)$ 是 D 内的一串点列. 当 $m \neq n$ 时 $z_m \neq z_n$，且 $z_n \to z_0 \in D$ $(n \to \infty)$. 如果对一切 n，都有 $f(z_n) = g(z_n)$，则在 D 内恒有 $f(z) = g(z)$.

这个推论说明了解析函数一个非常重要的特性. 它指出定义在区域 D 上的两个解析函数，只要在 D 内的某一部分(子区域或弧段)上的值相等，则它们在整个区域 D 上的值必相等.

利用解析函数的唯一性定理，我们可以推出：一切在实轴上成立的恒等式(例如 $\cos^2 z + \sin^2 z = 1, \mathrm{ch}^2 z - \mathrm{sh}^2 z = 1$ 等)在 Z 平面上也成立，只要这个恒等式的两边在 Z 平面上是解析的.

定理 4.3.2 不恒为零的解析函数 $f(z)$ 以 z_0 为其 m 级零点的充分必要条件是

$$f(z_0) = f'(z_0) = \cdots = f^{(m-1)}(z_0) = 0, \quad \text{但} f^{(m)}(z_0) \neq 0.$$

证明 **必要性** 由定义 4.3.3 及定理 4.3.1 知，存在 z_0 的一个 δ 邻域 $D(z_0, \delta)$，使

$$f(z) = (z - z_0)^m \psi(z),$$

且 $\psi(z)$ 在 z_0 点解析，$\psi(z_0) \neq 0$，所以 $\psi(z)$ 在 $D(z_0, \delta)$ 中可展开台劳级数

$$\psi(z) = \psi(z_0) + \frac{\psi'(z_0)}{1!}(z - z_0) + \cdots$$
$$+ \frac{\psi^{(n)}(z_0)}{n!}(z - z_0)^n + \cdots \qquad (|z - z_0| < \delta);$$

所以

$$f(z) = (z - z_0)^m \psi(z)$$
$$= \psi(z_0)(z - z_0)^m + \frac{\psi'(z_0)}{1!}(z - z_0)^{m+1} + \cdots$$
$$+ \frac{\psi^{(n)}(z_0)}{n!}(z - z_0)^{m+n} + \cdots \qquad (|z - z_0| < \delta).$$

这也是 $f(z)$ 在 $|z - z_0| < \delta$ 中的台劳展开式，可见

$$f(z_0) = f'(z_0) = \cdots = f^{(m-1)}(z_0) = 0,$$
$$f^{(m)}(z_0) = \psi(z_0)m! \neq 0.$$

充分性 因为 $f(z)$ 在 z_0 点解析,由台劳定理可知 $f(z)$ 在 z_0 的邻域 $D(z_0,\delta) = \{z ; |z - z_0| < \delta\}$ 内可展开成台劳级数. 由已知条件知该级数为

$$f(z) = \frac{f^{(m)}(z_0)}{m!}(z - z_0)^m + \frac{f^{(m+1)}(z_0)}{(m+1)!}(z - z_0)^{m+1} + \cdots$$

$$= (z - z_0)^m \left[\frac{f^{(m)}(z_0)}{m!} + \frac{f^{(m+1)}(z_0)}{(m+1)!}(z - z_0) + \cdots \right]$$
$$(|z - z_0| < \delta).$$

上式右端方括号内幂级数在 $|z - z_0| < \delta$ 中收敛. 设其和函数为 $\psi(z)$:

$$\psi(z) = \frac{f^{(m)}(z_0)}{m!} + \frac{f^{(m+1)}(z_0)}{(m+1)!}(z - z_0) + \cdots$$
$$(|z - z_0| < \delta).$$

因 $\psi(z_0) = \dfrac{f^{(m)}(z_0)}{m!} \neq 0, \psi(z)$ 在 $|z - z_0| < \delta$ 中解析,所以 $f(z)$ 在 $D(z_0,\delta)$ 中可表示为

$$f(z) = (z - z_0)^m \psi(z).$$

其中 $\psi(z)$ 在 z_0 点解析,且 $\psi(z_0) \neq 0$. 由定义 4.3.3 知 $z = z_0$ 是 $f(z)$ 的 m 级零点.

例 10 讨论函数
$$f(z) = 1 - \cos z$$
在原点 $z = 0$ 的性质.

解 $f(z)$ 显然在 $z = 0$ 处解析,且 $f(0) = 0$,所以 $z = 0$ 是 $f(z)$ 的零点. 因为

$$f(z) = 1 - \cos z$$

$$= 1 - (1 - \frac{z^2}{2!} + \frac{z^4}{4!} + \cdots)$$

$$= z^2 (\frac{1}{2!} - \frac{z^2}{4!} + \frac{z^4}{6!} + \cdots)$$

$$= z^2 \psi(z) \qquad\qquad (|z| < \infty).$$

其中 $\psi(z) = \dfrac{1}{2} - \dfrac{z^2}{4!} + \dfrac{z^4}{6!} + \cdots \quad (|z| < \infty)$ 是解析的，且

$\psi(0) = \dfrac{1}{2} \neq 0$，所以 $z = 0$ 是 $f(z)$ 的二级零点.

还可用定理 4.3.2 验证. 因为

$$f(0) = 0, \quad f'(0) = \sin z \big|_{z=0} = 0,$$
$$f''(z) = \cos z, \quad f''(0) = 1 \neq 0,$$

所以 $z = 0$ 是 $f(z)$ 的二级零点.

§ 4.4 罗朗(Laurent)级数

在上一节中我们已经看到，利用台劳定理可以将一个在 z_0 点解析的函数 $f(z)$ 用在 z_0 的邻域中收敛的台劳级数来表示. 但是，如果 z_0 是 $f(z)$ 的奇点，$f(z)$ 在去心邻域 $0 < |z - z_0| < \delta$ 中解析，那末 $f(z)$ 能否在 z_0 的去心邻域中展开成收敛的幂级数呢?幂级数的形式又是怎样的呢?本节就是要讨论这些问题，并且以此为工具去研究解析函数在孤立奇点处的性质.

4.4.1 双边级数的收敛性

与在讨论台劳定理时首先研究具有正幂的幂级数的收敛性那样，我们现在先来讨论下列具有正负次幂的幂级数收敛性. 设级数为

$$\sum_{n=-\infty}^{+\infty} C_n(z - z_0)^n = \cdots + C_{-n}(z - z_0)^{-n} + \cdots$$
$$+ C_{-1}(z - z_0)^{-1} + C_0 + C_1(z - z_0) + \cdots$$
$$+ C_n(z - z_0)^n + \cdots, \qquad (4.4.1)$$

我们称它为双边级数，它由正幂部分：

$$\sum_{n=0}^{\infty} C_n (z-z_0)^n = C_0 + C_1(z-z_0) + \cdots$$
$$+ C_n(z-z_0)^n + \cdots \qquad (4.4.2)$$

与负幂部分：

$$\sum_{n=1}^{\infty} C_{-n}(z-z_0)^{-n} = C_{-1}(z-z_0)^{-1} + C_{-2}(z-z_0)^{-2} + \cdots$$
$$+ C_{-n}(z-z_0)^{-n} + \cdots \qquad (4.4.3)$$

两部分组成，因此我们可以分别讨论级数(4.4.2)与(4.4.3)式的收敛性.

级数(4.4.2)式是 §4.2 中讨论过的幂级数，设它的收敛半径为 R_2，则级数(4.4.2)式在圆域 $|z-z_0| < R_2$ 中绝对收敛，其和函数为 $f_1(z)$，它在收敛圆中为一个解析函数；在 $|z-z_0| > R_2$ 中，级数(4.4.2)式发散.

对于(4.4.3)式，作代换 $\zeta = (z-z_0)^{-1}$ 得

$$C_{-1}\zeta + C_{-2}\zeta^2 + \cdots + C_{-n}\zeta^n + \cdots. \qquad (4.4.4)$$

它是 ζ 的正幂次的幂级数. 设它的收敛半径为 R，则(4.4.4)式在圆域 $|\zeta| < R$ 中绝对收敛，其和 $g(\zeta)$ 在 $|\zeta| < R$ 内解析；级数(4.4.4) 式在 $|\zeta| > R$ 中发散，亦即在 $|\zeta| = |\frac{1}{z-z_0}| < R$，即在 $|z-z_0| > \frac{1}{R} = R_1$ 中，级数(4.4.3)式收敛，其和函数 $g(\zeta) = g(\frac{1}{z-z_0}) = f_2(z)$ 在 $|z-z_0| > R_1$ 中解析，级数(4.4.3)在 $|z-z_0| < R_1$ 中发散.

结合上述两个级数的讨论可知，当且仅当 $R_1 < R_2$ 时，级数(4.4.2)与(4.4.3)才有公共的收敛区域：$R_1 < |z-z_0| < R_2$，这是一个以 z_0 为中心、R_1 和 R_2 为半径的两个圆周所界的圆环. 在该圆环中，和函数 $f(z) = f_1(z) + f_2(z)$ 是解析的. 由 §4.1 中定理 4.1.8 可知，级数(4.4.1)在环域中可以逐项求导、逐项积分.

圆环 $D = \{z \,|\, R_1 < |z-z_0| < R_2\}$ 可以有如下几种情况：

(1) $R_1 = 0, R_2 < +\infty$，它是以 z_0 为中心的去心邻域 $\{0 < |z-$

$z_0| < R_2\}$;

(2) $R_1 > 0, R_2 < +\infty$, 它是区域 $\{R_1 < |z - z_0| < R_2\}$;

(3) $R_1 = 0, R_2 = +\infty$, 它是区域 $\{0 < |z - z_0| < +\infty\}$;

(4) $R_1 > 0, R_2 = +\infty$, 它是区域 $\{R_1 < |z - z_0| < +\infty\}$.

综上所述可知,形如(4.4.1)式的双边级数表示了在其收敛圆环内的一个解析函数. 反之,一个在圆环内(或去心邻域内)解析的函数 $f(z)$,是否也能在该圆环内展开成收敛于 $f(z)$ 的具有正负次幂的幂级数呢?答案是肯定的. 下面的罗朗定理就回答了这个问题.

4.4.2 罗朗定理

定理 4.4.1 罗朗定理 设函数在以 z_0 为中心的圆环 $\{R_1 < |z - z_0| < R_2\}$ 内解析,则在此圆环内,函数可以展开成级数

$$f(z) = \sum_{n=-\infty}^{+\infty} C_n (z - z_0)^n \quad (R_1 < |z - z_0| < R_2),$$

(4.4.5)

其中系数 C_n 为

$$C_n = \frac{1}{2\pi i} \oint_{C_R} \frac{f(\zeta)}{(\zeta - z_0)^{n+1}} \, d\zeta \quad (n = 0, \pm 1, \pm 2, \cdots).$$

(4.4.6)

$C_R = \{z; |z - z_0| = R\}, R_1 < R < R_2$ 逆时针方向,且其展开式是唯一的.

证明 设 z 是圆环 $\{R_1 < |z - z_0| < R_2\}$ 内任意一点,取 ρ_1 和 ρ_2 使 $R_1 < \rho_1 < |z - z_0| < \rho_2 < R_2$,则 z 点落在 $\{\rho_1 < |z - z_0| < \rho_2\}$ 中. 如图 4-2.

因为 $f(z)$ 在闭圆环 $\{\rho_1 \leqslant |z - z_0| \leqslant \rho_2\}$ 中解析,其边界 $C = \Gamma_2 + \Gamma_1^-$, $\Gamma_1 = \{|z - z_0| = \rho_1\}$, $\Gamma_2 = \{|z - z_0| = \rho_2\}$,所以由

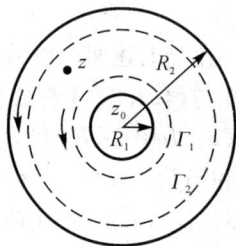

图 4-2

柯西积分公式有

$$f(z) = \frac{1}{2\pi i} \int_{\Gamma_2 + \Gamma_1^-} \frac{f(\zeta)}{\zeta - z} \, d\zeta$$

$$= \frac{1}{2\pi i} \oint_{\Gamma_2} \frac{f(\zeta)}{\zeta - z} \, d\zeta - \frac{1}{2\pi i} \oint_{\Gamma_1} \frac{f(\zeta)}{\zeta - z} \, d\zeta$$

$$= \frac{1}{2\pi i} \oint_{\Gamma_2} \frac{f(\zeta)}{\zeta - z} \, d\zeta + \frac{1}{2\pi i} \oint_{\Gamma_1} \frac{f(\zeta)}{z - \zeta} \, d\zeta. \qquad (4.4.7)$$

按照台劳定理的推导方法,(4.4.7)式右端的第一个积分可立即写出:

$$\frac{1}{2\pi i} \oint_{\Gamma_2} \frac{f(\zeta)}{\zeta - z} \, d\zeta = \sum_{n=0}^{\infty} C_n (z - z_0)^n, \qquad (4.4.8)$$

其中

$$C_n = \frac{1}{2\pi i} \oint_{\Gamma_2} \frac{f(\zeta)}{(\zeta - z_0)^{n+1}} \, d\zeta \qquad (n = 0, 1, 2, \cdots).$$

设有实数 R,使 $\rho_1 < R < \rho_2$,则由形变定理,其系数 C_n 也可表示为

$$C_n = \frac{1}{2\pi i} \oint_{C_R} \frac{f(\zeta)}{(\zeta - z_0)^{n+1}} \, d\zeta \qquad (n = 0, 1, 2, \cdots), \quad (4.4.9)$$

其中 $C_R = \{|z - z_0| = R\}$,$R_1 < R < R_2$.

(4.4.7)式右端的第二个积分,因为 $\zeta \in \Gamma_1$ 上,所以有 $|z - z_0| > |\zeta - z_0|$,即 $\left| \dfrac{\zeta - z_0}{z - z_0} \right| < 1$,所以

$$\frac{1}{z - \zeta} = \frac{1}{-(\zeta - z_0) + (z - z_0)}$$

$$= \frac{1}{z - z_0} \frac{1}{1 - \dfrac{\zeta - z_0}{z - z_0}}$$

$$= \sum_{n=0}^{\infty} \frac{(\zeta - z_0)^n}{(z - z_0)^{n+1}} \qquad \left(\left| \frac{\zeta - z_0}{z - z_0} \right| < 1 \right)$$

$$= \sum_{n=1}^{\infty} \frac{(\zeta - z_0)^{n-1}}{(z - z_0)^n}.$$

因此

$$\frac{1}{2\pi i} \oint_{\Gamma_1} \frac{f(\zeta)}{z - \zeta} \, d\zeta$$

$$= \sum_{n=1}^{\infty} \left[\frac{1}{2\pi i} \oint_{\Gamma_1} f(\zeta)(\zeta - z_0)^{n-1} \, d\zeta \right] (z - z_0)^{-n}$$

$$= \sum_{n=-1}^{-\infty} \left[\frac{1}{2\pi i} \oint_{\Gamma_1} \frac{f(\zeta)}{(\zeta - z_0)^{n+1}} \, d\zeta \right] (z - z_0)^n$$

$$= \sum_{n=-\infty}^{-1} \left[\frac{1}{2\pi i} \oint_{C_R} \frac{f(\zeta)}{(\zeta - z_0)^{n+1}} \, d\zeta \right] (z - z_0)^n.$$

记

$$\frac{1}{2\pi i} \oint_{\Gamma_1} \frac{f(\zeta)}{z - \zeta} \, d\zeta = \sum_{n=-\infty}^{-1} C_n (z - z_0)^n, \qquad (4.4.10)$$

其中

$$C_n = \frac{1}{2\pi i} \oint_{C_R} \frac{f(\zeta)}{(\zeta - z_0)^{n+1}} \, d\zeta \qquad (n = -1, -2, \cdots).$$

$$(4.4.11)$$

联合(4.4.7)～(4.4.11)式,可得

$$f(z) = \sum_{n=-\infty}^{+\infty} C_n (z - z_0)^n \qquad (R_1 < |z - z_0| < R_2),$$

其中

$$C_n = \frac{1}{2\pi i} \oint_{C_R} \frac{f(\zeta)}{(\zeta - z_0)^{n+1}} \, d\zeta \quad (R_1 < R < R_2)$$

$$(n = 0, \pm 1, \pm 2, \cdots),$$

唯一性证明略,定理证毕.

级数(4.4.5)称为解析函数 $f(z)$ 在圆环 $\{z; R_1 < |z - z_0| < R_2\}$ 内的罗朗展开式,其负幂部分(4.4.10)称为罗朗级数的主要部

分(简称主部),正幂部分(4.4.8)称为罗朗级数的解析部分(或正则部分).

如果定理中 $R_1 = 0$[①],则 $f(z)$ 在 z_0 的去心邻域 $\{z; 0 < |z - z_0| < R_2\}$ 中解析,它的罗朗展开式

$$f(z) = \sum_{n=-\infty}^{+\infty} C_n(z - z_0)^n \quad (0 < |z - z_0| < R_2),$$

其中

$$C_n = \frac{1}{2\pi i} \oint_{C_R} \frac{f(\zeta)}{(\zeta - z_0)^{n+1}} \, d\zeta \quad (n = 0, \pm 1, \cdots) \quad (0 < R < R_2).$$

在罗朗定理中,如果 $f(z)$ 在 z_0 点是解析的,则当 $n \leqslant -1$ 时,$\dfrac{f(\zeta)}{(\zeta - z_0)^{n+1}}$ 在 $|z - z_0| < R_2$ 内解析,所以在 $|z - z_0| \leqslant R$ 上解析. 由柯西积分定理可知 $C_n = 0(n \leqslant -1)$,所以有

$$f(z) = \sum_{n=0}^{\infty} C_n(z - z_0)^n,$$

其中

$$C_n = \frac{1}{2\pi i} \oint_{C_R} \frac{f(\zeta)}{(\zeta - z_0)^{n+1}} \, d\zeta = \frac{f^{(n)}(z_0)}{n!} \quad (n = 0, 1, 2, \cdots).$$

此时罗朗级数变为台劳级数了. 由此可见,台劳级数是罗朗级数的特殊情况.

对于在一个圆环内解析的函数,要用公式(4.4.6)去确定罗朗级数的系数,也将是一件十分麻烦的事. 由于在给定圆环上的解析函数的罗朗展开式是唯一的,所以也可用其他方法获得罗朗系数,如我们可以采取与求台劳级数系数那样简便的方法获得罗朗系数.

我们还应注意,对于已知函数 $f(z)$,若它在以某个孤立奇点 z_0 为中心的圆环中解析,这样的圆环往往不只一个,因此对于不同的圆环域,$f(z)$ 的罗朗展开式也是不同的,那是由于罗朗系数公式中的

---

① 如果 $f(z)$ 在 z_0 点不解析,但在 z_0 的近旁(去心邻域 $0 < |z - z_0| < R$)内解析,则 z_0 为 $f(z)$ 的孤立奇点.

积分路线落在不同环域内的圆周曲线上的缘故.

例如,对于函数

$$f(z) = \frac{1}{z(z-1)(z-2)},$$

因其有三个孤立奇点：$z = 0, z = 1, z = 2$,所以它以某一孤立奇点为中心的解析环域就确定了.

以 $z = 0$ 为中心的环域是：

$D_1 = \{z; 0 < |z| < 1\};$

$D_2 = \{z; 1 < |z| < 2\};$

$D_3 = \{z; 2 < |z| < +\infty\}.$

以 $z = 1$ 为中心的环域是：

$D_4 = \{z; 0 < |z-1| < 1\};$

$D_5 = \{z; 1 < |z-1| < +\infty\}.$

在以 $z = 2$ 为中心的环域：

$D_6 = \{z; 0 < |z-2| < 1\};$

$D_7 = \{z; 1 < |z-2| < 2\};$

$D_8 = \{z; 2 < |z-2| < +\infty\}.$

函数 $f(z)$ 在上述的环域中均能展开成相应的罗朗级数.

例 11 将函数 $f(z) = \dfrac{1}{(z-1)(z-2)}$ 在环域

(1) $\{1 < |z| < 2\}$,

(2) $\{2 < |z| < +\infty\}$,

(3) $\{0 < |z-1| < 1\}$

中展开成罗朗级数.

解 (1) 由 $1 < |z| < 2$,可知 $z_0 = 0$.展开的罗朗级数形式应为 $\sum\limits_{n=-\infty}^{+\infty} C_n z^n$,所以

$$f(z) = \frac{1}{(z-1)(z-2)} = \frac{1}{z-2} - \frac{1}{z-1}$$

$$= -\frac{1}{2}\frac{1}{1-\frac{z}{2}} - \frac{1}{z}\frac{1}{1-\frac{1}{z}}.$$

因为 $z \in \{z | 1 < |z| < 2\}$，所以 $|\frac{1}{z}| < 1, |\frac{z}{2}| < 1$.

$$f(z) = -\frac{1}{2}(1 + \frac{z}{2} + \frac{z^2}{2^2} + \cdots + \frac{z^n}{2^n} + \cdots)$$

$$- \frac{1}{z}(1 + \frac{1}{z} + \frac{1}{z^2} + \cdots + \frac{1}{z^n}) \qquad (1 < |z| < 2)$$

$$= -\sum_{n=1}^{\infty}\frac{1}{z^n} - \sum_{n=0}^{\infty}\frac{z^n}{2^{n+1}} \qquad (1 < |z| < 2).$$

(2) 由于 $2 < |z| < +\infty$，同样 $z_0 = 0$. 因为 $z \in \{z | 2 < |z|$

$< +\infty\}$ 中，所以 $|\frac{1}{z}| < |\frac{2}{z}| < 1$，

$$f(z) = \frac{1}{z-2} - \frac{1}{z-1}$$

$$= \frac{1}{z}\frac{1}{1-\frac{2}{z}} - \frac{1}{z}\frac{1}{1-\frac{1}{z}}$$

$$= \frac{1}{z}(1 + \frac{2}{z} + \cdots + \frac{2^n}{z^n} + \cdots)$$

$$- \frac{1}{z}(1 + \frac{1}{z} + \cdots + \frac{1}{z^n} + \cdots) \qquad (2 < |z| < +\infty)$$

$$= \sum_{n=1}^{\infty}\frac{2^n - 1}{z^{n+1}} \qquad (2 < |z| < +\infty).$$

(3) 由 $0 < |z - 1| < 1$，可知 $z_0 = 1$，展开的级数形式应为

$\sum_{n=-\infty}^{+\infty} C_n(z - 1)^n$. 所以

$$f(z) = \frac{1}{(z-1)(z-2)}$$

$$= \frac{1}{z-2} - \frac{1}{z-1}$$

$$= \frac{1}{z-1-1} - \frac{1}{z-1}$$

$$= -\frac{1}{1-(z-1)} - \frac{1}{z-1}$$

$$= -\sum_{n=0}^{\infty}(z-1)^n - \frac{1}{z-1}$$

$$(0 < |z-1| < 1).$$

例 12 将函数 $f(z) = \dfrac{1}{(z-2)(z-3)^2}$ 在 $0 < |z-2| < 1$ 中展开成罗朗级数.

解 因在 $0 < |z-2| < 1$ 中展开,所以 $z_0 = 2$,级数形式应为 $\sum\limits_{n=-\infty}^{+\infty} C_n(z-2)^n$. 因为

$$\frac{1}{z-3} = \frac{1}{(z-2)-1} = -\frac{1}{1-(z-2)}$$

$$= -\sum_{n=0}^{\infty}(z-2)^n \qquad (|z-2| < 1),$$

而

$$\frac{1}{(z-3)^2} = -\left(\frac{1}{z-3}\right)'$$

$$= \left[\sum_{n=0}^{\infty}(z-2)^n\right]' \qquad (|z-2| < 1)$$

$$= 1 + 2(z-2) + \cdots + n(z-2)^{n-1} + \cdots$$

$$(|z-2| < 1).$$

因此

$$f(z) = \frac{1}{(z-2)(z-3)^2}$$

$$= \frac{1}{z-2} \cdot \frac{1}{(z-3)^2}$$

$$= \frac{1}{z-2}\left[1 + 2(z-2) + \cdots + n(z-2)^{n-1} + \cdots\right]$$

$$= \frac{1}{z-2} + 2 + 3(z-2) + \cdots + n(z-2)^{n-2} + \cdots$$

$$= \sum_{n=1}^{+\infty} n(z-2)^{n-2} \qquad (0 < |z-2| < 1).$$

例 13 在点 $z = 1$ 的去心邻域中将函数 $f(z) = \mathrm{e}^{\frac{1}{z-1}}$ 展开成罗朗级数.

解 该级数形式应为 $\displaystyle\sum_{n=-\infty}^{+\infty} C_n(z-1)^n$. 令 $\zeta = \dfrac{1}{z-1}$, $\mathrm{e}^{\frac{1}{z-1}} = \mathrm{e}^{\zeta}$,

在 $z = 1$ 的去心邻域 $\{z; 0 < |z-1| < +\infty\}$ 中,$f(z) = \mathrm{e}^{\frac{1}{z-1}}$ 解析. 所以 e^{ζ} 在 $0 < |\zeta| < +\infty$ 中解析,而

$$\mathrm{e}^{\zeta} = 1 + \zeta + \frac{\zeta^2}{2!} + \cdots + \frac{\zeta^n}{n!} + \cdots \qquad (|\zeta| < +\infty),$$

因此

$$\mathrm{e}^{\frac{1}{z-1}} = 1 + \frac{1}{z-1} + \frac{1}{2!}\frac{1}{(z-1)^2} + \cdots$$
$$+ \frac{1}{n!}\frac{1}{(z-1)^n} + \cdots \qquad (0 < |z-1| < +\infty).$$

思考题四

1. 对于一般形式的幂级数 $\displaystyle\sum_{n=0}^{\infty} C_n(z-a)^n \, (a \neq 0)$,阿贝尔定理应如何叙述?试证明阿贝尔定理的后半部分.

2. 对于定理 4.1.8,请用幂级数一般形式 $\displaystyle\sum_{n=0}^{\infty} C_n(z-a)^n \, (a \neq 0)$ 写出与 (4.1.12) 式和 (4.1.13) 式相应的结论.

3. 若幂级数 $\displaystyle\sum_{n=0}^{\infty} C_n(z-1)^n$ 在点 $z = 0$ 处收敛,在点 $z = 2$ 处发散,试问幂级数在 $z = \dfrac{1}{2}$ 与 $z = 3$ 处的敛散性.

4. 下列结论是否必然正确?为什么?请举例说明.

(1) 幂级数在它的收敛圆周上处处收敛;

(2) 幂级数在它的收敛圆周上处处不收敛.

5. 如果 $\displaystyle\lim_{n \to \infty} \left| \dfrac{C_{n+1}}{C_n} \right|$ 存在 $(\neq \infty)$,问下列三个幂级数

$$\sum_{n=0}^{\infty} C_n z^n, \quad \sum_{n=0}^{\infty} \frac{C_n}{n+1} z^{n+1}, \quad \sum_{n=1}^{\infty} n C_n z^{n-1}$$

是否有相同的收敛半径?

6. 试问函数 $f(z) = \dfrac{e^z}{(z-1)(z-2)(z+1)}$ 在 $z = i$ 处展开的台劳级数的收敛半径是什么?

7. 函数 $f(z) = \dfrac{1}{\cos z}$ 在 $z = 0$ 处的麦克劳林级数的收敛半径是什么?

8. (台劳级数相乘) 设 $\sum_{n=0}^{\infty} a_n z^n$ 和 $\sum_{n=0}^{\infty} b_n z^n$ 的收敛半径均大于或等于 R_0,定义 $C_n = \sum_{k=0}^{n} a_k b_{n-k}$,可以证明 $\sum_{n=0}^{\infty} C_n z^n$ 的收敛半径亦大于或等于 R_0,且在圆域 $|z - z_0| < R_0$ 内,

$$\sum_{n=0}^{\infty} C_n z^n = \left(\sum_{n=0}^{\infty} a_n z^n\right)\left(\sum_{n=0}^{\infty} b_n z^n\right).$$

成立. 例如 $f(z) = \dfrac{e^z}{1-z}$ 在 $z = 0$ 的邻域内展开的台劳级数的收敛半径为 1,因为

$$\frac{1}{1-z} = 1 + z + z^2 + \cdots + z^n + \cdots \qquad (|z| < 1)$$

$$e^z = 1 + z + \frac{z^2}{2!} + \cdots + \frac{z^n}{n!} + \cdots \qquad (|z| < +\infty)$$

$$\frac{e^z}{1-z} = \left(\sum_{n=0}^{\infty} z^n\right)\left(\sum_{n=0}^{\infty} \frac{z^n}{n!}\right) = \sum_{n=0}^{\infty} C_n z^n \quad (\text{记 } 0! = 1) \qquad (|z| < 1).$$

其中

$$C_n = \sum_{k=0}^{n} \frac{1}{(n-k)!} \qquad (n = 0, 1, 2, \cdots),$$

$$\therefore f(z) = \frac{e^z}{1-z} = 1 + 2z + \frac{5}{2} z^2 + \frac{8}{3} z^3 + \cdots$$

$$+ \sum_{k=0}^{n} \frac{1}{(n-k)!} z^n + \cdots \qquad (|z| < 1).$$

9. 用待定系数法求函数的台劳展开式. 例如将函数 $f(z) = \tan z = \dfrac{\sin z}{\cos z}$ 展开成麦克劳林级数.

因为 $f(z) = \tan z$ 在 $z = 0$ 处解析,所以其在 $z = 0$ 处可展开成麦克劳林级数. 在 $z = 0$ 的邻域 $|z| < \dfrac{\pi}{2}$ 中(为什么),设

$$\frac{\sin z}{\cos z} = a_0 + a_1 z + \cdots + a_n z^n + \cdots \qquad (|z| < \frac{\pi}{2}),$$

所以

$$z - \frac{z^3}{3!} + \frac{z^5}{5!} + \cdots = (a_0 + a_1 z + \cdots + a_n z^n + \cdots)$$

$$\times (1 - \frac{z^2}{2!} + \frac{z^4}{4!} + \cdots)$$

$$= \sum_{n=0}^{\infty} C_n z^n = (\sum_{n=0}^{\infty} a_n z^n)(\sum_{n=0}^{\infty} b_n z^n).$$

等式两边对照得

$$C_0 = 0, \quad 1 = C_1 = a_0 b_1 + a_1 b_0 = a_1,$$

$$0 = C_2 = a_0 b_2 + a_1 b_1 + a_2 b_0 = -\frac{a_0}{2!} + a_1 \cdot 0 + a_2 = -\frac{a_0}{2!} + a_2,$$

所以

$$a_2 = 0;$$

同样方法，

$$-\frac{1}{3!} = C_3 = \sum_{k=0}^{3} a_k b_{n-k} = -\frac{1}{2} a_1 + a_3 = -\frac{1}{2} + a_3,$$

$$a_3 = \frac{1}{2} - \frac{1}{6} = \frac{1}{3};$$

同样方法，

$$a_5 = \frac{2}{15},$$

$$\cdots$$

所以

$$\tan z = z + \frac{z^3}{3} + \frac{2}{15} z^5 + \cdots \qquad (|z| < \frac{\pi}{2}).$$

10. 试问函数 $f(z) = \dfrac{1}{z(z^2-1)}$ 可以在 $z=0, z=1, z=-1$ 为中心的哪些环域中展开成罗朗级数？它们的罗朗级数各具什么形式？(只须指出环域及级数形式，不必具体写出罗朗展开式)

11. 罗朗定理中的罗朗系数公式 $C_n = \dfrac{1}{2\pi i} \oint_{C_R} \dfrac{f(\zeta)}{(\zeta - z_0)^{n+1}} \mathrm{d} \zeta$ ($n = 0, \pm 1, \cdots$) 是否可用高阶导数的柯西积分公式写为 $C_n = \dfrac{1}{n!} f^{(n)}(z_0)$？为什么？

12. 在幂级数 $\cdots + \dfrac{1}{z^3} + \dfrac{1}{z^2} + \dfrac{1}{z} + 1 + z + z^2 + \cdots$ 中,由于

$$z + z^2 + \cdots + z^n + \cdots = \frac{z}{1-z},$$

$$1 + \frac{1}{z} + \frac{1}{z^2} + \cdots + \frac{1}{z^n} + \cdots = \frac{1}{1 - \frac{1}{z}} = -\frac{z}{1-z},$$

所以其和函数为 $f(z) = \dfrac{z}{1-z} - \dfrac{z}{1-z} = 0.$

试问该结论是否正确?

习题四

1. 判断下列级数的敛散性

(1) $\displaystyle\sum_{n=1}^{\infty} \frac{\mathrm{i}^n}{n}$;　　　(2) $\displaystyle\sum_{n=1}^{\infty} (\frac{1-3\mathrm{i}}{2})^n$.

2. 计算积分

$$\oint_{|z|=\frac{1}{2}} \left(\sum_{n=-1}^{\infty} z^n \right) \mathrm{d}\, z.$$

3. 求下列幂级数的收敛半径与收敛圆域

(1) $\displaystyle\sum_{n=1}^{\infty} \frac{2^n}{n^2} z^n$;　　　(2) $\displaystyle\sum_{n=1}^{\infty} \frac{(z-1)^n}{n}$;

(3) $\displaystyle\sum_{n=1}^{\infty} n z^n$;　　　(4) $\displaystyle\sum_{n=1}^{\infty} \frac{z^n}{n}$;

(5) $\displaystyle\sum_{n=0}^{\infty} \frac{z^n}{\mathrm{e}^n}$;　　　(6) $\displaystyle\sum_{n=1}^{\infty} n!\, z^n$;

(7) $\displaystyle\sum_{n=1}^{\infty} \frac{\lg n^n}{n!} z^n$;　　　(8) $\displaystyle\sum_{n=1}^{\infty} (1 - \frac{1}{n})^n z^n$.

4. 求下列函数在指定点的台劳级数,并指出它们的收敛区域:

(1) $\dfrac{z-1}{z+1}$ 在 $z=1$ 处;　　　(2) e^z 在 $z=1$ 处;

(3) $\dfrac{1}{1+z^2}$ 在 $z=0$ 处;　　　(4) $\dfrac{1}{(z-2)^2}$ 在 $z=1$ 处;

(5) $\dfrac{1}{z^2 - 2z + 10}$ 在 $z=1$ 处.

5. 求下列函数的麦克劳林级数, 并指出它们的收敛范围:

(1) $\dfrac{1}{(1+z^2)^2}$;   (2) $\sin(z^2)$;   (3) $z^2 \, \mathrm{e}^z$.

6. 设 $f(z) = \sum\limits_{n=0}^{\infty} C_n z^n$ 在 $|z| < R$ 中收敛. 如果 $0 < r < R$, 证明

$$f(z) = \sum_{n=0}^{\infty} C_n r^n \, \mathrm{e}^{\mathrm{i}n\theta}.$$

其中 $z = r \, \mathrm{e}^{\mathrm{i}\theta}, C_n = \dfrac{1}{2\pi r^n} \displaystyle\int_0^{2\pi} f(r \, \mathrm{e}^{\mathrm{i}\theta}) \mathrm{e}^{-\mathrm{i}n\theta} \, \mathrm{d}\,\theta$, 且有等式

$$\frac{1}{2\pi} \int_0^{2\pi} |f(r \, \mathrm{e}^{\mathrm{i}\theta})|^2 \, \mathrm{d}\,\theta = \sum_{n=0}^{\infty} |C_n|^2 r^{2n}$$

成立.

（提示：对 C_n 利用柯西积分公式及 $f(z) \cdot \overline{f(z)} = |f(z)|^2$ 再逐项积分）

7. 如果 $\sum\limits_{n=0}^{\infty} C_n z^n$ 有收敛半径为 R, 证明 $\sum\limits_{n=0}^{\infty} \mathrm{Re}\,(C_n) z^n$ 的收敛半径 $\geqslant R$.

8. 设 $f(z) = \sum\limits_{n=0}^{\infty} C_n z^n$ 的收敛半径为 $R, D = \{z \mid |z| < R\}$, 令 $z_0 \in D, \widetilde{R}$ 是 $f(z)$ 在 z_0 点的台劳级数的收敛半径. 证明： $R - |z_0| \leqslant \widetilde{R} \leqslant R + |z_0|$.

9. 证明复分析中的罗必达 (L'Hospital) 法则. 设 $P(z)$ 与 $Q(z)$ 在 z_0 点解析, 且 z_0 均为 $P(z)$ 与 $Q(z)$ 的 k 级零点 $(k \geqslant 1)$, 则

$$\lim_{z \to z_0} \frac{P(z)}{Q(z)} = \frac{P^{(k)}(z_0)}{Q^{(k)}(z_0)}.$$

10. 假设函数 $f(z) = \mathrm{e}^{z^2}$, 则有 $f^{(2n)}(0) = \dfrac{(2n)\,!}{n!}$. 试不用直接求导计算.

（提示：台劳展开）

11. 如果 $f(z)$ 是偶函数, 且 $f(z) = \sum\limits_{n=0}^{\infty} C_n z^n$ 在 $|z| < R$ 中收敛 $(R > 0)$, 证明

$$C_{2n+1} = 0 \quad (n = 0, 1, 2, \cdots).$$

（即偶函数的麦克劳林级数中不含 z 的奇数次幂项. 同理也可证明, 奇函数的麦克劳林级数中不含 z 的偶数次幂项）

12. 证明：

———————

① 此公式表明台劳级数可表示为一个富立叶 (Fourier) 级数.

(1) $\left(\dfrac{z^n}{n!}\right)^2 = \dfrac{1}{2\pi i} \oint_{|\zeta|=1} \dfrac{z^n e^{z\zeta}}{n! \zeta^n} \dfrac{\mathrm{d}\,\zeta}{\zeta}$;

(2) $\displaystyle\sum_{n=0}^{\infty} \left(\dfrac{z^n}{n!}\right)^2 = \dfrac{1}{2\pi} \int_0^{2\pi} e^{2z\cos\theta}\, \mathrm{d}\,\theta$.

(提示：(1)利用高阶导数的柯西积分公式；(2)对(1)式求和.)

13. 求下列各函数在指定圆环内的罗朗级数：

(1) $\dfrac{1}{(z-2)(z-3)}$ 在 $2 < |z| < 3$ 中；

(2) $\dfrac{z-1}{z^2}$ 在 $|z-1| > 1$ 中；

(3) $\sin\dfrac{z}{z+1}$ 在 $0 < |z+1| < \infty$ 中；

(4) e^{-1/z^2} 在 $0 < |z| < +\infty$ 中；

(5) $\dfrac{1}{z(z^2+1)}$ 在 $0 < |z| < 1$ 与 $1 < |z| < +\infty$ 中；

(6) $\dfrac{1}{z(z+2)^3}$ 在 $0 < |z+2| < 2$ 中；

(7) $\dfrac{1}{(1-z)^3}$ 在 $|z| < 1$ 中.

14. 如果 k 是满足 $k^2 < 1$ 的实数，证明：

$$\sum_{n=0}^{\infty} k^n \sin(n+1)\theta = \frac{\sin\theta}{1 - 2k\cos\theta + k^2},$$

$$\sum_{n=0}^{\infty} k^n \cos(n+1)\theta = \frac{\cos\theta - k}{1 - 2k\cos\theta + k^2}.$$

(提示：令 $z = e^{i\theta}(0 \leqslant \theta \leqslant 2\pi)$，在 $\{z; |z| > |k|\}$ 中将函数 $\dfrac{1}{z-k}$ 展开成罗朗级数，再比较等式两边的实部与虚部.)

15. 令 $f(z) = e^{\frac{t\left(z-\frac{1}{z}\right)}{2}} = \displaystyle\sum_{n=-\infty}^{+\infty} J_n(t) z^n$ 是对于每个固定的 t，函数在 $z = 0$ 的环域中的罗朗级数，$J_n(t)$ 称为 n 阶贝塞尔(Bessel)函数. 证明：

(1) $J_n(t) = \dfrac{1}{\pi} \displaystyle\int_0^{\pi} \cos(t\sin\theta - n\theta)\, \mathrm{d}\theta$ $(n = 0, 1, 2, \cdots)$；

(2) $J_n(-t) = J_{-n}(t) = (-1)^n J_n(t)$ $(n = 1, 2, \cdots)$.

(提示：(1)利用 $J_n(t)$ 的积分表达式；(2)分别用 $\dfrac{1}{z}$ 和 $-z$ 替代 z，再比较两边 z 的同次幂系数.)

16. 已知 $f(z)$ 是整函数，且对于充分大的 $|z|$，有 $|f(z)| \leqslant M|z|^n$ 成立，

其中 M 为常数，$n \geqslant 1$（为整数）. 证明 $f(z)$ 必是一个次数小于或等于 n 的多项式.

　　（提示：运用函数 $f(z)$ 在原点处的高阶导数柯西积分公式的模的估计）

第五章　留　　数

在这一章中,我们将介绍复变函数的一个重要定理 —— 留数定理. 利用这个定理可以计算围道积分与一些实积分. 为此,我们先从研究解析函数在其孤立奇点处的性态出发,介绍函数在孤立奇点处的留数及其计算公式,然后再讨论留数定理及其应用.

§5.1　孤立奇点的分类及其性质

在第四章中,我们已经介绍了解析函数的孤立奇点定义,它是解析函数的奇点中最简单也是最重要的一种.

5.1.1　孤立奇点的分类

定义 5.1.1　如果 z_0 是 $f(z)$ 的孤立奇点,则在 z_0 的某个去心邻域 $\{z; 0 < |z - z_0| < \delta\}$ 内, $f(z)$ 可展开成罗朗级数

$$f(z) = \sum_{n=-\infty}^{+\infty} C_n (z - z_0)^n$$
$$= \sum_{n=-\infty}^{-1} C_n (z - z_0)^n + \sum_{n=0}^{+\infty} C_n (z - z_0)^n$$
$$(0 < |z - z_0| < \delta). \tag{5.1.1}$$

这时有以下三种情况:

(1) $f(z)$ 的罗朗级数中的主部为零(即 $(z - z_0)$ 的负幂次系数 $C_n = 0 (n = -1, -2, \cdots)$),此时称 z_0 为 $f(z)$ 的可去奇点.

（2）$f(z)$ 的罗朗级数中的主部只有有限项，即 $(z-z_0)$ 的负幂次系数只有有限个不为零，$C_{-m}\neq 0(m\geqslant 1)$，但 $C_{-(m+k)}=0(k=1,2,\cdots)$，罗朗级数形式为

$$f(z)=\frac{C_{-m}}{(z-z_0)^m}+\frac{C_{-m+1}}{(z-z_0)^{m-1}}+\cdots+\frac{C_{-1}}{z-z_0}$$
$$+\sum_{n=0}^{\infty}C_n(z-z_0)^n\quad(0<|z-z_0|<\delta),\quad(5.1.2)$$

此时称 z_0 为 $f(z)$ 的极点，且为 m 级极点.

当 $m=1$ 时，即 $C_{-1}\neq 0,C_{-2}=C_{-3}=\cdots=0$，称 z_0 为 $f(z)$ 的单极点.

（3）$f(z)$ 的罗朗级数主部中有无穷多项，即 $(z-z_0)$ 的负幂次系数有无穷多个不为零，此时称 z_0 为 $f(z)$ 的本性奇点.

例1 $z_0=0$ 是 $\dfrac{e^z-1}{z}$ 的可去奇点. 因为在 $0<|z|<\infty$ 内，其罗朗级数

$$\frac{e^z-1}{z}=1+\frac{z}{2!}+\cdots+\frac{z^{n-1}}{n!}+\cdots$$

中不含 z 的负幂项. 如果规定 $\dfrac{e^z-1}{z}$ 在 $z_0=0$ 处的值为 1，则 $\dfrac{e^z-1}{z}$ 在 $z_0=0$ 处连续，由第三章习题 16 可知 $\dfrac{e^z-1}{z}$ 在 $z_0=0$ 处解析，所以这个奇点是可去的.

例2 $z=1,z=2$ 是 $f(z)=\dfrac{1}{(z-1)(z-2)}$ 的单极点，因为在 $z=1$ 的去心邻域 $\{z;0<|z-1|<1\}$ 内，由第四章例题 11（2）有罗朗级数

$$\frac{1}{(z-1)(z-2)}=-\frac{1}{z-1}-\sum_{n=0}^{\infty}(z-1)^n$$
$$(0<|z-1|<1).$$

其中 $C_{-1}=-1\neq 0$，所以 $z=1$ 是单极点. 同理可证 $z=2$ 是 $f(z)$ 的单极点.

例 3 $z = 0$ 是 $f(z) = \sin\dfrac{1}{z}$ 的本性奇点,因为在 $0 < |z| < +\infty$ 内,其罗朗级数

$$f(z) = \sin\frac{1}{z} = \frac{1}{z} - \frac{1}{3!\, z^3} + \frac{1}{5!\, z^5} + \cdots$$
$$+ \frac{(-1)^n}{(2n+1)!}\frac{1}{z^{2n+1}} + \cdots$$

中有无穷多项 z 的负幂次项.

我们除了可将函数 $f(z)$ 在孤立奇点处展开成罗朗级数,从而根据级数中主部的不同情况去判断奇点的类型外,还可根据以下将介绍的判断奇点的其他等价性定理来判断孤立奇点的类别,而无需求出函数在孤立奇点处的罗朗展开. 特别对于判断极点的级,利用等价性定理去判断显得更方便;同时,这些定理对于今后计算函数在孤立奇点处的留数问题也是很重要的.

5.1.2 孤立奇点的性质

定理 5.1.1 设 z_0 是 $f(z)$ 的孤立奇点,则下面的结论等价:

(1) z_0 是 $f(z)$ 的可去奇点;

(2) $\lim\limits_{z \to z_0} f(z)$ 存在(且 $\neq \infty$);

(3) $f(z)$ 在 z_0 点的一个邻域内有界;

(4) $\lim\limits_{z \to z_0}(z - z_0)f(z) = 0$.

证明 (1)$\Rightarrow$(2)$\Rightarrow$(3)$\Rightarrow$(4) 是显然的,只要证明 (4)$\Rightarrow$(1).

设 f 在 z_0 的去心邻域 $\{z; 0 < |z - z_0| < R\}$ 内解析,由罗朗定理,$f(z)$ 可展开为罗朗级数

$$f(z) = \sum_{n=-\infty}^{+\infty} C_n(z - z_0)^n,$$

要证 z_0 是 f 的可去奇点,只需证明 $C_{-n} = 0 (n = 1, 2, \cdots)$.

对于任意的 $n \geqslant 1$,由 (4.4.6) 式知

$$C_{-n} = \frac{1}{2\pi i} \int_{C_r} f(\zeta)(\zeta - z_0)^{n-1} \mathrm{d}\zeta,$$

其中 $C_r = \{z; |z - z_0| = r\}$, r 是任意介于 0 和 R 之间的数,

$$|C_{-n}| = \left| \frac{1}{2\pi i} \int_{C_r} f(\zeta)(\zeta - z_0)^{n-1} \mathrm{d}\zeta \right|$$

$$\leqslant \frac{1}{2\pi} \int_{C_r} |(\zeta - z_0)f(\zeta)| \, |\zeta - z_0|^{n-2} |\mathrm{d}\zeta|$$

$$\leqslant \frac{1}{2\pi} \int_{C_r} \max_{s \in C_r} |(\zeta - z_0)f(\zeta)| \cdot r^{n-2} |\mathrm{d}\zeta|$$

$$= \frac{1}{2\pi} \max_{s \in C_r} |(\zeta - z_0)f(\zeta)| \cdot r^{n-2} \int_{C_r} |\mathrm{d}\zeta|$$

$$= \max_{s \in C_r} |(\zeta - z_0)f(\zeta)| \cdot r^{n-1} \to 0 (r \to 0).$$

因此,对于任意的 $n \geqslant 1$, $C_{-n} = 0$.

定理 5.1.2 z_0 是函数 $f(z)$ 的 $m(\geqslant 1)$ 级极点的充分必要条件是: $f(z)$ 可表示为 $f(z) = \dfrac{\psi(z)}{(z - z_0)^m}$ 的形式,其中 $\psi(z)$ 在 z_0 点解析,且 $\psi(z_0) \neq 0$.

证明 设 z_0 是 $f(z)$ 的 $m(\geqslant 1)$ 级极点,由定义有

$$f(z) = \frac{C_{-m}}{(z - z_0)^m} + \cdots + \frac{C_{-1}}{z - z_0} + C_0 + C_1(z - z_0) + \cdots$$
$$+ C_n(z - z_0)^n + \cdots \qquad (0 < |z - z_0| < R)$$

$$= \frac{1}{(z - z_0)^m}[C_{-m} + C_{-m+1}(z - z_0) + \cdots$$
$$+ C_{-1}(z - z_0)^{m-1} + \sum_{n=0}^{\infty} C_n(z - z_0)^{n+m}]$$

$$= \frac{\psi(z)}{(z - z_0)^m}, \qquad\qquad\qquad (5.1.3)$$

其中

$$\psi(z) = C_{-m} + C_{-m+1}(z - z_0) + \cdots$$

$$+ C_{-1}(z - z_0)^{m-1} + \sum_{n=0}^{\infty} C_n(z - z_0)^{n+m}$$

在 z_0 的一个邻域中收敛,所以 $\psi(z)$ 在该邻域中解析,且 $\psi(z_0) = C_{-m} \neq 0$,必要性得证.

我们能够逆此过程去证明定理的充分性.

推论 1　z_0 是函数 $f(z)$ 的 $m(\geqslant 1)$ 级极点的充分必要条件是:z_0 是函数 $\dfrac{1}{f(z)}$ 的 $m(\geqslant 1)$ 级零点.(请读者自己证明)

定理 5.1.3　若 z_0 是 $f(z)$ 的孤立奇点,则 z_0 是 $f(z)$ 的极点的充分必要条件是

$$\lim_{z \to z_0} f(z) = \infty.$$

证明　z_0 是 $f(z)$ 的极点的充分必要条件是:z_0 是 $\dfrac{1}{f(z)}$ 的零点,即 $\lim\limits_{z \to z_0} \dfrac{1}{f(z)} = 0$,而它等价于 $\lim\limits_{z \to z_0} f(z) = \infty$.

在复分析中,对于在 Z 平面上除极点外别无其他类型奇点的单值解析函数称为亚纯函数.

例 4　指出函数 $f(z) = \dfrac{1}{e^z + 1}$ 的孤立奇点,并给予分类.

解　使 $e^z + 1 = 0$ 的点是 $f(z)$ 的奇点,这些奇点是 $z_n = (2k + 1)\pi i \quad (k = 0, \pm 1, \pm 2, \cdots)$,它们都是孤立奇点.由于

$$(e^z + 1)'|_{z=z_k} = -1 \neq 0,$$

所以 z_k 均为 $e^z + 1$ 的一级零点.由定理 5.1.2 推论 1 知,$z_k(k = 0, \pm 1, \pm 2, \cdots)$ 是 $f(z)$ 的一级极点.

例 5　函数

$$f(z) = \frac{2z + 1}{z(z - 1)^2}$$

以 $z = 0$ 为一级极点,$z = 1$ 为二级极点.

应该指出,在判断某一个孤立奇点是函数的何种奇点时,不能只看函数的表面形式就下结论,而要做严格的判断.例如对于函数

$\dfrac{\operatorname{sh} z}{z^n}$($n$ 是正整数),似乎 $z = 0$ 是它的 n 级极点,其实不然. 当 $n = 1$ 时,$z = 0$ 是可去奇点;当 $n > 1$ 时,$z = 0$ 是 $\dfrac{\operatorname{sh} z}{z^n}$ 的 $(n-1)$ 级极点. 这是因为

$$\frac{\operatorname{sh} z}{z^n} = \frac{1}{z^n}\left(z + \frac{z^3}{3!} + \frac{z^5}{5!} + \cdots + \frac{z^{2n+1}}{(2n+1)!} + \cdots\right)$$

$$= \frac{1}{z^{n-1}} + \frac{1}{3!}\,\frac{1}{z^{n-3}} + \cdots + \frac{1}{(2k-1)!}\,\frac{1}{z^{n-2k+1}} + \cdots$$

$$(5.1.4)$$

一般,有以下结论:

对于形如 $f(z) = \dfrac{h(z)}{g(z)}$ 的函数,如果 $h(z)$ 与 $g(z)$ 均在 z_0 处解析,且 z_0 分别是 $h(z)$ 与 $g(z)$ 的 m 与 n 级零点(m 和 n 为非负整数),则

当 $m \geqslant n$ 时,z_0 是 $f(z)$ 的可去奇点;

当 $m < n$ 时,z_0 是 $f(z)$ 的 $n - m$ 级极点.

证明留给读者完成.

例 6　$z = 0$ 为函数 $\dfrac{\mathrm{e}^z - 1}{z}$ 与 $\dfrac{z^2}{\sin^2 z}$ 的可去奇点.

例 7　求 $f(z) = \dfrac{1}{\mathrm{e}^z - 1} - \dfrac{1}{z}$ 的孤立奇点,并指出其奇点的类别.

解　$z = 0$ 为 $f(z) = \dfrac{1}{\mathrm{e}^z - 1} - \dfrac{1}{z} = \dfrac{z - \mathrm{e}^z + 1}{z(\mathrm{e}^z - 1)}$ 分子分母的零点,它是分子 $(z - \mathrm{e}^z + 1)$ 的二级零点,也是分母 $z(\mathrm{e}^z - 1)$ 的二级零点,所以 $z = 0$ 是函数 $f(z)$ 的可去奇点.

$z_k = 2k\pi\mathrm{i}$　$(k = \pm 1, \pm 2, \cdots)$ 是分母 $z(\mathrm{e}^z - 1)$ 的一级零点,而不是分子的零点,所以 $z_k = 2k\pi\mathrm{i}$ $(k = \pm 1, \pm 2, \cdots)$ 是 $f(z)$ 的一级极点.

结合定理 5.1.1 与定理 5.1.3,可以直接得到有关本性奇点的等价性定理.

定理 5.1.4 设 z_0 是函数 $f(z)$ 的孤立奇点,则 z_0 是 $f(z)$ 的本性奇点的充分必要条件是 $\lim\limits_{z \to z_0} f(z)$ 不存在(也不为 ∞).

例 8 证明 $z = 0$ 是函数 $f(z) = z^n \, \mathrm{e}^{\frac{1}{z}}$($n$ 为整数)的本性奇点.

证明 因为在 $0 < |z| < +\infty$ 内,

$$z^n \, \mathrm{e}^{\frac{1}{z}} = \sum_{k=0}^{\infty} \frac{1}{k!} z^{n-k}$$

有无穷多个负幂项,根据定义可知,$z = 0$ 是 $f(z)$ 的本性奇点.

我们也可用定理 5.1.4 证明. 因为

$$\lim_{z = x \to 0^+} z^n \, \mathrm{e}^{\frac{1}{z}} = \lim_{x \to 0^+} x^n \, \mathrm{e}^{\frac{1}{x}} = +\infty,$$

$$\lim_{z = x \to 0^-} z^n \, \mathrm{e}^{\frac{1}{z}} = \lim_{x \to 0^-} x^n \, \mathrm{e}^{\frac{1}{x}} = 0.$$

所以 $\lim\limits_{z \to 0} z^n \, \mathrm{e}^{\frac{1}{z}}$ 不存在,也不为 ∞. 由定理 5.1.4 知,$z = 0$ 是 $f(z)$ 的本性奇点.

以上讨论了有穷孤立奇点邻域内函数的性质,现在我们来讨论函数在无穷远点邻域内的性质.

*5.1.3 解析函数在无穷远点的性态

定义 5.1.2 如果函数 $f(z)$ 在无穷远点 $z = \infty$ 的一个去心邻域 $\{R < |z| < +\infty\}$($R \geqslant 0$)内解析,则称 $z = \infty$ 为函数的孤立奇点.

定义 5.1.3 设 ∞ 点是函数的孤立奇点,且 $f(z)$ 在 ∞ 点的某个邻域 $\{R < |z| < +\infty\}$ 内解析,在此邻域内 $f(z)$ 可展开成罗朗级数

$$f(z) = \sum_{n=-\infty}^{+\infty} C_n z^n = \sum_{n=-\infty}^{0} C_n z^n + \sum_{n=1}^{\infty} C_n z^n \quad (R < |z| < +\infty).$$

$$(5.1.5)$$

在(5.1.5)式右边两个级数中的第一部分 $\sum\limits_{n=-\infty}^{0} C_n z^n$ 称为其正则部分,第二部分 $\sum\limits_{n=1}^{\infty} C_n z^n$ 称为罗朗级数的主要部分.若

(1)主要部分为零(即正幂项系数全为零),则称 $z = \infty$ 为 $f(z)$ 的可去奇点.

(2)主要部分只有有限项,设

$$C_1 z + C_2 z^2 + \cdots + C_m z^m \qquad (C_m \neq 0),$$

则 $z = \infty$ 称为 $f(z)$ 的 m 级极点.

(3)主要部分有无穷多项,则称 $z = \infty$ 为 $f(z)$ 的本性奇点.

上述定义与本节中有关有穷孤立奇点分类的定义 5.1.1 是不矛盾的.

事实上,设 $z = \infty$ 是 $f(z)$ 的孤立奇点,作变换 $z = \dfrac{1}{\zeta}$,记 $f(z) = f(\dfrac{1}{\zeta}) = \psi(\zeta)$,此时 Z 平面上的 $z = \infty$ 映为 ζ 平面上的 $\zeta = 0$ 点,z 平面上 ∞ 点的邻域 $R < |z| < \infty$ 映为 ζ 平面上以 $z = 0$ 为中心的去心邻域 $0 < |\zeta| < \dfrac{1}{R}$ (如果 $R = 0$,规定 $\dfrac{1}{R} = \infty$),所以 $\zeta = 0$ 是 $\psi(\zeta)$ 的孤立奇点.(5.1.5)式变为

$$\psi(\zeta) = \sum_{n=0}^{+\infty} C_{-n} \zeta^n + \sum_{n=1}^{\infty} C_n \zeta^{-n} \qquad (0 < |\zeta| < \dfrac{1}{R}).$$

此时,右边第二个级数 $\sum\limits_{n=1}^{\infty} C_n \zeta^{-n}$ 是 $\psi(\zeta)$ 在 $\zeta = 0$ 的去心邻域 $0 < |\zeta| < \dfrac{1}{R}$ 中罗朗级数的主部,所以 $\zeta = 0$ 是函数 $\psi(\zeta)$ 的可去奇点、m 级极点、本性奇点,就对应了 $z = \infty$ 是函数 $f(z)$ 的可去奇点、m 级极点、本性奇点.

如果 $z = \infty$ 是函数 $f(z)$ 的可去奇点,通常称 $f(z)$ 在 ∞ 点是解析的,并且有

$$\lim_{z \to \infty} f(z) = f(\infty).$$

与有穷的孤立奇点一样,关于以 ∞ 为孤立奇点的可去奇点、极点、本性奇点,我们也有相应的等价定理,这里就不一一列出了.

例 9 验证 $z = \infty$ 是函数 $f(z) = \mathrm{e}^{\frac{1}{z}}$ 的可去奇点.

解 因为 $f(z) = \mathrm{e}^{\frac{1}{z}}$ 在 ∞ 的邻域 $0 < |z| < +\infty$ 解析,它的罗朗级数

$$f(z) = \mathrm{e}^{\frac{1}{z}} = 1 + \frac{1}{z} + \frac{1}{2\,!\,z^2} + \cdots + \frac{1}{n!z^n} + \cdots$$
$$(0 < |z| < +\infty)$$

中不含有主要部分(即 z 的正幂部分).

例 10 讨论 $z = \infty$ 点是函数 $f(z) = \dfrac{1}{(z-1)(z-2)}$ 的何种奇点.

解 由第四章例 11 知 $f(z) = \dfrac{1}{(z-1)(z-2)}$ 在 $2 < |z| < +\infty$ 中的罗朗级数为

$$f(z) = \sum_{n=2}^{+\infty} \frac{2^{n-1} - 1}{z^n} \qquad (2 < |z| < +\infty).$$

所以不含有主要部分,即 $z = \infty$ 点是函数 $f(z)$ 的可去奇点.

例 11 $z = \infty$ 点是 n 次多项式($n \geqslant 1$ 的整数)

$$p(z) = C_0 + C_1 z + \cdots + C_n z^n$$

的 n 级极点.

例 12 求出下列函数的奇点(包括 ∞ 点),并确定其类别.

(1) $f(z) = \dfrac{z-1}{z(z^2+4)^2}$;

(2) $f(z) = \dfrac{1 - \cos z}{z^k}$ (k 为正整数).

解 (1) $z = 0$ 为一级极点;

$\quad\quad z = \pm\, 2\mathrm{i}$ 为二级极点;

$\quad\quad z = \infty$ 为可去奇点(因为 $\lim\limits_{z \to \infty} \dfrac{z-1}{z(z^2+4)^2} = 0$).

(2) $\dfrac{1-\cos z}{z^k} = \dfrac{1}{z^k}\Big[1-\Big(1-\dfrac{z^2}{2!}+\dfrac{z^4}{4!}$

$$+\cdots+(-1)^n\dfrac{z^{2n}}{(2n)!}+\cdots\Big)\Big]$$

$$=\dfrac{1}{z^k}\Big[\dfrac{z^2}{2!}-\dfrac{z^4}{4!}+\cdots$$

$$+(-1)^{n-1}\dfrac{z^{2n}}{(2n)!}+\cdots\Big]$$

$$(0<|z|<+\infty).$$

可见:

当 $k>2$ 时,$z=0$ 是 $f(z)$ 的 $k-2$ 级极点;

当 $0<k\leqslant 2$ 时,$z=0$ 是 $f(z)$ 的可去奇点;

$z=\infty$ 是本性奇点.

§5.2　留数定理

5.2.1　留数的定义及留数定理

定义 5.2.1　设 z_0 是函数 $f(z)$ 的孤立奇点,$f(z)$ 在 z_0 的去心邻域 $\{z;0<|z-z_0|<\rho\}$ 内及边界 $C_\rho=\{z;|z-z_0|=\rho\}$(逆时针方向)解析,则称

$$\dfrac{1}{2\pi i}\oint_{C_\rho}f(z)\,\mathrm{d}z$$

为 $f(z)$ 在奇点 z_0 处的留数,记为

$$\text{Res}\,[f(z);z_0]\quad\text{或}\quad\text{Res}(f;z_0).$$

令罗朗级数的系数公式(4.4.6)中 $n=-1$,有

$$\text{Res}\,[f(z);z_0]=\dfrac{1}{2\pi i}\oint_{C_\rho}f(z)\,\mathrm{d}z=C_{-1},\qquad(5.2.1)$$

即 $f(z)$ 在孤立奇点 z_0 处的留数等于 $f(z)$ 在 z_0 的去心邻域内罗朗级数中 $\dfrac{1}{z - z_0}$ 项的系数 C_{-1}，所以函数在孤立奇点去心邻域内的罗朗展开式中的系数 C_{-1} 有着其他各项系数所不能比拟的作用.

公式 (5.2.1) 说明了，若一个函数在闭曲线及其内部仅有一个孤立奇点，那末函数在闭曲线上的积分将可用它在奇点处的留数来表示. 若把该式与多连通区域柯西积分公式的推广定理联系起来，我们就可以讨论在闭曲线内部有有限个孤立奇点的函数在边界上的积分问题了，这就是下面将介绍的基本定理 —— 留数定理.

定理 5.2.1 **留数定理** 设 D 是边界 C 由有限条闭曲线围成的区域，$z_1, z_2, \cdots, z_n \in D$，函数 $f(z)$ 在 $\overline{D} \backslash \{z_1, z_2, \cdots, z_n\}$ 上解析，$(\overline{D} = D \bigcup C)$，则

$$\oint_C f(z)\, \mathrm{d}z = 2\pi \mathrm{i} \sum_{k=1}^{n} \mathrm{Res}\, [f(z); z_k]. \tag{5.2.2}$$

证明 在 D 内，作 n 个以 $z_k (k = 1, 2, \cdots, n)$ 为中心、$r_k (k = 1, 2, \cdots, n)$ 为半径的互不包含、互不相交的小圆 $C_k = \{|z - z_k| = r_k\}$ $(k = 1, 2, \cdots, n)$（见图 5-1）. 根据多连通区域的柯西积分定理有

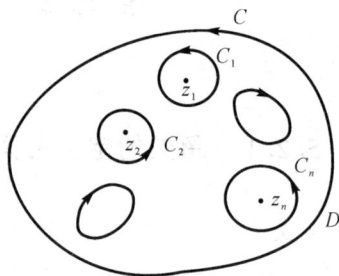

图 5-1

$$\oint_C f(z)\, \mathrm{d}z = \sum_{k=1}^{n} \oint_{C_k} f(z)\, \mathrm{d}z,$$

由留数的定义即得 (5.2.2) 式. 这说明，沿封闭曲线 C 的积分可以转化成被积函数在 C 内各奇点处的留数计算.

5.2.2 留数计算

由上述可见，留数定理把围道上的复积分计算转化为围道内孤

立奇点处的留数计算,也即可用各种方法寻求函数在孤立奇点的近旁罗朗级数展开式中负一次幂的系数. 如既可以直接用罗朗展开的方法,也可以用下面一些定理去计算留数.

定理 5.2.2 函数 $f(z)$ 在可去奇点 z_0(有限点)处的留数为零.

对于本性奇点,我们只能进行罗朗展开,在罗朗级数中找出 $(z-z_0)^{-1}$ 的系数. 我们的重点是讨论函数在极点处的留数计算.

定理 5.2.3 设 z_0 是函数 $f(z)$ 的 $m(m \geqslant 1)$ 级极点,则

$$\operatorname{Res}[f(z); z_0] = \frac{1}{(m-1)!} \lim_{z \to z_0} \frac{\mathrm{d}^{m-1}}{\mathrm{d}z^{m-1}}[(z-z_0)^m f(z)].$$

$$(5.2.3)$$

证明 由定义 5.1.2 知,在 z_0 点的某个去心邻域 $\{z; 0 < |z-z_0| < R\}$ 内,

$$f(z) = \frac{C_{-m}}{(z-z_0)^m} + \frac{C_{-m+1}}{(z-z_0)^{m-1}} + \cdots$$

$$+ \frac{C_{-1}}{z-z_0} + \sum_{n=0}^{\infty} C_n (z-z_0)^n.$$

式中 $C_{-m} \neq 0$,所以

$$(z-z_0)^m f(z) = C_{-m} + C_{-(m-1)}(z-z_0) + \cdots$$

$$+ C_{-1}(z-z_0)^{m-1} + \sum_{n=0}^{\infty} C_n (z-z_0)^{n+m},$$

于是

$$\lim_{z \to z_0} \frac{\mathrm{d}^{m-1}}{\mathrm{d}z^{m-1}}[(z-z_0)^m f(z)] = (m-1)! C_{-1}.$$

因此有

$$C_{-1} = \frac{1}{(m-1)!} \lim_{z \to z_0} \frac{\mathrm{d}^{m-1}}{\mathrm{d}z^{m-1}}[(z-z_0)^m f(z)]. \quad (5.2.4)$$

特别,当 z_0 为单极点时,(5.2.4) 式即为

$$\operatorname{Res}[f(z); z_0] = \lim_{z \to z_0}(z-z_0)f(z). \quad (5.2.5)$$

推论 1 若 $f(z) = \dfrac{\psi(z)}{(z-z_0)^m}$,其中 $\psi(z)$ 在 z_0 点解析,且

$\psi(z_0) \neq 0, m \geqslant 1$，则

$$\text{Res}\left[\frac{\psi(z)}{(z-z_0)^m}; z_0\right] = \frac{\psi^{(m-1)}(z_0)}{(m-1)!}. \tag{5.2.5}$$

推论 2 若 $f(z) = \dfrac{P(z)}{Q(z)}$，其中 $P(z)$ 与 $Q(z)$ 在 z_0 点解析，且 $P(z_0) \neq 0, Q(z_0) = 0$，而 $Q'(z_0) \neq 0$（即 z_0 为 $f(z)$ 的单极点），则

$$\text{Res}\left[\frac{P(z)}{Q(z)}; z_0\right] = \frac{P(z_0)}{Q'(z_0)}. \tag{5.2.6}$$

证明 由(5.2.4)式知

$$\begin{aligned}
\text{Res}\left[\frac{P(z)}{Q(z)}; z_0\right] &= \lim_{z \to z_0}\left[(z-z_0)\frac{P(z)}{Q(z)}\right] \\
&= \lim_{z \to z_0}\frac{P(z)}{\dfrac{Q(z)-Q(z_0)}{z-z_0}} = \frac{P(z_0)}{Q'(z_0)}.
\end{aligned}$$

推论 3 z_0 是函数 $g(z)$ 的 k 级 $(k \geqslant 1)$ 零点，是 $h(z)$ 的 $k+1$ 级零点，则 z_0 是 $f(z) = \dfrac{g(z)}{h(z)}$ 的单极点，且

$$\text{Res}\left[\frac{g(z)}{h(z)}; z_0\right] = (k+1)\frac{g^{(k)}(z_0)}{h^{(k+1)}(z_0)}. \tag{5.2.7}$$

请读者自证之.

定理 5.2.4 设 $g(z)$ 与 $h(z)$ 在 z_0 点解析，且 $g(z_0) \neq 0$，$h(z) = h'(z_0) = 0, h''(z_0) \neq 0$，此时 z_0 是 $f(z) = \dfrac{g(z)}{h(z)}$ 的二级极点，则

$$\text{Res}\left[\frac{g(z)}{h(z)}; z_0\right] = 2\frac{g'(z_0)}{h''(z_0)} - \frac{2}{3}\frac{g(z_0)h'''(z_0)}{[h''(z_0)]^2}. \tag{5.2.8}$$

（证略）

为了便于查找，我们把上述留数计算公式列于附录 I.

例 13 计算积分 $\displaystyle\oint_{|z|=7} \frac{1+z}{1-\cos z}\,\mathrm{d}z$ 的值.

解 因为被积函数 $\dfrac{1+z}{1-\cos z}$ 的奇点是使 $1-\cos z = 0$ 的点，

即 $\dfrac{e^{iz} + e^{-iz}}{2} = 1$ 的解，解之得 $z_k = 2k\pi (k = 0, \pm 1, \pm 2, \cdots)$. 而在闭曲线 $|z| = 7$ 内部，只有三个点：$z_{-1} = -2\pi, z_0 = 0, z_1 = 2\pi$，令 $g(z) = 1 + z, h(z) = 1 - \cos z$，由于

$$g(z_k) = 1 + 2k\pi \neq 0 \quad (k = -1, 0, 1),$$

$$g'(z_k) = 1,$$

$$h(z_k) = h'(z_k) = 0,$$

$$h''(z_k) = \frac{d^2}{dz^2}(1 - \cos z)|_{z=z_k} = \cos 2k\pi = 1 \neq 0,$$

$$h'''(z_k) = -\sin 2k\pi = 0;$$

所以 $z_k (k = -1, 0, 1)$ 是函数 $\dfrac{1 + z}{1 - \cos z}$ 在 $|z| < 7$ 内的三个二级极点. 由公式(5.2.8)得

$$\text{Res}\left[\frac{1 + z}{1 - \cos z}; z_k\right] = 2\frac{1}{1} - \frac{2}{3} \cdot 0 = 2 \quad (k = -1, 0, 1).$$

所以

$$\oint_{|z|=7} \frac{1 + z}{1 - \cos z}\, dz = 2\pi i \sum_{k=-1}^{1} \text{Res}\left(\frac{1 + z}{1 - \cos z}; z_k\right) = 12\pi i.$$

例 14　求 $f(z) = \dfrac{z}{1 - \cos z}$ 在孤立奇点处的留数.

解　$z_k = 2k\pi\ (k = 0, \pm 1, \cdots)$ 是分母$(1 - \cos z)$的二级零点，$z = 0$ 是分子的一级零点，所以 $z = 0$ 是 $f(z)$ 的一级极点；$z_k = 2k\pi$ $(k = \pm 1, \pm 2, \cdots)$ 是 $f(z)$ 的二级极点，由公式(5.2.4)得

$$\text{Res}\left[\frac{z}{1 - \cos z}; 0\right] = \lim_{z \to 0} \frac{z^2}{1 - \cos z} = \lim_{z \to 0} \frac{z^2}{2\sin^2 \frac{z}{2}} = 2.$$

如果由公式(5.2.3)计算 $f(z)$ 在 $z_k (k \neq 0)$ 处的留数

$$\text{Res}\left[\frac{z}{1 - \cos z}; z_k\right] = \lim_{z \to z_k} \frac{d}{dz}\left[(z - z_k)^2 \frac{z}{1 - \cos z}\right] \quad (k \neq 0),$$

显然比较麻烦，在此可以直接用公式(5.2.8)计算：

$$\text{Res}\left[\frac{z}{1 - \cos z}; z_k\right] = 2 \cdot \frac{1}{1} - \frac{2}{3}\frac{2k\pi \cdot 0}{1} = 2 \quad (k \neq 0).$$

例 15 求函数 $f(z) = \dfrac{1}{z^3 - z^5}$ 在奇点处的留数.

解 $z = \pm 1$ 是 $f(z)$ 的单极点; $z = 0$ 是 $f(z)$ 的三级极点. 由 (5.2.6) 式知

$$\operatorname{Res}[f(z); \pm 1] = \frac{1}{(z^3 - z^5)'} \Big|_{z = \pm 1} = -\frac{1}{2}.$$

由 (5.2.3) 式知

$$\operatorname{Res}[f(z); 0] = \frac{1}{2} \lim_{z \to 0} \frac{\mathrm{d}^2}{\mathrm{d}z^2}\Big[z^3 \frac{1}{z^3 - z^5}\Big]$$

$$= \frac{1}{4}\Big(\frac{1}{1 - z} + \frac{1}{1 + z}\Big)'' \Big|_{z=0} = 1.$$

上述 $f(z)$ 在 $z = 0$ 处的留数, 也可由函数 $f(z) = \dfrac{1}{z^3 - z^5}$ 在 $z = 0$ 的去心邻域 $0 < |z| < 1$ 内的罗朗级数中直接去找, 这比用高阶极点留数公式 (5.2.4) 更简单:

$$\frac{1}{z^3 - z^5} = \frac{1}{z^3} \frac{1}{1 - z^2}$$

$$= \frac{1}{z^3}[1 + z^2 + z^4 + \cdots]$$

$$= \frac{1}{z^3} + \frac{1}{z} + z + \cdots + z^{2n-3} + \cdots \qquad (0 < |z| < 1),$$

所以 $\operatorname{Res}\Big[\dfrac{1}{z^3 - z^5}; 0\Big] = 1.$

例 16 求函数 $f(z) = \dfrac{\mathrm{sh}z}{z^n}$ (n 为正整数) 在奇点处的留数.

解 由于

$$f(z) = \frac{\mathrm{sh}z}{z^n}$$

$$= \frac{1}{z^n}\Big[z + \frac{z^3}{3!} + \frac{z^5}{5!} + \cdots + \frac{z^{2k-1}}{(2k-1)!} + \cdots\Big]$$

$$(0 < |z| < +\infty).$$

当 $n = 1$ 时, $z = 0$ 是 $\dfrac{\mathrm{sh}z}{z}$ 的可去奇点.

当 $n \geqslant 2$ 时，$z = 0$ 是 $\dfrac{\operatorname{sh}z}{z^n}$ 的 $(n-1)$ 级极点.

显然，当 n 是奇数时，罗朗级数中 $\dfrac{1}{z}$ 的系数为零；n 是偶数时，$n = 2k$. 此时罗朗级数中 $\dfrac{1}{z}$ 项的系数为 $\dfrac{1}{(2k-1)!}$，即 $\dfrac{1}{(n-1)!}$，所以有

$$\operatorname{Res}\left[\frac{\operatorname{sh}z}{z^n};0\right] = \begin{cases} \dfrac{1}{(n-1)!}, & \text{当 } n \text{ 是偶数时；} \\ 0, & \text{当 } n \text{ 是奇数时.} \end{cases}$$

在该题中，如果运用高阶极点的留数公式 (5.2.3) 求留数，就要对 $\dfrac{\operatorname{sh}z}{z}$ 求 $n-1$ 阶的导数；当 n 越大时，计算就越麻烦，所以应该视题而选择适当的方法.

例 17 求函数 $f(z) = \dfrac{1}{z\operatorname{sh}az}$ 在奇点处的留数.

解 使 $\operatorname{sh}az = 0$ 的点，即为满足方程

$$\mathrm{e}^{az} - \mathrm{e}^{-az} = 0$$

的点，解之得 $z_k = \dfrac{k\pi}{a}\mathrm{i}$ $(k = 0, \pm 1, \pm 2, \cdots)$，且 $(\operatorname{sh}az)'|_{z_k} = a\operatorname{ch}az_k = a(-1)^k \neq 0$，所以 z_k 均为 $\operatorname{sh}az$ 的一级零点 $(k = 0, \pm 1, \cdots)$. 由此可见：

$z = 0$ 是 $f(z) = \dfrac{1}{z\operatorname{sh}az}$ 的二级极点.

$z_k = \dfrac{k\pi}{a}\mathrm{i}$ $(k \neq 0)$ 是 $f(z) = \dfrac{1}{z\operatorname{sh}az}$ 的单极点.

$$\operatorname{Res}\left[\frac{1}{z\operatorname{sh}az};z_k\right] = \operatorname{Res}\left[\frac{\dfrac{1}{z}}{\operatorname{sh}az};z_k\right]$$

$$= \frac{\dfrac{1}{z_k}}{a\operatorname{ch}az_k} = \frac{(-1)^k}{k\pi\mathrm{i}} \quad (k = \pm 1, \pm 2, \cdots).$$

$$\operatorname{Res}\left[\frac{1}{z\operatorname{sh}az};0\right] = \lim_{z\to 0}\frac{\mathrm{d}}{\mathrm{d}z}\left[z^2 \cdot \frac{1}{z\operatorname{sh}az}\right] = \lim_{z\to 0}\frac{\operatorname{sh}az - az\operatorname{ch}az}{(\operatorname{sh}az)^2}.$$

根据罗必达法则,有

$$\text{Res}\left[\frac{1}{z\,\text{sh}az};0\right] = \lim_{z\to 0}\frac{ach az - ach az - a^2 z\,\text{sh}az}{2ash az\,ch az}$$

$$= \lim_{z\to 0}\frac{-az}{2ch az} = 0.$$

实际上,不经过计算也可推知 $f(z)$ 在 $z=0$ 点的留数等于零,因为容易证明,偶函数在以 $z=0$ 为中心的圆环(或去心邻域)内的罗朗级数不出现 z 的奇数次幂,而 $f(z)=\dfrac{1}{z\,\text{sh}az}$ 为偶函数,所以必有 $C_{-1}=0$.

例 18 求函数 $f(z)=\text{e}^{z+\frac{1}{z}}$ 在奇点处的留数.

解 $z=0$ 是 $f(z)=\text{e}^{z+\frac{1}{z}}$ 的本性奇点,因为

$$f(z)=\text{e}^{z+\frac{1}{z}}$$

$$=\text{e}^z\cdot\text{e}^{\frac{1}{z}}$$

$$=\left(1+z+\frac{z^2}{2!}+\cdots+\frac{z^{n-1}}{(n-1)!}+\cdots\right)$$

$$\cdot\left(1+\frac{1}{z}+\frac{1}{2!\,z^2}+\cdots+\frac{1}{n!}\frac{1}{z^n}+\cdots\right)$$

$$(0<|z|<+\infty),$$

所以相乘后的级数 $\dfrac{1}{z}$ 的系数 C_{-1} 为

$$C_{-1}=1+\frac{1}{2!}+\frac{1}{2!\,3!}+\cdots+\frac{1}{(n-1)!n!}+\cdots,$$

即

$$\text{Res}\left[\text{e}^{z+\frac{1}{z}};0\right]=1+\frac{1}{2!}+\frac{1}{2!\,3!}+\cdots$$

$$+\frac{1}{(n-1)!n!}+\cdots.$$

例 19 计算积分 $\displaystyle\oint_{|z|=1}\frac{z\sin z}{(1-\text{e}^z)^3}\text{d}z$.

解法一 由于在 $|z|<1$,只有 $z=0$ 为 $\dfrac{z\sin z}{(1-\text{e}^z)^3}$ 的一级极点,

所以

$$\text{Res}\big[\frac{z\sin z}{(1-\mathrm{e}^z)^3};0\big] = \lim_{z\to 0}\frac{z^2\sin z}{(1-\mathrm{e}^z)^3}$$

$$= \lim_{z\to 0}\frac{z^3}{(1-\mathrm{e}^z)^3}\cdot\frac{\sin z}{z} = -1.$$

于是

$$\oint_{|z|=1}\frac{z\sin z}{(1-\mathrm{e}^z)^3}\mathrm{d}z = -2\pi\mathrm{i}.$$

解法二　令

$$f(z) = \frac{z\sin z}{(1-\mathrm{e}^z)^3} = -\frac{z(z-\dfrac{z^3}{3!}+\dfrac{z^5}{5!}+\cdots)}{(z+\dfrac{z^2}{2!}+\dfrac{z^3}{3!}+\cdots)^3}$$

$$= -\frac{z^2}{z^3}\cdot\frac{(1-\dfrac{z^2}{3!}+\dfrac{z^4}{5!}+\cdots)}{(1+\dfrac{z}{2!}+\dfrac{z^2}{3!}+\cdots)^3},$$

记

$$\psi(z) = \frac{1-\dfrac{z^2}{3!}+\dfrac{z^4}{5!}+\cdots}{(1+\dfrac{z}{2!}+\dfrac{z^2}{3!}+\cdots)^3}.$$

因为 $\psi(z)$ 在 $z=0$ 处解析,且 $\psi(0)=1\neq 0$,所以在 $z=0$ 的邻域中

可展开成台劳级数 $\psi(z)=\sum\limits_{n=0}^{\infty}C_n'z^n$,且 $C_0'=\psi(0)=1$. 因此,在 0 的

邻域内

$$f(z) = \frac{z\sin z}{(1-\mathrm{e}^z)^3} = -\frac{1}{z}\sum_{n=0}^{\infty}C'_n z^n,$$

其中 $C'_0=1$,所以

$$\text{Res}\big[\frac{z\sin z}{(1-\mathrm{e}^z)^3};0\big] = -1.$$

例 20　计算积分 $\oint\limits_{|z|=1}\dfrac{1-\mathrm{e}^{2z}}{z^k}\mathrm{d}z$　($k>1$ 整数).

解 $z = 0$ 是函数 $\dfrac{1 - \mathrm{e}^{2z}}{z^k}$ 在 $|z| < 1$ 内的 $k - 1$ 阶极点,由于

$$\frac{1 - \mathrm{e}^{2z}}{z^k} = \frac{1}{z^k}\Big[1 - \Big(1 + 2z + \frac{4z^2}{2\,!} + \cdots$$

$$+ \frac{1}{(k-1)\,!}(2z)^{k-1} + \cdots\Big]$$

$$= -\Big(\frac{2}{z^{k-1}} + \frac{2^2}{2\,!}\frac{1}{z^{k-2}} + \cdots$$

$$+ \frac{2^{k-1}}{(k-1)\,!}\frac{1}{z} + \frac{2^k}{k\,!} + \cdots\Big] \quad (0 < |z| < 1).$$

所以

$$\mathrm{Res}\Big[\frac{1 - \mathrm{e}^{2z}}{z^k};0\Big] = -\frac{2^{k-1}}{(k-1)\,!}.$$

$$\oint_{|z|=1} \frac{1 - \mathrm{e}^{2z}}{z^k}\,\mathrm{d}z = -\frac{2^k}{(k-1)\,!}\pi\mathrm{i}.$$

例 21 计算积分 $I = \displaystyle\oint_{|z|=2} \frac{\mathrm{e}^z}{z^2(z^2+9)}\,\mathrm{d}z.$

解 被积函数 $\dfrac{\mathrm{e}^z}{z^2(z^2+9)}$ 在 $|z| < 2$ 仅有一个二级极点 $z = 0$,而由

$$\frac{\mathrm{e}^z}{z^2(z^2+9)} = \frac{1}{9}\Big(\frac{\mathrm{e}^z}{z^2} - \frac{\mathrm{e}^z}{z^2+9}\Big)$$

得

$$I = \oint_{|z|=2} \frac{\mathrm{e}^z}{z^2(z^2+9)}\,\mathrm{d}z = \frac{1}{9}\oint_{|z|=2} \frac{\mathrm{e}^z}{z^2}\,\mathrm{d}z - \frac{1}{9}\oint_{|z|=2} \frac{\mathrm{e}^z}{z^2+9}\,\mathrm{d}z.$$

因为 $\dfrac{\mathrm{e}^z}{z^2+9}$ 在 $|z| \leqslant 2$ 上解析,由柯西定理知,右边第二个积分为 0,从而先简化了原积分,得

$$I = \frac{1}{9}2\pi\mathrm{i}\,\mathrm{Res}\Big[\frac{\mathrm{e}^z}{z^2};0\Big] = \frac{2\pi\mathrm{i}}{9}(\mathrm{e}^z)'\big|_{z=0} = \frac{2}{9}\pi\mathrm{i}.$$

定义 5.2.2 设 ∞ 点是 $f(z)$ 的孤立奇点,$f(z)$ 在 $\{z;R<|z|<+\infty\}$ 内解析,则称

$$\frac{1}{2\pi\mathrm{i}}\oint_{C_\rho^-}f(z)\,\mathrm{d}z$$

为 $f(z)$ 在 ∞ 点的留数,记为

$$\mathrm{Res}[f(z);\infty]=\frac{1}{2\pi\mathrm{i}}\oint_{C_\rho^-}f(z)\,\mathrm{d}z.$$

其中 C_ρ^- 表示中心在原点、半径为 $\rho(\rho>R)$、沿顺时针方向的圆周曲线.

设 $f(z)$ 在 $R<|z|<+\infty$ 内的罗朗展开式为

$$f(z)=\cdots+\frac{C_{-n}}{z^n}+\cdots+\frac{C_{-1}}{z}+C_0$$
$$+C_1z+\cdots+C_nz^n+\cdots\quad(R<|z|<\infty).$$

对上式两边沿 $C_\rho=\{z;|z|=\rho\}(\rho>R)$(逆时针方向)逐项积分,得

$$\frac{1}{2\pi\mathrm{i}}\oint_{C_\rho}f(z)\,\mathrm{d}z=\frac{1}{2\pi\mathrm{i}}\sum_{n=-\infty}^{+\infty}\oint_{C_\rho}C_nz^n\,\mathrm{d}z=C_{-1},$$

所以

$$\mathrm{Res}[f(z);\infty]=\frac{1}{2\pi\mathrm{i}}\oint_{C_\rho^-}f(z)\,\mathrm{d}z$$

$$=-\frac{1}{2\pi\mathrm{i}}\oint_{C_\rho}f(z)\,\mathrm{d}z=-C_{-1},\qquad(5.2.9)$$

亦即 $\mathrm{Res}[f(z);\infty]$ 等于 $f(z)$ 在 ∞ 点的罗朗展开式中 $\frac{1}{z}$ 项的系数的负值. 因此,容易得出下面的定理.

定理 5.2.5 如果函数 $f(z)$ 在扩充的复平面上只有有限个孤立奇点(包括 ∞ 点在内),设为 $z_1,z_2,\cdots,z_n,\infty$,则 $f(z)$ 在所有孤立

奇点处的留数之和等于零.

证明 作以原点为中心、充分大的以 R 为半径的圆周 C,使 z_1, $z_2, \cdots, z_n$ 全包含于 C 内部,则由留数定理知

$$\oint_C f(z)\, \mathrm{d}z = 2\pi\mathrm{i}\sum_{k=1}^{n} \mathrm{Res}\,[f(z); z_k].$$

由于在曲线 C 外部,除 ∞ 点外别无 $f(z)$ 的奇点,将上式除 $2\pi\mathrm{i}$ 并移项得

$$\sum_{k=1}^{n} \mathrm{Res}[f(z); z_k] - \oint_C f(z)\, \mathrm{d}z = 0,$$

即

$$\sum_{k=1}^{n} \mathrm{Res}[f(z); z_k] + \oint_{C^-} f(z)\, \mathrm{d}z = 0.$$

再由定义 5.2.2 知,上式即为

$$\sum_{k=1}^{n} \mathrm{Res}[f(z); z_k] + \mathrm{Res}[f(z); \infty] = 0, \qquad (5.2.10)$$

或

$$\oint_C f(z)\, \mathrm{d}z = -2\pi\mathrm{i}\, \mathrm{Res}[f(z); \infty]. \qquad (5.2.11)$$

例 22 求函数 $f(z) = \dfrac{\mathrm{e}^z}{z(z-1)}$ 在 $z = \infty$ 的留数(显然 ∞ 点是 $f(z)$ 的本性奇点).

解法一 $f(z) = \dfrac{\mathrm{e}^z}{z(z-1)}$ 在 $\overline{C}$ 平面上有 $0, 1, \infty$ 三个,孤立奇点由 $(5.2.10)$ 式,有

$$\mathrm{Res}\Big[\frac{\mathrm{e}^z}{z(z-1)}; 0\Big] + \mathrm{Res}\Big[\frac{\mathrm{e}^z}{z(z-1)}; 1\Big]$$
$$+ \mathrm{Res}\Big[\frac{\mathrm{e}^z}{z(z-1)}; \infty\Big] = 0.$$

所以

$$\mathrm{Res}\Big[\frac{\mathrm{e}^z}{z(z-1)}; \infty\Big] = -\Big\{\mathrm{Res}\Big[\frac{\mathrm{e}^z}{z(z-1)}; 0\Big] + \mathrm{Res}\Big[\frac{\mathrm{e}^z}{z(z-1)}; 1\Big]\Big\}$$

$$= - [-1 + e]$$

$$= 1 - e.$$

解法二　在 ∞ 点的邻域 $\{z;1 < |z| < +\infty\}$ 内将函数 $f(z)$ 展开为罗朗级数

$$\frac{e^z}{z(z-1)} = \frac{e^z}{z^2(1 - \frac{1}{z})}$$

$$= \frac{1}{z^2}(1 + \frac{z}{1!} + \frac{z^2}{2!} + \cdots)$$

$$\cdot (1 + \frac{1}{z} + \cdots + \frac{1}{z^n} + \cdots),$$

级数相乘后,找出 $\frac{1}{z}$ 的系数 C_{-1}(其余的系数不必注意):

$$C_{-1} = \frac{1}{1!} + \frac{1}{2!} + \cdots + \frac{1}{n!} + \cdots$$

$$= (1 + \frac{1}{1!} + \frac{1}{2!} + \cdots + \frac{1}{n!} + \cdots) - 1$$

$$= e - 1,$$

所以

$$\mathrm{Res}[f(z);\infty] = - C_{-1} = 1 - e.$$

解法三　在 ∞ 点的邻域 $\{1 < |z-1| < \infty\}$ 内将函数 $f(z)$ 展开为罗朗级数:

$$\frac{e^z}{z(z-1)} = \frac{e^{z-1} \cdot e}{(z-1)(z-1+1)}$$

$$= \frac{e}{(z-1)^2}(1 + \frac{z-1}{1!} + \frac{(z-1)^2}{2!} + \cdots)$$

$$\times (1 - \frac{1}{z-1} + \frac{1}{(z-1)^2} + \cdots),$$

右边级数相乘后找出 $\frac{1}{z-1}$ 项的系数 C_{-1}:

$$C_{-1} = e[\frac{1}{1!} - \frac{1}{2!} + \frac{1}{3!} - \frac{1}{4!} + \cdots)$$

$$= e[1 - (1 - \frac{1}{1!} + \frac{1}{2!} - \frac{1}{3!} + \frac{1}{4!} + \cdots)]$$

$$= e(1 - e^{-1}) = e - 1.$$

所以同样有 $\mathrm{Res}[\dfrac{e^z}{z(z-1)}; \infty] = 1 - e$.

我们应注意，$f(z)$ 在可去奇点（有穷点）处必然有 $\mathrm{Res}[f(z); z_0] = 0$；但是，如果 ∞ 是 $f(z)$ 的可去奇点（或解析点）时，则未必一定有 $\mathrm{Res}[f(z); \infty]$ 为零. 例如

$$f(z) = e^{\frac{1}{z}}$$

$$= 1 + \frac{1}{z} + \frac{1}{2!\, z^2} + \cdots$$

$$+ \frac{1}{n!\, z^n} + \cdots \quad (0 < |z| < + \infty),$$

∞ 是 $f(z)$ 的可去奇点，但由 $(5.2.9)$ 式知

$$\mathrm{Res}[e^{\frac{1}{z}}; \infty] = - C_{-1} = - 1 \neq 0.$$

下面介绍函数 $f(z)$ 在 ∞ 点的另一个留数公式：

$$\mathrm{Res}[f(z); \infty] = - \mathrm{Res}[f(\frac{1}{z}) \frac{1}{z^2}; 0]. \qquad (5.2.12)$$

事实上，由 ∞ 点处留数的定义是

$$\mathrm{Res}[f(z); \infty] = \frac{1}{2\pi i} \oint_{C_R^-} f(z)\, dz \quad (C_R^- : |z| = R \text{ 顺时针方向}),$$

$f(z)$ 在 $R < |z| < + \infty$ 内解析，作变换 $z = \dfrac{1}{\zeta}$，$dz = - \dfrac{1}{\zeta^2}\, d\zeta$，设 $z = R\, e^{i\theta}$，$\zeta = \rho\, e^{i\psi}$，那末 $\rho = \dfrac{1}{R}$，$\psi = - \theta$. 当 z 沿 C_R^-（顺时针方向）转一圈时，ζ 沿着 $C_\rho = \{\zeta; |\zeta| = \dfrac{1}{R} = \rho\}$ 的逆时针方向绕一圈，所以

$$\mathrm{Res}\,[f(z); \infty] = \frac{1}{2\pi i} \oint_{C_R^-} f(z)\, dz$$

$$\overset{z=\frac{1}{\zeta}}{=} \frac{1}{2\pi i} \oint_{C_\rho} f(\frac{1}{\zeta})(- \frac{1}{\zeta^2})\, d\zeta$$

$$= -\frac{1}{2\pi i} \oint_{C_\rho} f(\frac{1}{\zeta}) \frac{1}{\zeta^2} \, d\zeta.$$

因为 $f(z)$ 在 $\{z; R < |z| < +\infty\}$ 内解析,所以 $f(\frac{1}{\zeta})$ 在 $\{\zeta; 0 < |\zeta|$

$< \frac{1}{R} = \rho\}$ 中解析, $\dfrac{f(\frac{1}{\zeta})}{\zeta^2}$ 在 $\{\zeta; |\zeta| < \rho\}$ 内部只有孤立奇点 $\zeta = 0$.

由留数定理知

$$\text{Res}[f(z); \infty] = -\text{Res}[f(\frac{1}{z}) \frac{1}{z^2}; 0].$$

例 23 计算积分 $\displaystyle\oint_{|z|=2} \frac{z}{z^4 - 1} \, dz$.

解 如果直接用留数定理计算被积函数在四个孤立奇点处的留数之和,有时是很繁琐的,尤其是对于那些奇点多、极点级数较高的情况更为麻烦.对于这种情况,用公式(5.2.11)就较为简单了.因为

$$\oint_{|z|=2} \frac{z}{z^4 - 1} \, dz = -2\pi i \, \text{Res} \left[\frac{z}{z^4 - 1}; \infty \right],$$

而 $\text{Res}\left[\dfrac{z}{z^4 - 1}; \infty\right]$ 可由两种方法获得:

(1) $f(z) = \dfrac{z}{z^4 - 1}$ 在 ∞ 点邻域 $\{z; 1 < |z| < +\infty\}$ 内解析,所以其罗朗级数为

$$\frac{z}{z^4 - 1} = \frac{z}{z^4} \frac{1}{1 - \frac{1}{z^4}}$$

$$= \frac{1}{z^3}(1 + \frac{1}{z^4} + \frac{1}{z^8} + \cdots + \frac{1}{z^{4n}} + \cdots)$$

$$1 < |z| < +\infty.$$

所以

$$\text{Res}(\frac{z}{z^4 - 1}; \infty) = -C_{-1} = 0.$$

(2) 由公式(5.2.12),

$$\text{Res}\left(\frac{z}{z^4-1};\infty\right) = -\text{Res}\left[\frac{\dfrac{1}{z}}{\dfrac{1}{z^4}-1}\cdot\frac{1}{z^2};0\right]$$

$$= -\text{Res}\left[\frac{z}{1-z^4};0\right] = 0,$$

故有

$$\oint_{|z|=2}\frac{z}{z^4-1}\,\mathrm{d}z = 0.$$

例 24 计算积分 $\displaystyle\oint_{|z|=2}\frac{1}{(z-3)(z^5-2)}\,\mathrm{d}z.$

解 函数 $f(z)=\dfrac{1}{(z-3)(z^5-2)}$ 在 $\{z;|z|>2\}$ 中除 $z=3$，$z=\infty$ 外，没有其他奇点，因此根据公式(5.2.10)有

$$\frac{1}{2\pi\mathrm{i}}\oint_{|z|=2}\frac{1}{(z-3)(z^5-2)}\,\mathrm{d}z = -\{\text{Res}(f(z);3)$$
$$+ \text{Res}\,[f(z);\infty]\},$$

而

$$\text{Res}[f(z);3] = \frac{1}{241},$$

$$\text{Res}[f(z);\infty] = -\text{Res}\left[f\left(\frac{1}{z}\right)\frac{1}{z^2};0\right]$$

$$= -\text{Res}\left[\frac{z^4}{(1-3z)(1-2z^5)};0\right]$$
$$= 0,$$

所以

$$\oint_{|z|=2}\frac{1}{(z-3)(z^5-2)}\,\mathrm{d}z = -\frac{2\pi\mathrm{i}}{241}.$$

§5.3 留数定理的应用

这一节中,我们将利用留数定理计算某些类型的定积分,特别是可以将某些被积函数(其原函数不容易求得)的定积分转化为闭围道上的复积分来计算.

5.3.1 $\int_0^{2\pi} R(\cos\theta, \sin\theta)\, \mathrm{d}\theta$ 型积分

定理 5.3.1　设 $R(\cos\theta, \sin\theta)$ 是 $\cos\theta, \sin\theta$ 的有理函数,且在 $[0, 2\pi]$ 上连续,则

$$\int_0^{2\pi} R(\cos\theta, \sin\theta)\mathrm{d}\theta = 2\pi\mathrm{i}\sum\{f(z) \text{ 在单位圆内极点处的留数}\}.$$

(5.3.1)

其中

$$f(z) = \frac{1}{\mathrm{i}z}R(\frac{z^2+1}{2z}, \frac{z^2-1}{2z\mathrm{i}}).$$

证明　令 $z = \mathrm{e}^{\mathrm{i}\theta}(0 \leqslant \theta \leqslant 2\pi)$,$\mathrm{d}z = \mathrm{i}\mathrm{e}^{\mathrm{i}\theta}\mathrm{d}\theta$,则 $\mathrm{d}\theta = \dfrac{1}{\mathrm{i}z}\,\mathrm{d}z$;又因为

$$\cos\theta = \frac{\mathrm{e}^{\mathrm{i}\theta} + \mathrm{e}^{-\mathrm{i}\theta}}{2} = \frac{z + z^{-1}}{2} = \frac{z^2+1}{2z},$$

$$\sin\theta = \frac{\mathrm{e}^{\mathrm{i}\theta} - \mathrm{e}^{-\mathrm{i}\theta}}{2\mathrm{i}} = \frac{z - z^{-1}}{2\mathrm{i}} = \frac{z^2-1}{2z\mathrm{i}}.$$

故当 θ 在 $[0, 2\pi]$ 中由 0 变到 2π 时,z 沿圆周 $\{z; |z| = 1\}$ 的逆时针方向绕行一周,有

$$\int_0^{2\pi} R(\cos\theta, \sin\theta)\, \mathrm{d}\theta = \oint_{|z|=1} \frac{1}{\mathrm{i}z}R(\frac{z^2+1}{2z}, \frac{z^2-1}{2z\mathrm{i}})\mathrm{d}z$$

$$= \oint_{|z|=1} f(z)\, \mathrm{d}z.$$

(5.3.2)

由于 $R(\cos\theta,\sin\theta)$ 在 $[0,2\pi]$ 连续,所以 $f(z)$ 在 $|z|=1$ 上无极点,$f(z)$ 是 z 的有理函数形式.由留数定理知,上式积分等于 $2\pi\mathrm{i}\sum\{f(z)$ 在单位圆内极点处的留数$\}$.定理证毕.

注:(1)利用变量替换法,定理 5.3.1 中的积分区间可用 $[\alpha,\alpha+2\pi]$ 替代,α 是任意实数;

(2)定理 5.3.1 只适用于长度为 2π 的区间上的积分(请读者思考).

例 25 计算积分 $I=\displaystyle\int_0^\pi \dfrac{\mathrm{d}\theta}{2+\cos\theta}$ 的值.

解 由于 $\dfrac{1}{2+\cos\theta}$ 是偶函数,因此

$$\int_0^\pi \dfrac{\mathrm{d}\theta}{2+\cos\theta}=\dfrac{1}{2}\int_{-\pi}^\pi \dfrac{\mathrm{d}\theta}{2+\cos\theta}.$$

根据公式(5.3.2),

$$I=\dfrac{1}{2}\oint_{|z|=1}\dfrac{1}{2+\dfrac{z^2+1}{2z}}\dfrac{1}{\mathrm{i}z}\,\mathrm{d}z=\dfrac{1}{\mathrm{i}}\oint_{|z|=1}\dfrac{1}{z^2+4z+1}\,\mathrm{d}z,$$

被积函数 $f(z)=\dfrac{1}{z^2+4z+1}$ 在 $|z|<1$ 内只有单极点 $z_0=-2+\sqrt{3}$,所以有

$$I=\dfrac{1}{\mathrm{i}}\cdot 2\pi\mathrm{i}\mathrm{Res}\left[\dfrac{1}{z^2+4z+1};-2+\sqrt{3}\right]$$

$$=2\pi\dfrac{1}{2z+4}\bigg|_{z=-2+\sqrt{3}}=\dfrac{\pi}{\sqrt{3}}.$$

例 26 计算积分 $I=\displaystyle\int_0^{2\pi}\dfrac{1}{1+a^2-2a\cos\theta}\,\mathrm{d}\theta$ 的值$(a>0,a\neq 1)$.

解 由定理 5.3.1 有

$$I=\oint_{|z|=1}\dfrac{1}{1+a^2-2a\dfrac{z^2+1}{2z}}\cdot\dfrac{1}{\mathrm{i}z}\,\mathrm{d}z$$

$$= \frac{1}{i} \oint_{|z|=1} \frac{1}{-az^2+(1+a^2)z-a} \, dz$$

$$= i \oint_{|z|=1} \frac{1}{az^2-(1+a^2)z+a} \, dz$$

$$= i \oint_{|z|=1} \frac{1}{(az-1)(z-a)} \, dz.$$

被积函数在 $z=a, z=\dfrac{1}{a}$ 有一级极点. 设 $a<1$, 所以只有 $z=a$ 在 $|z|<1$ 内部, 由于

$$\text{Res}\left[\frac{1}{(az-1)(z-a)}; a\right] = \frac{1}{a^2-1}.$$

当 $a>1$ 时, 只有点 $z=\dfrac{1}{a}$ 在 $|z|<1$ 内部, 由于

$$\text{Res}\left[\frac{1}{(az-1)(z-a)}; \frac{1}{a}\right] = \frac{1}{a} \cdot \frac{1}{\dfrac{1}{a}-a} = \frac{1}{1-a^2},$$

所以有

$$I = \begin{cases} i \cdot 2\pi i \dfrac{1}{a^2-1} = \dfrac{2\pi}{1-a^2}, & a<1 \text{ 时}; \\[3mm] i \cdot 2\pi i \dfrac{1}{1-a^2} = \dfrac{2\pi}{a^2-1}, & a>1 \text{ 时}. \end{cases}$$

5.3.2 $\displaystyle\int_{-\infty}^{+\infty} f(x) \, dx$ 型积分

定理 5.3.2 设 $f(z)$ 在整个复平面 $\mathbb{C}$ 上除有限个极点外均解析, 且这些极点不在实轴上. 如果存在一个常数 M 与正数 R, 使得对于一切 $|z| \geqslant R$, 有

$$|f(z)| \leqslant \frac{M}{|z|^2}$$

成立 (一般情况只须假设 $|f(z)| \leqslant \dfrac{M}{|z|^\alpha}$, 对某个 $\alpha>1$ 成立), 则有

$$\int_{-\infty}^{+\infty} f(x)\,\mathrm{d}x = 2\pi\mathrm{i}\sum\{f(z)\ \text{在上半平面极点处的留数}\}$$

$$(5.3.3)$$

或 $\int_{-\infty}^{+\infty} f(x)\mathrm{d}x = -2\pi\mathrm{i}\sum\{f(z)\ \text{在下半平面极点处的留数}\}.$

特别,对于有理函数 $f(z) = \dfrac{P(z)}{Q(z)}$,其中 $P(z)$ 和 $Q(z)$ 为 z 的多项式. 设 $Q(z)$ 为 m 次多项式,$P(z)$ 为 n 次多项式,且 $m \geqslant n+2$,则

$$f(z) = \frac{P(z)}{Q(z)} = \frac{a_0 + a_1 z + \cdots + a_n z^n}{b_0 + b_1 z + \cdots + b_m z^m} \qquad (m \geqslant n+2).$$

此时公式 (5.3.3) 也成立.

证明 令 $r > R$,考虑曲线 $C_r = [-r, r] \cup \Gamma_r$,其中 Γ_r 为上半圆周,见图 5-2. 选择 r 充分大,使得 $f(z)$ 在上半平面内的全部极点都包含在 C_r 内部,于是由留数定理有

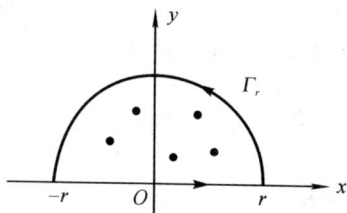

图 5-2

$$\oint_{C_r} f(z)\mathrm{d}z = 2\pi\mathrm{i}\sum\{f(z)\ \text{在上半平面极点处的留数}\}$$

但是左边积分又等于

$$\int_{-r}^{r} f(x)\,\mathrm{d}x + \int_{\Gamma_r} f(z)\,\mathrm{d}z,$$

所以

$$\int_{-r}^{r} f(x)\mathrm{d}x + \int_{\Gamma_r} f(z)\mathrm{d}z = 2\pi\mathrm{i}\sum\{f(z)\ \text{在上半平面极点处的留数}\}(*).$$

对于上述等式,如果令 $r \to +\infty$,由于 C_r 的作法,知 C_r 内部不会再增加新的极点,所以 $(*)$ 式右端保持不变. 从微积分知,由条件 $|f(x)| \leqslant \dfrac{M}{|x|^\alpha}(\alpha > 1)$ 中,$(|x| \geqslant R$ 时),$f(x)$ 在 Γ_r 上可积,所以

（＊）式左边的第一个积分当 $r \to +\infty$ 是存在的，且

$$\lim_{r \to +\infty} \int_{-r}^{r} f(x)\,\mathrm{d}x = \int_{-\infty}^{+\infty} f(x)\,\mathrm{d}x.$$

为了证明(5.3.3)式成立，我们只须证明，当 $r \to +\infty$，（＊）式左端第二个积分趋于零，因为

$$\int_{\Gamma_r} f(z)\mathrm{d}z = \int_0^{\pi} f(re^{i\theta})rie^{i\theta}\mathrm{d}\theta \qquad （由已知条件）.$$

但

$$\left| \int_0^{\pi} f(re^{i\theta})rie^{i\theta}\mathrm{d}\theta \right| \leqslant \frac{M}{r^a}\pi r = \frac{\pi M}{r^{a-1}} \to 0 \qquad (a > 1, r \to +\infty),$$

所以

$$\lim_{r \to +\infty} \int_{\Gamma_r} f(z)\mathrm{d}z = 0.$$

定理得证.

例 27　计算积分 $I = \displaystyle\int_0^{+\infty} \frac{1}{x^4 + 1}\,\mathrm{d}x.$

解　$f(z) = \dfrac{1}{z^4 + 1}$ 分母多项式次数高于分子多项式 4 次，它在上半平面有两个单极点 $z_1 = e^{\frac{\pi}{4}i}, z_2 = e^{\frac{3\pi}{4}i}$.

$$\begin{aligned}
I &= \int_0^{+\infty} \frac{1}{x^4 + 1}\,\mathrm{d}x = \frac{1}{2}\int_{-\infty}^{+\infty} \frac{1}{x^4 + 1}\,\mathrm{d}x \\
&= \frac{1}{2} \cdot 2\pi i \left\{ \mathrm{Res}\left[\frac{1}{z^4 + 1}; e^{\frac{\pi}{4}i}\right] + \mathrm{Res}\left[\frac{1}{z^4 + 1}; e^{\frac{3\pi}{4}i}\right] \right\} \\
&= \pi i \left(\frac{1}{4e^{\frac{3\pi}{4}i}} + \frac{1}{4e^{\frac{9}{4}\pi i}} \right) \\
&= \frac{\pi i}{4}\left(e^{-\frac{3}{4}\pi i} + e^{-\frac{\pi}{4}\pi i} \right) \\
&= \frac{\pi i}{4} \frac{1}{\sqrt{2}}(-1 - i + 1 - i) \\
&= \frac{\sqrt{2}\,\pi}{4}.
\end{aligned}$$

5.3.3 $\displaystyle\int_{-\infty}^{+\infty} \mathrm{e}^{\mathrm{i}\alpha x} f(x) \, \mathrm{d}x$ 型积分 （$\alpha > 0$）

定理 5.3.3 设 $f(z)$ 在 $\mathbb{C}$ 上除有限个极点外均解析,而且这些极点不在实轴上. 如果存在一个常数 M 与正数 R,使得对于一切 $|z| \geqslant R$ 有

$$|f(z)| \leqslant \frac{M}{|z|}$$

成立(一般情况只须 $|f(z)| \leqslant \dfrac{M}{|z|^{\alpha-1}}, \alpha > 1$),则有

$$I = \int_{-\infty}^{+\infty} \mathrm{e}^{\mathrm{i}\alpha x} f(x) \, \mathrm{d}x$$

$$= \lim_{R \to +\infty} \int_{-R}^{R} \mathrm{e}^{\mathrm{i}\alpha x} f(x) \mathrm{d}x$$

$$= 2\pi\mathrm{i} \sum \{f(z) \, \mathrm{e}^{\mathrm{i}\alpha z} \text{ 在上半平面极点处的留数}\} \quad (\alpha > 0).$$
$$\tag{5.3.3}$$

特别,当 $f(z)$ 是有理函数 $f(z) = \dfrac{P(z)}{Q(z)}$ 时,其中 $P(z)$ 为 z 的 n 次多项式,$Q(z)$ 为 z 的 m 次多项式,且 $m \geqslant n+1$,此时(5.3.3)式也成立. 由(5.3.3)式还可得

$$\int_{-\infty}^{+\infty} \cos \alpha x f(x) \mathrm{d}x = \mathrm{Re}(I), \tag{5.3.4}$$

$$\int_{-\infty}^{+\infty} \sin \alpha x f(x) \mathrm{d}x = \mathrm{Im}(I), \tag{5.3.5}$$

为证明定理 5.3.3,我们先介绍一个引理.

约当(Jordan)引理 设 $g(z)$ 在 $\Omega = \{z = r\mathrm{e}^{\mathrm{i}\theta}; r \geqslant R_0 > 0, 0 \leqslant \theta_1 \leqslant \theta \leqslant \theta_2 \leqslant \pi\}$ 上连续且在 Ω 上 $\lim_{z \to \infty} g(z) = 0$,则对于 $\alpha > 0$,

$$\lim_{R \to +\infty} \int_{\Gamma_R} g(z) \mathrm{e}^{\mathrm{i}\alpha z} \mathrm{d}z = 0,$$

其中 $\Gamma_R = \{Re^{i\theta}; \theta_1 \leqslant \theta \leqslant \theta_2\}, R \geqslant R_0.$

证明　在 Γ_R 上，$z = Re^{i\theta} = R\cos\theta + iR\sin\theta,$

$$|\int\limits_{\Gamma_R} g(z)e^{iaz}dz| = |\int_{\theta_1}^{\theta_2} g(Re^{i\theta})e^{iaR\cos\theta - aR\sin\theta} \cdot Rie^{i\theta}d\theta|$$

$$\leqslant \int_{\theta_1}^{\theta_2} |g(Re^{i\theta})| e^{-aR\sin\theta} \cdot Rd\theta$$

$$\leqslant \int_{\theta_1}^{\theta_2} \max_{\theta_1 \leqslant \theta \leqslant \theta_2} |g(Re^{i\theta})| \cdot Re^{-aR\sin\theta}d\theta$$

$$= R \cdot \max_{\theta_1 \leqslant \theta \leqslant \theta_2} |g(Re^{i\theta})| \cdot \int_{\theta_1}^{\theta_2} e^{-aR\sin\theta}d\theta$$

$$\leqslant R \cdot \max_{z \in \Gamma_R} |g(z)| \cdot \int_0^{\pi} e^{-aR\sin\theta}d\theta$$

$$= 2R \cdot \max_{z \in \Gamma_R} |g(z)| \cdot \int_0^{\frac{\pi}{2}} e^{-aR\sin\theta}d\theta$$

$$\leqslant 2R \cdot \max_{z \in \Gamma_R} |g(z)| \cdot \int_0^{\frac{\pi}{2}} e^{-aR \cdot \frac{2}{\pi}\theta}d\theta$$

$$(\theta \in [0, \frac{\pi}{2}] \text{ 时}, \frac{2}{\pi}\theta \leqslant \sin\theta \leqslant \theta)$$

$$= \frac{\pi}{a}(1 - e^{-aR}) \cdot \max_{z \in \Gamma_R} |g(z)|$$

$$\to 0 (R \to +\infty \text{ 时}).$$

定理 5.3.3 的证明：与定理 5.3.2 的证明一样，取 R 充分大使 $f(z)$ 的极点落在 $\{z; |z| < R\}$ 内，作围道 $C_R = [-R, R] \cup \Gamma_R$，如图 5-3. 由约当引理，

$$\lim_{R \to +\infty} \int\limits_{\Gamma_R} f(z)e^{iaz}dz = 0.$$

因此，

$$I = \int_{-\infty}^{+\infty} f(x)e^{iax}dx = 2\pi i \cdot \sum \{f(z)e^{iaz} \text{ 在上半平面极点处的留数}\}.$$

证毕.

149

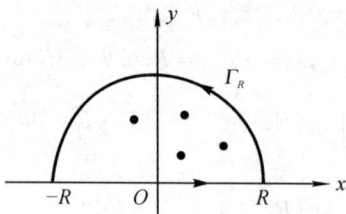

图 5-3

例 28 计算积分 $\displaystyle\int_{-\infty}^{+\infty} \frac{\cos x}{x^2 + a^2} \mathrm{d}x \ (a > 0)$ 的值.

解 由定理 5.3.3 知，$\alpha = 1 > 0$，被积函数中 $f(z) = \dfrac{1}{z^2 + a^2}$ 的分母比分子高二次.

$$I = \int_{-\infty}^{+\infty} \frac{\mathrm{e}^{\mathrm{i}x}}{x^2 + a^2} \, \mathrm{d}x$$

$$= 2\pi\mathrm{i} \cdot \mathrm{Res}\left[\frac{\mathrm{e}^{\mathrm{i}z}}{z^2 + a^2}; a\mathrm{i}\right] = 2\pi\mathrm{i} \cdot \frac{\mathrm{e}^{-a}}{2a\mathrm{i}} = \frac{\pi}{a}\mathrm{e}^{-a}.$$

由 (5.3.4) 式知

$$\int_{-\infty}^{+\infty} \frac{\cos x}{x^2 + a^2} \, \mathrm{d}x = \mathrm{Re}(I) = \frac{\pi}{a}\mathrm{e}^{-a}.$$

我们把上述积分公式列于附录 Ⅱ 中.

*5.3.4 积分路径 (实轴) 上有单极点的积分

引理 1 设 $f(z)$ 在 $C_r = \{z - a = r\mathrm{e}^{\mathrm{i}\theta}; \theta_1 \leqslant \theta \leqslant \theta_2, 0 < r \leqslant r_0\}$ 上连续，且

$$\lim_{r \to 0}(z - a)f(z) = \lambda,$$

则有

$$\lim_{r \to 0}\int_{C_r} f(z) \, \mathrm{d}z = \mathrm{i}(\theta_2 - \theta_1)\lambda.$$

证明 因为 $\lim\limits_{r\to 0}(z-a)f(z)=\lambda$,对于任意给定的 $\varepsilon>0$,存在 $\delta>0$,使当 $r<\delta$ 时,$|(z-a)f(z)-\lambda|<\varepsilon$ 成立,因为

$$\lambda\int_{C_r}\frac{\mathrm{d}z}{z-a}=\lambda(\theta_2-\theta_1)\mathrm{i},$$

所以

$$|\int_{C_r}f(z)\,\mathrm{d}z-\lambda\int_{C_r}\frac{1}{z-a}\,\mathrm{d}z|=|\int_{C_r}\frac{(z-a)f(z)-\lambda}{z-a}\,\mathrm{d}z|$$

$$\leqslant\varepsilon(\theta_2-\theta_1).$$

引理 1 得证. 引理 1 的另一形式如下.

引理 1' 令 z_0 是 $f(z)$ 的单极点,圆弧段:

$$C_\varepsilon=\{z\mid|z-z_0|=\varepsilon>0,\alpha_0\leqslant\arg\,(z-z_0)\leqslant\alpha_0+\alpha\},$$

则

$$\lim_{\varepsilon\to 0}\int_{C_\varepsilon}f(z)\,\mathrm{d}z=\alpha\mathrm{i}\mathrm{Res}[f(z);z_0].$$

显然,对于闭曲线 C'_ε:$|z-z_0|=\varepsilon(\alpha=2\pi)$ 积分,是其特殊情况.

证明 在 z_0 点的去心邻域中,$f(z)$ 可以表示为

$$f(z)=\frac{C_{-1}}{z-z_0}+h(z),$$

其中 $h(z)$ 在 z_0 点解析,$C_{-1}=\mathrm{Res}[f(z);z_0]$,这样

$$\int_{C_\varepsilon}f(z)\,\mathrm{d}z=\int_{C_\varepsilon}\frac{C_{-1}}{z-z_0}\,\mathrm{d}z+\int_{C_\varepsilon}h(z)\mathrm{d}z.$$

而

$$\int_{C_\varepsilon}\frac{C_{-1}}{z-z_0}\mathrm{d}z=C_{-1}\int_{\alpha_0}^{\alpha_0+\alpha}\frac{\mathrm{i}\mathrm{e}^{\mathrm{i}\theta}}{\varepsilon\mathrm{e}^{\mathrm{i}\theta}}\,\mathrm{d}\theta=C_{-1}\alpha\mathrm{i},$$

$h(z)$ 在 z_0 点解析,因此在 z_0 点有界,即存在 $M>0$,使

$$|\int_{C_\varepsilon}h(z)\mathrm{d}z|\leqslant Ml(C_\varepsilon)=M\alpha\varepsilon.$$

当 $\varepsilon\to 0$ 时

$$\int_{C_\varepsilon} h(z)\mathrm{d}z \to 0.$$

引理得证.

定理 5.3.4 若 $f(z)$ 满足下列条件:

(1) 存在 $M > 0$ 与充分大的 R,使当 $|z| \geqslant R$ 时 $|f(z)| \leqslant \dfrac{M}{|z|^2}$;

(2) $a_1, a_2, \cdots, a_n$ 是 $f(z)$ 在上半平面的极点;$b_1, b_2, \cdots, b_m$ 是 $f(z)$

在实轴上的单极点,则 $\displaystyle\int_{-\infty}^{+\infty} f(x)\mathrm{d}x$ 存在(指在主值意义下积分存在,

亦可记为 P.V. $\displaystyle\int_{-\infty}^{+\infty} f(x)\mathrm{d}x$[①]),则

$$\int_{-\infty}^{+\infty} f(x)\,\mathrm{d}x = 2\pi\mathrm{i} \sum_{k=1}^{n} \mathrm{Res}[f(z); a_k] + \pi\mathrm{i} \sum_{l=1}^{m} \mathrm{Res}[f(z); b_l].$$

$$(5.3.6)$$

证明略.

定理 5.3.5 若 $f(z)$ 满足下列条件:

(1) 存在 $M > 0$ 与充分大的 R,使当 $|z| \geqslant R$ 时 $|f(z)| \leqslant \dfrac{M}{|z|}$;

(2) 设 $a_1, a_2, \cdots, a_n$ 是 $f(z)$ 在上半平面的极点;$b_1, b_2, \cdots, b_m$ 是 $f(z)$ 在实轴上的单极点;则有

$$\int_{-\infty}^{+\infty} \mathrm{e}^{\mathrm{i}\alpha x} f(x)\mathrm{d}x = 2\pi\mathrm{i} \sum_{k=1}^{n} \mathrm{Res}[f(z)\mathrm{e}^{\mathrm{i}\alpha z}; a_k]$$

$$+ \pi\mathrm{i} \sum_{l=1}^{m} \mathrm{Res}[f(z)\mathrm{e}^{\mathrm{i}\alpha z}; b_l] \quad (\alpha > 0). \quad (5.3.7)$$

证明略.

---

① 此处是指积分

$$\mathrm{P.V.} \int_{-\infty}^{+\infty} f(x)\mathrm{d}x = \lim\left(\int_{-R}^{b_1-\varepsilon} + \int_{b_1+\varepsilon}^{b_2-\varepsilon} + \int_{b_2+\varepsilon}^{b_3-\varepsilon} + \cdots + \int_{b_m+\varepsilon}^{R}\right)f(x)\mathrm{d}x.$$

例 29　计算积分 $\displaystyle\int_0^{+\infty} \frac{\sin x}{x}\,\mathrm{d}x$.

解　因为 $\displaystyle\int_0^{+\infty} \frac{\sin x}{x}\,\mathrm{d}x = \frac{1}{2}\int_{-\infty}^{+\infty} \frac{\sin x}{x}\,\mathrm{d}x = \frac{1}{2}\,\mathrm{Im}\Big(\int_{-\infty}^{+\infty} \frac{\mathrm{e}^{\mathrm{i}x}}{x}\,\mathrm{d}x\Big)$,

由(5.3.7)式知

$$\int_{-\infty}^{+\infty} \frac{\mathrm{e}^{\mathrm{i}x}}{x}\,\mathrm{d}x = \pi\mathrm{i}\,\mathrm{Res}\Big[\frac{\mathrm{e}^{\mathrm{i}z}}{z};0\Big] = \pi\mathrm{i},$$

所以

$$\int_0^{+\infty} \frac{\sin x}{x}\mathrm{d}x = \frac{\pi}{2}.$$

例 30　计算积分 $I = \displaystyle\int_{-\infty}^{+\infty} \frac{\sin x}{x(x+1)(x^2+1)}\,\mathrm{d}x$.

解　由(5.37)式知

$$\int_{-\infty}^{+\infty} \frac{\mathrm{e}^{\mathrm{i}x}}{x(x+1)(x^2+1)}\,\mathrm{d}x = 2\pi\mathrm{i}\mathrm{Res}\Big[\frac{\mathrm{e}^{\mathrm{i}z}}{z(z+1)(z^2+1)};\mathrm{i}\Big]$$

$$+ \pi\mathrm{i}\Big\{\mathrm{Res}\Big[\frac{\mathrm{e}^{\mathrm{i}z}}{z(z+1)(z^2+1)};0\Big]$$

$$+ \mathrm{Res}\Big[\frac{\mathrm{e}^{\mathrm{i}z}}{z(z+1)(z^2+1)};-1\Big]\Big\}$$

$$= 2\pi\mathrm{i}\,\frac{\mathrm{e}^{-1}}{-2(1+\mathrm{i})} + \pi\mathrm{i}(1-\frac{\mathrm{e}^{-\mathrm{i}}}{2})$$

$$= -\frac{\pi\sin 1 + \pi\mathrm{e}^{-1}}{2}$$

$$+ \mathrm{i}(-\frac{\pi\mathrm{e}^{-1}}{2} + \pi - \frac{\pi\cos 1}{2}),$$

所以

$$I = \mathrm{Im}\Big[\int_{-\infty}^{+\infty} \frac{\mathrm{e}^{\mathrm{i}x}}{x(x+1)(x^2+1)}\mathrm{d}x\Big] = \frac{\pi}{2}(2 - \frac{1}{e} - \cos 1).$$

*5.3.5 另一些类型积分举例

例 31 已知泊松(Poisson)积分公式 $\int_0^{+\infty} e^{-t^2}dt = \dfrac{\sqrt{\pi}}{2}$，计算积分 $\int_0^{+\infty} \sin(x^2)dx$，$\int_0^{+\infty} \cos(x^2)dx$ 的值.

解 作辅助函数 $f(z) = e^{-z^2}$，它是整函数，取积分路径如图 5-4.

$C = [0,R] \bigcup \Gamma_R \bigcup C_2$，其中

$C_2^- = \{re^{\frac{\pi}{4}i}; 0 \leqslant r \leqslant R\}$，

$\Gamma_R = \{Re^{i\theta}; 0 \leqslant \theta \leqslant \dfrac{\pi}{4}\}$.

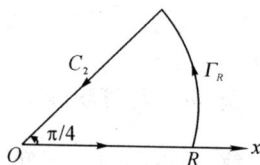

图 5-4

则有 $\oint_C e^{-z^2}dz = 0$，而

$$
\begin{aligned}
0 &= \oint_C e^{-z^2}dz \\
&= \int_0^R e^{-x^2}dx + \int_{\Gamma_R} e^{-z^2}dz - \int_{C_2^-} e^{-z^2}dz \\
&= \int_0^R e^{-x^2}dx + \int_{\Gamma_R} e^{-z^2}dz - \int_0^R e^{-r^2 e^{\frac{\pi}{2}i}} \cdot e^{\frac{\pi}{4}i}dr,
\end{aligned}
$$

而

$$
\begin{aligned}
|\int_{\Gamma_R} e^{-z^2}dz| &= |\int_0^{\frac{\pi}{4}} e^{-R^2 e^{i2\theta}} \cdot Rie^{i\theta}d\theta| \leqslant \int_0^{\frac{\pi}{4}} e^{-R^2\cos 2\theta}Rd\theta \\
&\xlongequal{\diamondsuit\, 2\theta = \frac{\pi}{2} - \varphi} \frac{R}{2}\int_0^{\frac{\pi}{2}} e^{-R^2\sin\varphi}d\varphi \leqslant \frac{R}{2}\int_0^{\frac{\pi}{2}} e^{-R^2\frac{2\varphi}{\pi}}d\varphi \\
&= \frac{\pi}{4R}(1 - e^{-R^2}).
\end{aligned}
$$

因为当 $R \to +\infty$ 时

$$\left| \int\limits_{\Gamma_R} e^{-z^2} dz \right| \to 0,$$

所以,当 $R \to +\infty$ 时,

$$\begin{aligned}
\frac{\sqrt{\pi}}{2} &= \int\limits_0^{+\infty} e^{-x^2} dx \\
&= \lim_{R \to +\infty} \int_0^R e^{-x^2 i} \frac{1+i}{\sqrt{2}} dx \\
&= \frac{1+i}{\sqrt{2}} \int\limits_0^{+\infty} [\cos(x^2) - i\sin(x^2)] dx.
\end{aligned}$$

即

$$\int\limits_0^{+\infty} [\cos(x^2) - i\sin(x^2)] dx = \frac{1}{2}\sqrt{\frac{\pi}{2}}(1-i),$$

所以

$$\int\limits_0^{+\infty} \cos(x^2) dx = \int\limits_0^{+\infty} \sin(x^2) dx = \frac{1}{2}\sqrt{\frac{\pi}{2}}. \tag{5.3.8}$$

例 32 计算积分 $I = \int\limits_{-\infty+i\tau}^{+\infty+i\tau} e^{-z^2} dz$ 的值(这是对于不封闭围道求复积分值),$\tau > 0$.

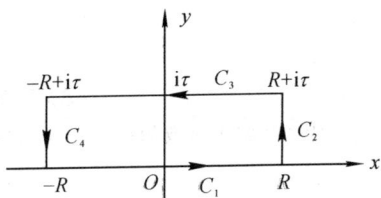

图 5-5

解 先考虑被积函数在图 5-5 所示的闭围道上的积分. 记

$$C = C_1 + C_2 + C_3 + C_4,$$

因为 $f(z) = e^{-z^2}$ 是整函数,由留数定理知

$$0 = \oint\limits_C e^{-z^2} dz = \sum_{k=1}^4 \int\limits_{C_k} e^{-z^2} dz.$$

由于

$$\int_{C_1} \mathrm{e}^{-z^2}\mathrm{d}z = \int_{-R}^{R} \mathrm{e}^{-x^2}\mathrm{d}x, \qquad \int_{C_3} \mathrm{e}^{-z^2}\mathrm{d}z = -\int_{-R+\mathrm{i}\tau}^{R+\mathrm{i}\tau} \mathrm{e}^{-z^2}\mathrm{d}z.$$

当 $R \rightarrow +\infty$ 时

$$\int_{C_1} \mathrm{e}^{-z^2}\mathrm{d}z \rightarrow \int_{-\infty}^{+\infty} \mathrm{e}^{-x^2}\mathrm{d}x = \sqrt{\pi},$$

$$\int_{C_3} \mathrm{e}^{-z^2}\mathrm{d}z \rightarrow -\int_{-\infty+\mathrm{i}\tau}^{+\infty+\mathrm{i}\tau} \mathrm{e}^{-z^2}\mathrm{d}z = -I.$$

又由于

$$\left| \int_{C_2} \mathrm{e}^{-z^2}\mathrm{d}z \right| = \left| \int_0^{\tau} \mathrm{e}^{-(R+\mathrm{i}t)^2}\mathrm{i}\mathrm{d}t \right| \leqslant \int_0^{\tau} \mathrm{e}^{-R^2+t^2}\mathrm{d}t$$

$$= \mathrm{e}^{-R^2}\int_0^{\tau} \mathrm{e}^{t^2}\mathrm{d}t \leqslant \mathrm{e}^{-R^2}\cdot\tau\mathrm{e}^{\tau^2} \rightarrow 0 \quad (R \rightarrow +\infty),$$

同样可得当 $R \rightarrow +\infty$ 时 $\left| \int_{C_4} \mathrm{e}^{-z^2}\mathrm{d}z \right| \rightarrow 0$,所以有

$$I = \sqrt{\pi}.$$

思考题五

1. 什么是解析函数的孤立奇点?它可以分成几种类型?它们是怎样定义的?

2. 函数 $f(z) = \dfrac{1}{(z-1)(z-2)}$ 在 $\{1 < |z| < 2\}$ 中的罗朗级数为

$$f(z) = -\sum_{n=0}^{\infty} \frac{z^n}{2^{n+1}} - \sum_{n=1}^{\infty} \frac{1}{z^n} \quad (1 < |z| < 2),$$

其中有无穷多个 z 的负幂项系数不为零,那么是否可以说 $z = 0$ 是 $f(z)$ 的本性奇点?为什么?

3. 请证明定理 5.1.2 的推论 1:" z_0 是函数 $f(z)$ 的 $m(\geqslant 1)$ 级极点的充分必要条件为 z_0 是 $\dfrac{1}{f(z)}$ 的 m 级零点".

4. 试问 $z = 0$ 是函数 $\dfrac{\sin z^2}{(\sin z)^2}$ 的什么类型的孤立奇点?

5. 试举出函数非孤立奇点的例子. 在非孤立奇点处, 函数可否展开成罗朗级数?

6. 设函数 $\varphi(z)$ 与 $\psi(z)$ 分别以 $z = z_0$ 为 m 级与 n 级极点 $(m, n \geqslant 1)$, 问下列三个函数:

(1) $\varphi(z) \psi(z)$; (2) $\varphi(z) + \psi(z)$; (3) $\dfrac{\varphi(z)}{\psi(z)}$

在 $z = z_0$ 点处有什么性质?

7. 当有 $\mathrm{Res}[f(z); z_0] = 0$ 时, 可否断定 z_0 必是 $f(z)$ 的可去奇点或解析点?

8. 设 z_0 是 $P(z)$ 的 k 级零点, 是 $Q(z)$ 的 $k+1$ 级零点 $(k \geqslant 0$ 整数$)$, 由此可知 z_0 是 $f(z) = \dfrac{P(z)}{Q(z)}$ 的单极点的一般情况, 试写出 $\mathrm{Res}[f(z); z_0]$ 的计算公式.

9. 试讨论留数定理与柯西积分定理、柯西积分公式(包括高阶导数的柯西积分公式)在求围道积分中的联系与区别.

10. 不经计算能否回答 $\displaystyle\oint_{|z| = \frac{1}{2}} \dfrac{1}{z^2 \sin(z^2)} \mathrm{d}z = ?$

11. 函数 $f(z)$ 在 $R < |z| < +\infty$ 解析, 则由定义知
$$\mathrm{Res}[f(z); \infty] = -C_{-1}.$$

试问: C_{-1} 是否是 $f(z)$ 在以原点为中心的去心邻域中罗朗展开式的 $\dfrac{1}{z}$ 项系数? 为什么? 在什么情况下可以是. 请举例说明.

12. 设 $f(z)$ 在 $\mathbb{C}$ 上除孤立奇点 z_0 外解析, 试问可否用孤立奇点 ∞ 的邻域 $\{z; 0 < |z - z_0| < +\infty\}$ 中的罗朗展开式的 $\dfrac{1}{z - z_0}$ 项的系数 C_{-1} 来表示 $f(z)$ 在 ∞ 点的留数: $\mathrm{Res}(f(z); \infty) = -C_{-1}$?

例如: 计算 $\mathrm{Res}[\mathrm{e}^{\frac{1}{z-1}}; \infty]$, 可否把函数在 ∞ 点邻域 $\{0 < |z - 1| < +\infty\}$ 内展开成罗朗级数
$$\mathrm{e}^{\frac{1}{z-1}} = 1 + \frac{1}{z-1} + \frac{1}{2!(z-1)^2} + \cdots + \frac{1}{n!(z-1)^n} + \cdots$$
$$(0 < |z - 1| < +\infty),$$

此时 $\dfrac{1}{z-1}$ 的系数 $C_{-1} = 1$ 可否写为
$$\mathrm{Res}[\mathrm{e}^{\frac{1}{z-1}}; \infty] = -C_{-1} = -1.$$

否则, 如果我们非要把 $f(z) = \mathrm{e}^{\frac{1}{z-1}}$ 在 ∞ 点邻域 $\{1 < |z| < +\infty\}$ 内展开罗朗级数, 再求出 C_{-1} 将十分麻烦.

习题五

1. 指出下列函数的孤立奇点类别,如果是极点,写出它是几级极点:

(1) $\dfrac{1}{z(z^2+1)^2}$; 　　(2) $\dfrac{1}{z^4+1}$;

(3) $\dfrac{1-e^{2z}}{z^4}$; 　　(4) $z\cos\dfrac{1}{z}$;

(5) $\dfrac{z^2}{\operatorname{ch} az - 1}$; 　　(6) $e^{\frac{1}{z-1}}$;

(7) $\dfrac{e^{z^2}}{(z-1)^2}$; 　　(8) $\dfrac{z}{z^2+2z+5}$.

2. 求下列函数 $f(z)$ 在孤立奇点处的留数(有限孤立奇点):

(1) $\dfrac{1}{z^4+1}$; 　　(2) $\tan z$;

(3) $\dfrac{1-e^{2z}}{z^n}$(n 为自然数); 　(4) $\dfrac{1+e^z}{z^2}+\dfrac{1}{z}$;

(5) $\sin\dfrac{1}{z-2}$; 　　(6) $\dfrac{1}{z\sin z}$;

(7) $\sin\dfrac{z}{z+1}$; 　　(8) $z^2 e^{\frac{1}{z-1}}$;

(9) $\dfrac{z^{2n}}{(1+z)^n}$; 　　(10) $\dfrac{1}{z}e^{zt-\frac{1}{z}}$.

3. 利用留数定理计算下列积分:

(1) $\displaystyle\oint_C \dfrac{\sin z}{z}\mathrm{d}z$,其中 C 为圆周曲线 $|z|=\dfrac{3}{2}$;

(2) $\displaystyle\oint_C \dfrac{z}{(z-1)(z-2)^2}\mathrm{d}z$,其中 C 为圆周曲线 $|z-2|=\dfrac{1}{2}$;

(3) $\displaystyle\oint_{|z|=1} \dfrac{z}{z^2+2z+5}\mathrm{d}z$; 　(4) $\dfrac{1}{2\pi\mathrm{i}}\displaystyle\oint_{|z|=2} \dfrac{e^{zt}}{z^2+1}\mathrm{d}z$;

(5) $\displaystyle\oint_{|z|=2} \dfrac{\operatorname{ch}\pi z}{z(z^2+1)}\mathrm{d}z$; 　(6) $\displaystyle\oint_{|z|=9} \dfrac{1}{e^z-1}\mathrm{d}z$;

(7) $\displaystyle\oint_{|z|=r} \dfrac{5z-2}{z(z-1)}\mathrm{d}z$ $(r>1)$; 　(8) $\displaystyle\oint_{|z|=1} \dfrac{\cos(e^{-z})}{z^2}\mathrm{d}z$;

（9）$\oint\limits_{|z|=8} \cot z \, dz$.

4.（1）设函数 $f(z)$ 在简单闭曲线 C 及其内部解析，在 C 上不取零值；z_0 是 $f(z)$ 在 C 内部的唯一 $m(m \geqslant 1)$ 级零点. 试求 $\oint\limits_{C} \dfrac{zf'(z)}{f(z)} dz$ 的值.

（2）如果 $f(z)$ 在简单闭曲线 C 及其内部除 z_0 外解析且在 C 上不取零值（z_0 不在 C 上），z_0 是 $f(z)$ 的 $m(m \geqslant 1)$ 级极点，试求 $\oint\limits_{C} \dfrac{zf'(z)}{f(z)} dz$ 的值.

5. 设 z_0 是函数 $f_1(z)$ 与 $f_2(z)$ 的单极点，证明：z_0 是 $f_1(z)f_2(z)$ 的二级极点，并导出 $f_1(z)f_2(z)$ 在 z_0 点处的留数计算公式.

*6. 判定 $z = \infty$ 点是下列函数的什么类型奇点，然后求出 $\operatorname{Res}[f(z); \infty]$ 的值. 设 $f(z)$ 为

（1）$\dfrac{e^z}{z^2 - 1}$；　　　　　　（2）$e^{\frac{1}{z-1}}$；

（3）$\sin z$；　　　　　　　　（4）$\dfrac{z^3}{1+z} e^{\frac{1}{z}}$；

（5）$\dfrac{(z-1)^3}{z^4}$.

*7. 计算下列积分：

（1）$\oint\limits_{|z|=3} \dfrac{(z-1)^3}{z(z+2)^3} dz$；　　（2）$\oint\limits_{|z|=r>1} \dfrac{z^{2n}}{1+z^n} dz$；

（3）$\oint\limits_{|z|=3} \dfrac{z^{15}}{(z^2-1)(z^4+3)^3} dz$.

8. 计算下列积分：

（1）$\displaystyle\int_0^{2\pi} \dfrac{1}{2-\sin\theta} d\theta$；　　　　（2）$\displaystyle\int_0^{\pi} \dfrac{1}{2\cos\theta+3} d\theta$；

（3）$\displaystyle\int_0^{2\pi} \dfrac{1}{1-2\rho\cos\theta+\rho^2} d\theta$　$(0 < |\rho| < 1)$；

（4）$\displaystyle\int_0^{\pi} \dfrac{1}{1+\sin^2\theta} d\theta$；　　　（5）$\displaystyle\int_0^{\pi} \dfrac{1}{(a+b\cos\theta)^2} d\theta$　$(0 < b < a)$.

9. 证明 $\displaystyle\int_0^{\pi} \sin^{2n}\theta \, d\theta = \dfrac{\pi(2n)!}{(2^n \cdot n!)^2}$.

10. 计算下列积分：

（1）$\displaystyle\int_0^{\infty} \dfrac{1}{x^6+1} dx$；　　　　（2）$\displaystyle\int_0^{\infty} \dfrac{x^2}{(x^2+a^2)^2} dx$　$(a > 0)$；

（3）$\displaystyle\int_0^{\infty} \dfrac{x^2}{(x^2+9)(x^2+4)} dx$；

(4) $\displaystyle\int_{-\infty}^{+\infty}\frac{1}{(x^2+1)^{n+1}}\mathrm{d}x$ (n 为自然数).

11. 计算下列积分：

(1) $\displaystyle\int_0^{\infty}\frac{x\sin x}{1+x^2}\mathrm{d}x$; (2) $\displaystyle\int_{-\infty}^{+\infty}\frac{x^3\sin x}{(x^2+1)^2}\mathrm{d}x$;

(3) $\displaystyle\int_{-\infty}^{\infty}\frac{\cos bx}{x^2+a^2}\mathrm{d}x$ $(a>0,b>0)$;

(4) $\displaystyle\int_0^{\infty}\frac{\cos x}{(x^2+a^2)(x^2+b^2)}\mathrm{d}x$ $(a>0,b>0,a\neq b)$;

(5) $\displaystyle\int_0^{\infty}\frac{\cos ax}{(x^2+b^2)^2}\mathrm{d}x$ $(a>0,b>0)$;

(6) $\displaystyle\int_{-\infty}^{+\infty}\frac{\sin tx}{(x-a)^2+b^2}\mathrm{d}x$ $(b>0,t>0)$.

第六章　　保角映射

在第一章,我们曾把函数看作是 Z 平面上的一个集合 D(定义集)变到 W 平面上的集合 G 的映射(或变换).现在,我们对在集合 D 上的解析函数作进一步的研究.我们先从导数的几何意义着手,引出保角映射的概念,然后讨论一些初等函数所确定的保角映射,特别着重讨论分式线性映射.

保角映射理论在热力学、电学与流体力学中有许多重要的应用,在数学的一些分支中也有应用,如解拉普拉斯方程的边值问题等.有时可以利用解析函数,把一个给定区域保角地映射为一个简单区域(例如单位圆域),这时原来区域的边界条件就转化为简单区域上的边界条件,因而可以在该简单区域上求出新的边值问题的解,再利用逆映射就可得到原区域上边值问题的解.

§6.1　　保角映射的概念

6.1.1　导数的几何意义

设函数 $w = f(z)$ 在区域 D 中解析,且 $f'(z_0) \neq 0, z_0 \in D$.考察 $f'(z_0)$ 的几何意义可以从它的模与辐角着手.

先考虑导数 $f'(z_0)$ 的模的几何意义.

假设在映射 $w = f(z)$ 下,D 内的点 $M(z_0)$ 与它的邻近点 $N(z_0 + \Delta z)$ 分别对应于值域 G 中的点 $M_1(w_0)$ 与点 $N_1(w_0 +$

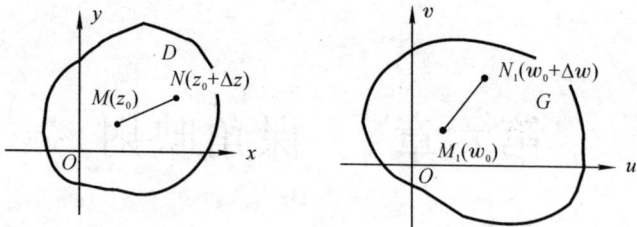

图 6-1

Δw) (见图 6-1), 由于

$$\lim_{N \to M} | \frac{\overrightarrow{M_1 N_1}}{\overrightarrow{MN}} | = \lim_{N \to M} | \frac{\Delta w}{\Delta z} | = | f'(z_0) | ., \qquad (6.1.1)$$

于是, 当 $| \overrightarrow{MN} |$ 充分小时

$$| \overrightarrow{M_1 N_1} | \approx | f'(z_0) | | \overrightarrow{MN} | .$$

这表明映射 $w = f(z)$ 将点 z_0 处很短的线段伸缩了 $| f'(z_0) |$ 倍, 我们称 $| f'(z_0) |$ 为映射 $w = f(z)$ 在点 z_0 的伸缩率.

现在再来考察导数辐角的几何意义.

过点 M 在 D 内任取一条具有切线的曲线 C_1. 在 $w = f(z)$ 映射下, C_1 变为区域 G 中过 M_1 的曲线 Γ_1. 设 N 点为 C_1 上与 M 邻近的点, N_1 是 N 在 G 中的象点, 则由复数性质得

$$\text{Arg } \Delta w - \text{Arg } \Delta z = \text{Arg } \frac{\Delta w}{\Delta z}.$$

设曲线 C_1 在 M 点的切线与 Ox 轴正向夹角为 θ_1, C_1 的象曲线 Γ_1 在 M_1 点的切线与 Ou 轴正向夹角为 φ_1, 则当 N 沿着 C_1 趋于 M 时, 注意到 $f'(z_0) \neq 0$, 就得到

$$\varphi_1 - \theta_1 = \text{Arg } f'(z_0),$$

或

$$\varphi_1 = \theta_1 + \text{Arg } f'(z_0). \qquad (6.1.2)$$

这表明, 曲线 C_1 在点 M 处的切线如果旋转一个角度 $\text{Arg } f'(z_0)$, 就与象曲线 Γ_1 在点 M_1 处的切线平行, 我们称 $\text{Arg } f'(z_0)$ 为映射 $w = f(z)$ 在点 z_0 的旋转角.

如果过点 $M(z_0)$ 再作一条曲线 C_2，C_2 在点 M 处的切线与 Ox 轴正向夹角为 θ_2，它的象曲线 Γ_2 过 $M_1(w_0)$ 点，Γ_2 在 $M_1(w_0)$ 的切线与 Ou 轴正向夹角为 φ_2（见图 6-2），则同样有

$$\varphi_2 - \theta_2 = \text{Arg } f'(z_0).$$

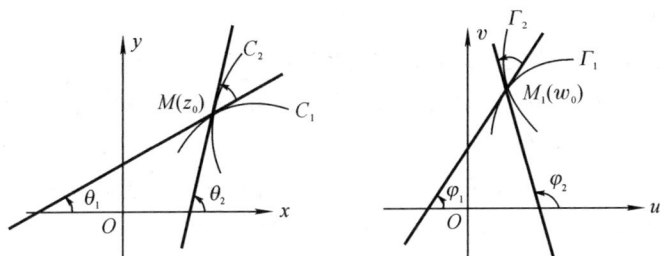

图 6-2

于是

$$\varphi_1 - \theta_1 = \varphi_2 - \theta_2,$$

即

$$\varphi_2 - \varphi_1 = \theta_2 - \theta_1. \tag{6.1.3}$$

因为 $\theta_2 - \theta_1$ 是曲线 C_1 与曲线 C_2 的夹角（按逆时针方向旋转），$\varphi_2 - \varphi_1$ 是象曲线 Γ_1 与 Γ_2 的夹角，所以 (6.1.3) 式表明经过映射 $w = f(z)$ 后，两曲线的夹角保持不变，也就是在导数不为零的点，映射使过该点的任意两条连续曲线间的夹角大小与方向保持不变，这就是映射的保角性.

6.1.2　保角映射的概念及几个一般性定理

定义 6.1.1　设 $f(z)$ 是区域 D 到区域 G 的双射（既是单射又是满射）（见定义 2.1.2），且在 D 内的每一点都具有保角性质，则称 $f(z)$ 是区域 D 到区域 G 的保角映射，也称为保角变换或者共形映射. 如果对于区域 D 内任意一点，存在一个邻域使 $f(z)$ 在这个邻域内映射是保角的，则称 $f(z)$ 是 D 内的局部保角映射.

下面两个定理超出本教材的范围,我们只作叙述而不给证明.

定理 6.1.1 函数 $f(z)$ 是区域 D 内的局部保角映射,当且仅当 $f(z)$ 在 D 内解析,且 $f'(z) \neq 0$.

定理 6.1.2 设 $f(z)$ 是区域 D 内的解析单射,则对于任意 $z \in D, f'(z) \neq 0$.

由导数的几何意义,我们得到以下结论.

定理 6.1.3 $f(z)$ 是区域 D 到区域 G 的保角映射,当且仅当 $f(z)$ 是 D 到 G 的解析双射.

如果 $f(z)$ 是区域 D_1 到区域 D_2 的保角映射,则其反函数是 D_2 到 D_1 的保角映射. 如果 f 是 D_1 到 D_2 的保角映射,g 是 D_2 到 D_3 的保角映射,则复合函数 $g \circ f$ 是 D_1 到 D_3 的保角映射.

本书着重讨论具体的保角映射,为了说明其合理性,我们在此介绍两个关于保角映射的一般性定理. 由于它们的证明需要许多复分析中的专门知识,在此我们只作叙述而不给证明.

定理 6.1.4 黎曼映射定理 设 D 和 G 是两个不同于复平面 $\mathbb{C}$ 的单连通区域(或者说边界多于一点的单连通区域),任取 $z_0 \in D$, $w_0 \in G, \alpha \in (-\pi, \pi]$,则存在唯一从 D 到 G 的保角映射 $w = f(z)$ 使得 $w_0 = f(z_0), \arg f'(z_0) = \alpha$.

定理 6.1.5 边界对应原理 设简单闭曲线 Γ 和 Γ' 围成的区域为 D 和 D',则 D 到 D' 的保角映射 $w = f(z)$ 可以延拓为 $D \cup \Gamma$ 到 $D' \cup \Gamma'$ 的连续双射,且 $f(z)$ 将 Γ 的正向映为 Γ' 的正向.

定理 6.1.5 对于边界是简单曲线的无界区域也是成立的.

例 1 区域 $A = \{z; (\operatorname{Re} z)(\operatorname{Im} z) > 1, \operatorname{Re} z > 0, \operatorname{Im} z > 0\}$ 在函数 $w = z^2$ 映射下的象区域是什么?

解法一 因为 $\dfrac{\mathrm{d}w}{\mathrm{d}z} = 2z \neq 0 (z \in A)$,所以 $w = z^2$ 是保角映射.

先求区域 A 的边界 $xy = 1$ 的象曲线. 设

$$z = x + \mathrm{i}y; w = u + \mathrm{i}v = (x + \mathrm{i}y)^2 = x^2 - y^2 + \mathrm{i}2xy,$$

则

$$u(x, y) = x^2 - y^2, \quad v(x, y) = 2xy,$$

所以 $xy = 1$ 映为 $v = 2$，现在求 A 中任意一点的位置.

取 $z = 2 + 2\mathrm{i} \in A, z^2 = 8\mathrm{i}$（如图 6-3），因此 A 的象区域是 $B = \{w; \mathrm{Im}\,w > 2\}$.

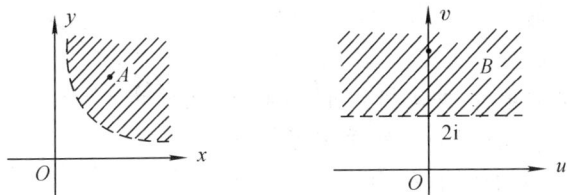

图 6-3

解法二 由于 Z 平面上的区域 A 又可表示为 $A = \{x + \mathrm{i}y \mid xy > 1, x > 0, y > 0\}$，所以由 $v = 2xy > 2$，就得到 A 的象区域为 W 平面上区域 $\{u + \mathrm{i}v; v > 2\}$.

§6.2 若干初等函数所确定的映射

保角映射常常是由某些初等映射与其他一些映射复合而成，我们曾在第二章中简单地讨论过初等函数的一些映射关系，这里我们将对初等函数所确定的映射进行进一步的深入研究，同时还着重两类问题的讨论. 其一是由已知区域通过某个已知初等映射去确定其象区域；其二是寻求一个初等保角映射，把一个已知的单连通区域映射为另一个已知的象区域.

6.2.1 整线性映射

$$w = az + b \quad (a, b \text{ 为常数}, a = k\,\mathrm{e}^{\mathrm{i}\alpha} \neq 0). \tag{6.2.1}$$

由于 $\dfrac{\mathrm{d}w}{\mathrm{d}z} = a \neq 0$，于是映射在复平面上是保角的. 为了说明它的几何意义，我们先考虑一些特殊情况：

（1）$w = kz$　（$k > 0$）

引用极坐标 $z = re^{i\theta}, w = \rho e^{i\varphi}$，得

$$\rho = kr, \varphi = \theta.$$

这表明经映射 $w = kz$ 后，点的辐角保持不变，模放大（缩小）了 k 倍. 如果将 W 平面与 Z 平面重合，使 x 和 y 轴与 u 和 v 轴相重合，可以看到 $w = kz$ 确定了一个以原点为中心的伸缩，称为相似映射，k 为相似系数（如图 6-4）.

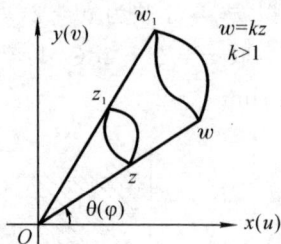

图 6-4

（2）$w = e^{i\alpha}z$

引用极坐标，得

$$\rho = r, \quad \varphi = \theta + \alpha.$$

这表明经映射 $w = e^{i\alpha}z$ 后，点 z 所对应的向量绕原点旋转了一个角度 α，这种映射称为旋转映射（如图 6-5）.

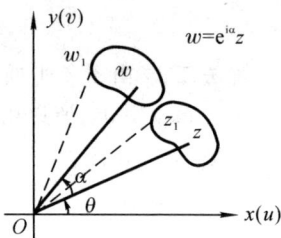

图 6-5

（3）$w = z + b$

（$b = \beta_1 + i\beta_2, \beta_1, \beta_2$ 为实数）

令 $z = x + iy, w = u + iv$，得

$$u = x + \beta_1, v = y + \beta_2,$$

则映射 $w = z + b$ 称为平移映射（如图 6-6）. 所以，映射 $w = az + b$ 是上述三种映射的复合映射.

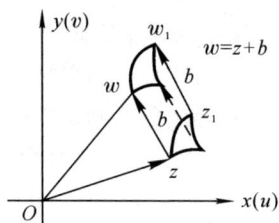

图 6-6

可见，整线性映射在整个复平面上是处处保角且一一对应的，且由于映射把 Z 平面上的圆周映为 W 平面上的圆周，因此具有保圆性.

6.2.2　倒数映射

$$w = \frac{1}{z} \qquad\qquad (6.2.2)$$

由于 $\dfrac{\mathrm{d}w}{\mathrm{d}z} = -\dfrac{1}{z^2}$，故知映射 $w = \dfrac{1}{z}$ 除去原点与 $z = \infty$ 点外在复平面上处处保角.

关于在 $z = 0$ 与 $z = \infty$ 点的保角性，我们作如下规定：两条直线在无穷远点的夹角，定义为这两条直线相交在有限点（一般可视为原点）处的夹角的负值. 如图 6-7 中直线 Ⅰ 与 Ⅱ 在原点处的夹角为 β，则定义它们在 ∞ 点的交角 $\alpha = -\beta$，于是映射 $w = \dfrac{1}{z}$ 在 $z = 0$ 与 $z = \infty$ 也是保角的.（证明略）

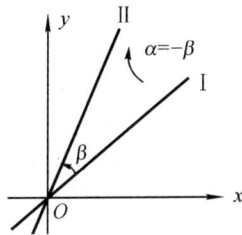

图 6-7

为了进一步讨论映射 $w = \dfrac{1}{z}$，我们先来介绍关于圆周曲线对称点的定义.

定义 6.2.1　设 C 是以原点为中心、R 为半径的圆周曲线 C，在以圆心为起点的一条射线上，如果有两点 P 与 P' 满足关系式

$$OP \cdot OP' = R^2,$$

则称 P 和 P' 两点关于圆周 $C : |z| = R$ 是对称的[①].

事实上，因为 $\triangle OP'T \backsim \triangle OTP$，所以 $OP' : OT = OT : OP$，即有 $OP \cdot OP' = OT^2 = R^2$.

把直线看成是半径为无穷大的圆周时，关于直线对称的点即为

[①]　设 P 在 C 外，从 P 点作圆周 C 的切线 PT，交圆于 T；再由切点 T 作 OP 的垂线 TP'，交 OP 于 P'，那末 P 与 P' 关于 C 是互为对称的点（若 P 点在 C 内，应如何作出 P'？请读者自己考虑）. 见图 6-8.

通常意义下的对称点. 我们还规定, 无穷远点与圆心 O 互为对称点.

下面继续讨论映射 $w = \dfrac{1}{z}$, 它可以分解为下面两个映射的复合映射

$$w_1 = \frac{1}{z}, \quad w = \overline{w_1}.$$

前者是关于单位圆周的对称映射, 后者是关于实轴的对称映射.

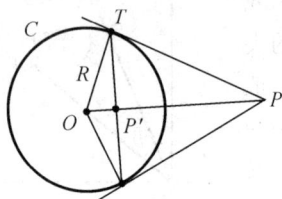

图 6-8

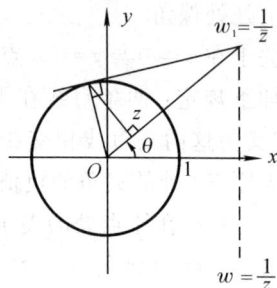

图 6-9

事实上, 设 $z = re^{i\theta}(r < 1)$, 则 $w_1 = \dfrac{1}{\overline{z}} = \dfrac{1}{r}e^{i\theta}, w = \overline{w_1} = \dfrac{1}{r}e^{-i\theta}$. 由此可见, z 与 w_1 是关于 $|z| = 1$ 互相对称的, w_1 与 w 是关于实轴互相对称的, 因此要由 z 点作出它的象点 $w = \dfrac{1}{z}$, 应先作出关于 $|z| = 1$ 的对称点 w_1, 然后再作出 w_1 关于实轴的对称点 w(如图 6-9).

显然, 在映射 $w = \dfrac{1}{z}$ 下, $|z| = 1$ 外的一点 $z_0 = Re^{i\theta}(R > 1)$, 对应 $|w| = 1$ 内的一点 $w_0 = \dfrac{1}{R}e^{-i\theta}$; 而点 $w = 0$ 在 Z 平面上显然没有任何有限点与之对应. 当 R 充分大时, $|z| = R$ 外的点的象点都落在以 $w = 0$ 为中心的充分小邻域内, 所以我们称在映射 $w = \dfrac{1}{z}$ 下与 $w = 0$ 相对应的原象点为 $z = \infty$. 同样, 它的逆映射 $z = \dfrac{1}{w}, z = 0$ 的原象点为 $w = \infty$, 此时映射 $w = \dfrac{1}{z}$ 在扩充复平面上也是一一对应的.

我们再进一步讨论映射 $w = \dfrac{1}{z}$ 的保圆性.

因为,若令 $z = x + \mathrm{i}y, w = u + \mathrm{i}v,$ 由 $w = \dfrac{1}{z}$ 得

$$u + \mathrm{i}v = \frac{1}{x + \mathrm{i}y} = \frac{x}{x^2 + y^2} - \mathrm{i}\,\frac{y}{x^2 + y^2},$$

$$u = \frac{x}{x^2 + y^2}, \quad v = -\frac{y}{x^2 + y^2}, \qquad (6.2.3)$$

或

$$x = \frac{u}{u^2 + v^2}, \quad y = -\frac{v}{u^2 + v^2}. \qquad (6.2.4)$$

易知,映射 $w = \dfrac{1}{z}$ 将 Z 平面上的正交直线网:

$$x = C_1; \quad y = C_2 \qquad (C_1 \neq 0, C_2 \neq 0)$$

映为 W 平面上的正交圆周族(如图 6-10):

$$C_1(u^2 + v^2) - u = 0, \quad C_2(u^2 + v^2) + v = 0.$$

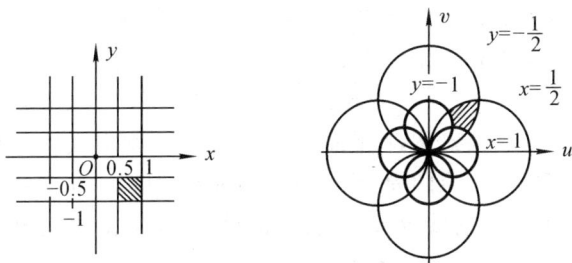

图 6-10

类似地,可知 W 平面上的正交直线网:

$$u = k_1, \quad v = k_2 \qquad (k_1 \neq 0, k_2 \neq 0)$$

在 Z 平面上的原象是正交的圆周族:

$$k_1(x^2 + y^2) - x = 0, \quad k_2(x^2 + y^2) + y = 0.$$

若把直线与圆统称为广义圆,则 Z 平面上的广义圆

$$A(x^2 + y^2) + Bx + Cy + D = 0 \qquad (6.2.5)$$

(其中 A, B, C, D 是实数;A, B, C 不同时为零,且当 $A \neq 0$ 时,$B^2 + C^2$

$-4AD > 0)$ 经映射 $w = \dfrac{1}{z}$ 后,变为 W 平面上的广义圆

$$D(u^2 + v^2) + Bu - Cv + A = 0. \qquad (6.2.6)$$

(6.2.5) 式中 $A \neq 0$ 时,是通常意义下的圆周曲线;$A = 0$ 且 $B^2 + C^2 \neq 0$ 时,表示一条直线.

此外,映射 $w = \dfrac{1}{z}$ 还具有保对称性,即它把 Z 平面上关于广义圆周 C 的两个对称点映为 W 平面上关于圆周 C'(C 的象曲线)的两个对称点,在此我们不作详细的验证.

6.2.3　幂函数映射

$$w = z^n \quad (n \geqslant 2 \text{ 自然数}). \qquad (6.2.7)$$

由于函数 $w = z^n$ 在 Z 平面上是处处可导的,而且除去原点外导数不为零,因此在 Z 平面上除去原点 $z = 0$ 外,由 $w = z^n$ 所构成的映射是处处保角的.

令 $z = re^{i\theta}, w = \rho e^{i\varphi}$,那末

$$\rho = r^n, \quad \varphi = n\theta.$$

因而,在 $w = z^n$ 映射下,Z 平面上的圆 $|z| = r$ 映射成 W 平面上的圆 $|w| = r^n$(显然,单位圆周 $|z| = 1$ 映射成单位圆周 $|w| = 1$).由 Z 平面上原点出发的射线 $\theta = \theta_0$ 映射成 W 平面上由原点出发的射线 $\varphi = n\theta_0$,正实轴 $\theta = 0$ 映为正实轴 $\varphi = 0$;顶点在原点 $z = 0$ 处的角域 $D = \{(r, \theta); 0 < r < +\infty, 0 < \theta < \theta_0\}(\theta_0 < \dfrac{2\pi}{n})$ 映射成顶点在原点 $w = 0$ 处的角域 $D' = \{(\rho, \varphi); 0 < \rho < +\infty, 0 < \varphi < n\theta_0\}$. 由此可见,在 $z = 0$ 处的角域,其张角经映射 $w = z^n$ 后增大到 n 倍,角域 $D = \{(r, \theta); 0 < r < +\infty, -\dfrac{\pi}{n} < \theta < \dfrac{\pi}{n}\}$ 映射为沿负实轴剪开的 w 平面 $D' = \{(\rho, \varphi); 0 < \rho < +\infty, -\pi < \varphi < \pi\}$(如图 6-11);$\theta = \dfrac{-\pi}{n}$ 映射成 W 平面负实轴的下岸 $\varphi = -\pi$;$\theta = \dfrac{\pi}{n}$ 映射成 W 平

面负实轴的上岸 $\varphi = \pi$；D 与 D' 在映射 $w = z^n$ 中是一一对应的.

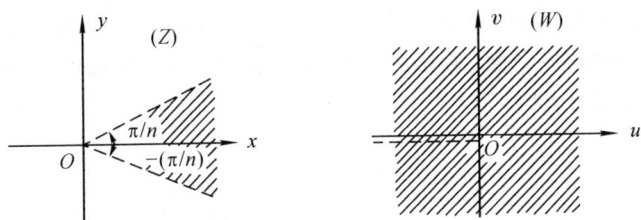

图 6-11

根式函数是幂函数的逆映射. 设 $z = r\mathrm{e}^{\mathrm{i}\theta}$，根式函数为 $w = \sqrt[n]{z}$，由第一章(1.2.12)式知

$$\sqrt[n]{z} = r^{\frac{1}{n}}\mathrm{e}^{\frac{\theta + 2k\pi}{n}\mathrm{i}} \quad (k = 0, 1, 2, \cdots, n - 1). \tag{6.2.8}$$

一般来说，它是多值的. 如果取定 $-\pi < \theta < \pi$，那末对于每个固定的 k，上述函数所确定的映射是一一对应的，此时由 (6.2.8) 式所确定的函数是单值的，k 的不同值对应着 $w = \sqrt[n]{z}$ 的不同单值分支；$k = 0$ 的那一个单值分支称为 $\sqrt[n]{z}$ 的主支，它把 Z 平面上以原点为角点的角域缩小 $\dfrac{1}{n}$.

6.2.4　指数函数与对数函数映射

$$w = \mathrm{e}^z \tag{6.2.9}$$

称为指数映射. 由于 $(\mathrm{e}^z)' = \mathrm{e}^z \neq 0$，所以 $w = \mathrm{e}^z$ 为整函数且在全平面是局部保角映射.

令 $z = x + \mathrm{i}y$，$w = \rho\mathrm{e}^{\mathrm{i}\varphi}$，则由 $w = \mathrm{e}^z$ 得

$$\rho\mathrm{e}^{\mathrm{i}\varphi} = \mathrm{e}^{x+\mathrm{i}y} = \mathrm{e}^x \cdot \mathrm{e}^{\mathrm{i}y}.$$

于是

$$\rho = \mathrm{e}^x, \quad \varphi = y.$$

因而，Z 平面上平行于虚轴的直线 $x = x_0$ 映射为 W 平面上的圆周 $|w| = \mathrm{e}^{x_0}$，而平行于实轴的直线 $y = y_0$ 映射成自原点出发、辐角 $\varphi =$

y_0 的射线, 带域 $D = \{z; 0 < \mathrm{Im}\, z < \alpha(< 2\pi)\}$ 映射成角域 $D' = \{w;$ $0 < \arg w < \alpha\}$, 特别是带域 $D = \{z; -\pi < \mathrm{Im}\, z < \pi\}$ 映射成沿负实轴剪开的 W 平面(图 6-12,图 6-13). 显然,在这种情况下,映射是一一对应的.

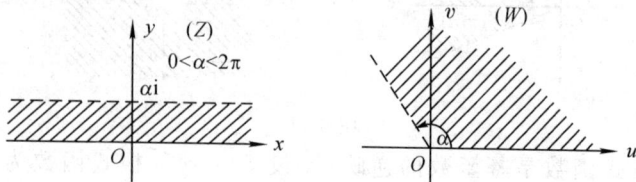

图 6-12

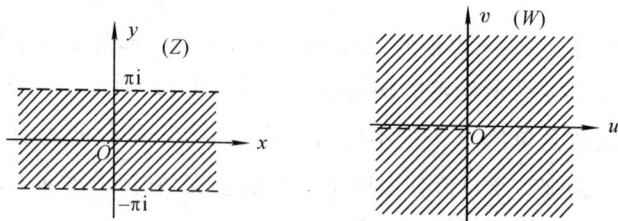

图 6-13

指数映射是把 Z 平面上的水平带域映为 W 平面上的角域.

例 2   在映射 $w = \mathrm{e}^{\frac{\pi \mathrm{i}}{b-a}(z-a)}$ 下,带域 $D = \{z; a < \mathrm{Re}\, z < b\}$ 映射成什么区域?

解   整线性映射 $w_3 = \dfrac{\pi \mathrm{i}}{b-a}(z-a)$ 是由以下三个映射复合而成:

$$w_1 = z - a \quad (\text{平移映射});$$

$$w_2 = \frac{\pi}{b-a} w_1 \quad (\text{伸缩映射});$$

$$w_3 = \mathrm{i} w_2 \quad (\text{旋转映射});$$

$$w = \mathrm{e}^{w_3} \quad (\text{指数映射}).$$

所以,$w_1 = z - a$ 将 Z 平面上带域 $D = \{z; a < \mathrm{Re}\, z < b\}$(图

6-14(1) 映射为 W_1 平面上带域 $D_1 = \{w; 0 < \mathrm{Re} w_1 < b - a\}$，如图 (6-14(2))；$w_2 = \dfrac{\pi}{b-a} w_1$ 将 W_1 平面上带域 D_1 映射为 W_2 平面上的带域 $D_2 = \{w_2; 0 < \mathrm{Re}\, w_2 < \pi\}$，如图 6-14(3)；$w_3 = i w_2$ 将 W_2 平面上的带域 D_2 映射为 W_3 平面上的带域 $D_3 = \{w_3; 0 < \mathrm{Im}\, w_3 < \pi\}$，如图 6-14(4)；$w = \mathrm{e}^{w_3}$ 将 W_3 平面上的带域 D_3 映射到 W 平面的上半平面. 如图 6-14(5). 所以，最终复合函数 $w = \mathrm{e}^{\frac{\pi i}{b-a}(z-a)}$ 是将带域 $D = \{z; a < \mathrm{Re} z < b\}$ 映射为上半平面 $\{w; \mathrm{Im}\, w > 0\}$.

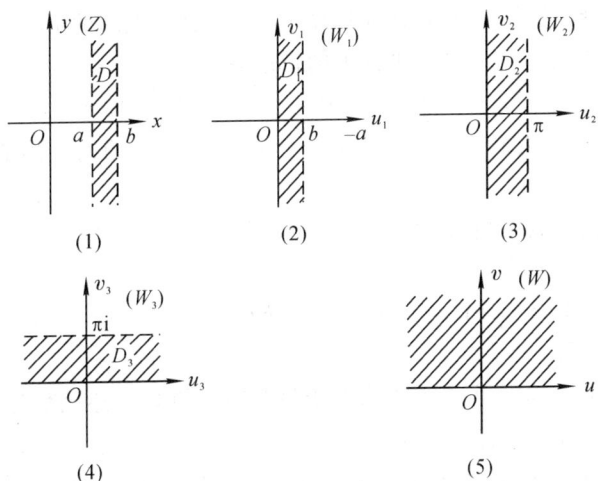

(1)　　　　(2)　　　　(3)

(4)　　　　(5)

图 6-14　　边界应为虚线

因为函数 $w = \mathrm{e}^z$ 并不是 Z 平面到 W 平面的互为单值对应的映射，每个 w(除 $w = 0$ 与 $w = \infty$ 外)都对应着无穷多个点 z，由第二章 (2.5.3) 式可知

$$z = \mathrm{Ln} w = \ln|w| + i\mathrm{Arg}\, w = \ln|w| + i\arg w + 2k\pi i$$
$$(k = 0, \pm 1, \pm 2, \cdots).$$

因此，要使 $w = \mathrm{e}^z$ 将 Z 平面上的区域互为单值地映射到 W 平面上去，只要将 Z 平面划分为带域(如图 6-15)：

$$(2k - 1)\pi < y < (2k + 1)\pi \qquad (k = 0, \pm 1, \pm 2, \cdots),$$

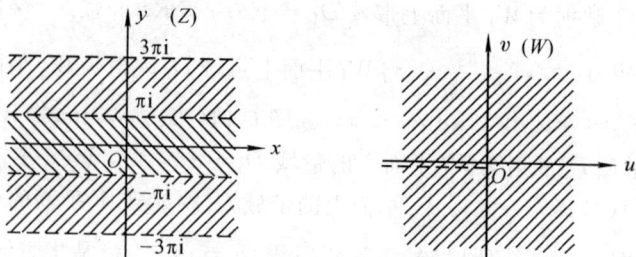

图 6-15 边界应为虚线

则任意带域皆被互为单值地映射到沿负实轴有裂缝的 W 平面. 实际上, 任何宽度为 2π 的 Z 平面上的带形域:

$$2k\pi + \alpha_0 < y < 2(k+1)\pi + \alpha_0 \qquad (k = 0, \pm 1, \pm 2, \cdots)$$

与 W 平面有裂缝 $\{w; \arg w = \alpha_0\}(-\pi < \alpha_0 < \pi)$ 的区域都是 $w = \mathrm{e}^z$ 的双向映射.

对数函数是指数函数的逆映射.

设 $z = r\mathrm{e}^{\mathrm{i}\theta}$,

$$w = \mathrm{Ln}z = \ln|z| + \mathrm{i}\arg z + 2k\pi\mathrm{i} \qquad (k = 0, \pm 1, \pm 2, \cdots),$$

$$(6.2.10)$$

如果取定 $-\pi < \theta < \pi$, 那么对于每个固定的 k, 上述函数是单值的. 不同的 k 值对应着 $w = \mathrm{Ln}z$ 的不同分支, $k = 0$ 的那个分支 $w = \ln z$ 称为对数主支, 它把 Z 平面上的角域映为 W 平面上的水平带域.

§6.3 分式线性映射

在保角映射中, 分式线性映射是一个十分重要而又有用的映射.

6.3.1　分式线性映射

$$w = \frac{az + b}{cz + d} \quad (ad - bc \neq 0) \qquad (6.3.1)$$

当 $c = 0, d \neq 0$ 时是整线性映射;当 $c = b = 1, a = d = 0$ 时是倒数映射.

这里假设 $ad - bc \neq 0$ 是必要的,因为如果 $ad - bc = 0$,就有 $w' = (\frac{az + b}{cz + d})' = \frac{ad - bc}{(cz + d)^2} = 0, w = \frac{az + b}{cz + d}$ 恒为常数.

从(6.3.1)式解出 z,得到这个映射的逆映射:

$$z = \frac{-dw + b}{cw - a} \quad (ad - bc \neq 0). \qquad (6.3.2)$$

显然,这也是一个分式线性映射.

由(6.3.1),(6.3.2)式知,$z = -\dfrac{b}{a}$ 对应于点 $w = 0$;点 $w = \dfrac{a}{c}$ 对应于 $z = \infty, z = -\dfrac{d}{c}$ 映射为 $w = \infty; z = 0$ 映射为 $w = \dfrac{b}{d}$,所以分式线性映射(6.3.1)式将扩充的 Z 平面保角地映为扩充的 W 平面,且是一一对应的.

如果把(6.3.1)式改写成

$$w = \frac{a}{c} + \frac{bc - ad}{c} \frac{1}{cz + d}, \qquad (6.3.3)$$

则该映射可以看成是

$$w_1 = cz + d, \quad w_2 = \frac{1}{w_1}, \quad w_3 = \frac{a}{c} + \frac{bc - ad}{c} w_2$$

的复合映射,其中 w_1 与 w_3 均为整线性映射. w_2 是倒数映射,由 §6.2 讨论知,它们在扩充的复平面上是双向保角映射,且将广义圆映射为广义圆. 因此,分式线性映射也是双向保角映射,且具有保圆性.

经分式线性映射后,如果对于给定的圆周(或直线)上的所有点,都不映射为 ∞,那末该圆周(或直线)将被映射成半径为有限的圆. 如果其上有一个点映射成 ∞ 点,则该圆(或直线)必映射成一条直线.

同样,分式线性映射对于广义圆还具有保对称性. 也就是说,如果点 z_1 和 z_2 关于广义圆 Γ 对称,则在分式线性映射下,z_1 和 z_2 的象点 w_1 和 w_2 关于 Γ 的象曲线 Γ' 也是对称的.

6.3.2　三对点的对应唯一确定一个分式线性映射

分式线性映射 $w = \dfrac{az+b}{cz+d}$,$(ad-bc \neq 0)$ 中,a 和 c 至少有一个不为零,用它来除分子和分母,可将分式中的四个常数化为三个常数,即(6.3.1)式实际上只有三个独立的常数,因此,我们亦有一般式:

$$w = k\frac{z-\alpha}{z-\beta} \tag{6.3.4}$$

或

$$w = az + b \qquad (c = 0)$$

或

$$w = \frac{k}{z-\beta} \qquad (a = 0),$$

其中 k,α,β,a,b 为常数;$k \neq 0,a \neq 0$.

定理 6.3.1　在 Z 平面和 W 平面上各任意给定三个相异的点 z_1,z_2,z_3 和 w_1,w_2,w_3,则存在唯一的分式线性映射,将 $z_k(k=1,2,3)$ 依次映射为 $w_k(k=1,2,3)$.

证明　设 $w = \dfrac{az+b}{cz+d}$ $(ad-bc \neq 0)$,则对于

$$w_k = \frac{az_k+b}{cz_k+d} \qquad (k=1,2,3)$$

有

$$w - w_k = \frac{(z-z_k)(ad-bc)}{(cz+d)(cz_k+d)} \qquad (k=1,2),$$

176

$$w_3 - w_k = \frac{(z_3 - z_k)(ad - bc)}{(cz_3 + d)(cz_k + d)} \qquad (k = 1, 2).$$

由此得

$$\frac{w - w_1}{w - w_2} \cdot \frac{w_3 - w_2}{w_3 - w_1} = \frac{z - z_1}{z - z_2} \cdot \frac{z_3 - z_2}{z_3 - z_1}. \qquad (6.3.5)$$

由 (6.3.5) 式确定的函数就是所求的分式线性映射,它是唯一存在的.

当在扩充的复平面上考虑时,若 $z_k(k = 1, 2, 3)$ 中有一点是 ∞ 点(只可能有一点),它对应于 W 平面上的某点 w_k(也可以是 ∞ 点),则此时 (6.3.5) 式可简化.

例如,$z_2 = \infty$ 对应于 w_2,z_1 对应于 $w_1 = \infty$,(6.3.5) 式可简化为

$$\frac{w_3 - w_2}{w - w_2} = \frac{z - z_1}{z_3 - z_1}.$$

这由在 (6.3.5) 式左边对含有 w_2 的因子相约,右边对含有 z_2 的因子相约而得,其余情况亦可类推.

由于分式线性映射把广义圆映射成广义圆,因此要寻求两个边界为广义圆的单连通区域之间的保角映射,只需在这两个已知广义圆周上分别取定三个不同点的对应(且按边界对应原理选取),则由定理 6.3.1 就可唯一地确定一个分式线性映射,它即是该两区域之间的映射.

例 3 试求将 Z 平面上三个点 $1, -i, i$ 分别映为 W 平面上三个点 $1, -1, 0$ 的分式线性映射.

解法一 由 (6.3.4) 式可得

$$\frac{w - 1}{w + 1} \cdot \frac{0 + 1}{0 - 1} = \frac{z - 1}{z + i} \cdot \frac{i + i}{i - 1},$$

解之得

$$w = \frac{(1 + i)(z - i)}{(1 - 3i)z + (1 + 3i)}.$$

因为这个映射将点 $z = -\dfrac{1 + 3i}{1 - 3i}$ 映射为 $w = \infty$,而 $\left| \dfrac{1 + 3i}{1 - 3i} \right| =$

$\dfrac{|1+3\mathrm{i}|}{|1-3\mathrm{i}|}=1$,即在圆周 $|z|=1$ 上的一点被映射为 W 平面上的 ∞ 点,这意味着过点 $1,\mathrm{i},-\mathrm{i}$ 的圆 $\{z;|z|=1\}$ 被映射为 W 平面上过点 $1,0,-1$ 的直线(即为实轴);$z=0$ 映射为 $w=-\dfrac{1}{5}-\dfrac{2}{5}\mathrm{i}$,属于 W 平面的下半平面.所以,所求分式线性映射将 Z 平面上的单位圆内部 $\{z;|z|<1\}$ 映射为 W 平面的下半平面区域 $\{w;\operatorname{Im}w<0\}$,见图 6-16.

也可以用边界上点的走向来确定象区域.

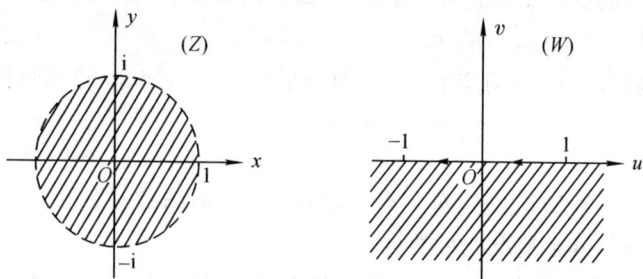

图 6-16

解法二 由 (6.3.4) 式,$w=k\dfrac{z-\alpha}{z-\beta},k,\alpha,\beta$ 是待定常数;由已知条件 $z=\mathrm{i}\leftrightarrow w=0$,有 $\alpha=\mathrm{i}$,$w=k\dfrac{z-\mathrm{i}}{z-\beta}$;又因为 $z=1\leftrightarrow w=1,z=-\mathrm{i}\leftrightarrow w=-1$,有

$$1=k\frac{1-\mathrm{i}}{1-\beta},\quad -1=k\frac{-\mathrm{i}-\mathrm{i}}{-\mathrm{i}-\beta},$$

即

$$\begin{cases} k(1-\mathrm{i})=1-\beta \\ 2k\mathrm{i}=-(\mathrm{i}+\beta). \end{cases}$$

解之得

$$\beta=-\frac{1+3\mathrm{i}}{1-3\mathrm{i}},\quad k=\frac{1+\mathrm{i}}{1-3\mathrm{i}},$$

所以有

$$w = \frac{1+i}{1-3i} \cdot \frac{z-i}{z + \dfrac{1+3i}{1-3i}}.$$

例 4 中心分别在 $z=1$ 与 $z=-1$、半径为 $\sqrt{2}$ 的两圆弧 C_1 和 C_2 围成区域 D,试问在映射 $w = \dfrac{z-i}{z+i}$ 下的象区域 D' 是什么?

解 从几何上判断出两圆弧 C_1 与 C_2 在点 $z=i$ 与点 $z=-i$ 处正交,在映射 $w = \dfrac{z-i}{z+i}$ 下,点 $z=-i$ 映为 $w=\infty$;点 $z=i$ 映为 $w=0$. 因此,过 $z=i$ 的两段圆弧 C_1 与 C_2 分别映射为过原点 $w=0$ 的半射线,其交角为 $\dfrac{\pi}{2}$,亦即所给区域 D 被映射为以原点为顶点、张角为 $\dfrac{\pi}{2}$ 的角域.

为确定角域的位置,考察圆弧 C_1 与正实轴的交点 $z = \sqrt{2}-1$ 在映射 $w = \dfrac{z-i}{z+i}$ 下的象点位置:

$$w = \frac{\sqrt{2}-1-i}{\sqrt{2}-1+i} = \frac{(\sqrt{2}-1-i)^2}{(\sqrt{2}-1)^2+1} = \frac{1-\sqrt{2}}{2-\sqrt{2}}(1+i).$$

显然,它在第三象限的分角线 C_1' 上;再由边界对应原理知,圆弧 C_2 被映射为第二象限的分角线 C_2'(如图 6-17). 图中 C_1' 与 C_2' 为边界、顶角为 $\dfrac{\pi}{2}$ 的角域即为 D 的象区域 D'.

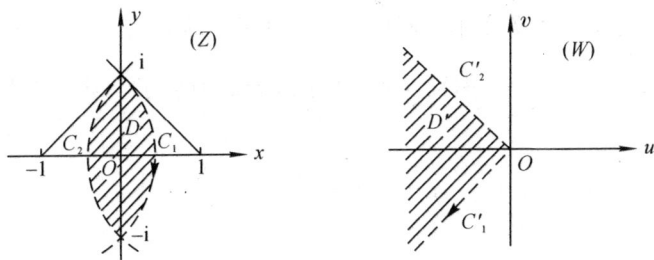

图 6-17

6.3.3　两个重要的分式线性映射

（1）将上半平面映射成单位圆内部的分式线性映射

将上半平面 $\{z; \operatorname{Im} z > 0\}$ 映射成 $\{w; |w| < 1\}$，且将上半平面内的一点 $z_0 \in \{z; \operatorname{Im} z > 0\}$ 映射成单位圆圆心 $w = 0$ 的分式线性映射的一般形式为

$$w = \mathrm{e}^{\mathrm{i}\theta}\frac{z - z_0}{z - \bar{z}_0}, \tag{6.3.6}$$

其中 θ 为实数，$\operatorname{Im} z_0 > 0$（图 6-18）.

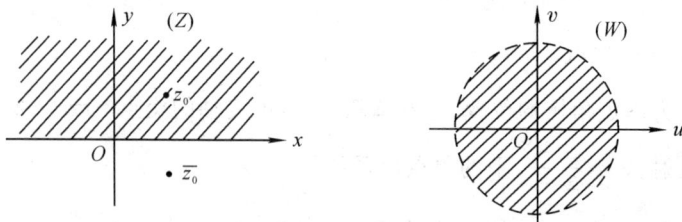

图 6-18

事实上，由 (6.3.4) 式 $w = k\dfrac{z - \alpha}{z - \beta}$，并由题意 $\alpha = z_0$，有 $w = k\dfrac{z - z_0}{z - \beta}$. 因为 $\bar{z}_0$ 是 z_0 关于实轴的对称点，经保角映射后，它具有保对称性，而 $w = 0$ 关于单位圆周 $|w| = 1$ 的对称点为 $w = \infty$ 点，所以 $\beta = \bar{z}_0, w = k\dfrac{z - z_0}{z - \bar{z}_0}$，而实轴上的点 $z = x$ 对应于 $|w| = 1$ 上的点，所以

$$1 = |w| = \left|k\frac{x - z_0}{x - \bar{z}_0}\right| = |k|\,\frac{|x - z_0|}{|x - \bar{z}_0|} = |k|,$$

即

$$k = \mathrm{e}^{\mathrm{i}\theta} \qquad (\theta \text{ 为实数}).$$

于是

$$w = e^{i\theta} \frac{z - z_0}{z - \bar{z}_0}.$$

例 5 求把角域 $D = \{z; 0 < \arg z < \frac{\pi}{4}\}$ 映射为单位圆内部 $|w| < 1$ 的保角映射.

解 由幂函数映射可知：$W_1 = z^4$ 将 z 平面上的区域 $D = \{z; 0 < \arg z < \frac{\pi}{4}\}$ 映射成 W_1 平面的上半平面 $D_1 = \{w_1; \operatorname{Im} w_1 > 0\}$；再由 (6.3.6) 式可知：$w = \frac{w_1 - i}{w_1 + i}$ 将 W_1 平面上区域 D_1 映射为 W 平面上的单位圆内部 $\{w; |w| < 1\}$. 将这两个映射复合，得

$$w = \frac{z^4 - i}{z^4 + i},$$

即 Z 平面上的角域 D 映为 W 平面的单位圆内部的一个保角映射，如图 6-19（注意，这里并没要求是唯一的）.

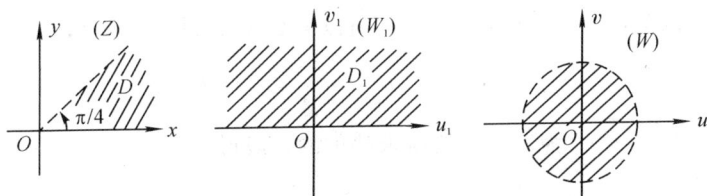

图 6-19

（2）将单位圆内部映射成单位圆内部的分式线性映射

将 Z 平面上单位圆内部 $\{z; |z| < 1\}$ 映射为 W 平面上的单位圆内部 $\{w; |w| < 1\}$，且将 $\{z; |z| < 1\}$ 内一点 $z = z_0$ 映射为 $\{w; |w| < 1\}$ 内的圆心 $w = 0$ 的分式线性映射的一般形式为

$$w = e^{i\theta} \frac{z - z_0}{1 - \bar{z}_0 z}, \tag{6.3.7}$$

其中 θ 为实数，$z_0 \in \{z; |z| < 1\}$（图 6-20）.

事实上，因为 z_0 被映射成 $w = 0$，所以 z_0 关于 $|z| = 1$ 的对称点 $\frac{1}{\bar{z}_0}$ 被映射为 $w = \infty$. 由 (6.3.4) 式，所求分式线性映射具有

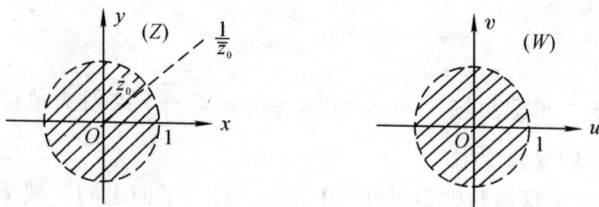

图 6-20

$$w = k \frac{z - z_0}{z - \dfrac{1}{\bar{z}_0}} = k \bar{z}_0 \frac{z - z_0}{\bar{z}_0 z - 1} = k' \frac{z - z_0}{1 - \bar{z}_0 z}$$

的形式,其中 $k' = -k\bar{z}_0$. 由题意知,单位圆周 $|z| = 1$ 映射为单位圆周 $|w| = 1$,而当 $|z| = 1$ 时,即 $z = \dfrac{1}{\bar{z}}$,

$$\left| \frac{z - z_0}{1 - \bar{z}_0 z} \right| = \left| \frac{1 - z_0 \bar{z}}{1 - \bar{z}_0 \bar{z}} \right| = 1.$$

因为 $\overline{(1 - z_0 z)} = 1 - \bar{z}_0 z$,所以 $z \in \{z; |z| = 1\}$ 时,

$$1 = |w| = \left| k' \frac{z - z_0}{1 - \bar{z}_0 z} \right| = |k'|,$$

所以 $k' = \mathrm{e}^{\mathrm{i}\theta}(\theta$ 为实数),故所求映射的一般形式是

$$w = \mathrm{e}^{\mathrm{i}\theta} \frac{z - z_0}{1 - \bar{z}_0 z},$$

其中 θ 为实数,$z_0 \in \{z; |z| < 1\}$.

§6.4 举 例

例 6 求把上半平面映射成单位圆内部,且使 $w(\mathrm{i}) = 0$ 与 $\arg w'(\mathrm{i}) = 0$ 的分式线性映射.

解 由 (6.3.6) 式知 $z_0 = \mathrm{i}, \bar{z}_0 = -\mathrm{i}$,所以

$$w = \mathrm{e}^{\mathrm{i}\theta} \frac{z - \mathrm{i}}{z + \mathrm{i}}.$$

再由题设

$$w'(\mathrm{i}) = \mathrm{e}^{\mathrm{i}\theta}(\frac{z-\mathrm{i}}{z+\mathrm{i}})' \Big|_{z=\mathrm{i}} = \mathrm{e}^{\mathrm{i}\theta} \frac{2\mathrm{i}}{(z+\mathrm{i})^2} \Big|_{z=\mathrm{i}} = \frac{1}{2}\mathrm{e}^{\mathrm{i}(\theta-\frac{\pi}{2})},$$

$$\arg w'(\mathrm{i}) = 0,$$

即 $\theta - \dfrac{\pi}{2} = 0$,所以 $\theta = \dfrac{\pi}{2}$. 于是得

$$w = \mathrm{i}\frac{z-\mathrm{i}}{z+\mathrm{i}}.$$

由黎曼存在定理知,该映射是唯一的.

例 7 试求一保角映射,将区域 $D = \{z; |z| < 1, \mathrm{Im}\, z > 0\}$ 映射成 $\{w; \mathrm{Im}\, w > 0\}$.

解 先由映射 $w_1 = \dfrac{z+1}{z-1}$ 将区域 D 映为 W_1 平面上顶点在原点的角域,它将 $z = -1$ 与 $z = 1$ 分别映为 $w_1 = 0$ 与 $w_1 = \infty$;将上半圆周 $\overset{\frown}{AB}$ 与线段 AB 分别映为自原点出发的两条半射线,其张角为 $\dfrac{\pi}{2}$. 为了确定角域的位置,不妨在线段 AB 上取 $z = 0$,它在 W_1 平面上的象点为 $w_1 = -1$,所以线段 AB 的象曲线是 W_1 平面上的负实轴. 由边界对应原理知,上半单位圆内部区域 D 在 AB 线段左边,由保角性知,映射 $w_1 = \dfrac{z+1}{z-1}$ 将 Z 平面上的区域 D 映为 W_1 平面上的第三象限 D_1(如图 6-21),再利用 $w = w_1^2$ 将 W_1 平面区域 D_1 映为 W 平面的上半平面,故所求的映射为

$$w = (\frac{z+1}{z-1})^2.$$

例 8 求把图 6-22(1) 的阴影部分 $D = \{z; |z| < 2, \mathrm{Im}\, z > 1\}$ 映为上半平面的保角映射.

解 由图 6-22(1) 可见,弦切角 $\theta = \angle AOC = \arccos \dfrac{1}{2} = \dfrac{\pi}{3}$. 作

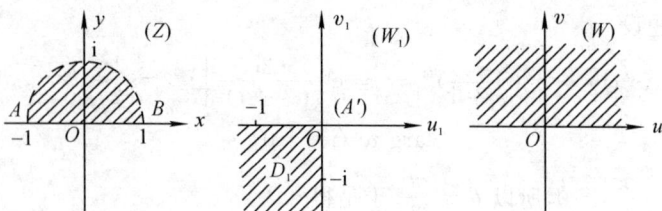

图 6-21

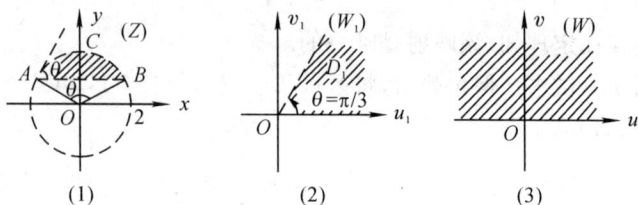

图 6-22

$$w_1 = -\frac{z - (-\sqrt{3} + \mathrm{i})}{z - (\sqrt{3} + \mathrm{i})},$$

它把区域 D 映为 W_1 平面上的角域：$D_1 = \{w_1; 0 < \arg w_1 < \dfrac{\pi}{3}\}$，见图 6-22(2). 再作

$$w = w_1^3,$$

它把 W_1 平面上的角域 D_1 映为 W 平面上的上半平面 $\{w; \mathrm{Im}\ \omega > 0\}$，见图 6-22(3)，复合以上两个映射，得

$$w = -\left[\frac{z - (-\sqrt{3} + \mathrm{i})}{z - (\sqrt{3} + \mathrm{i})}\right]^3.$$

例 9　求将上半平面映射为圆域 $|w - w_0| < R$ 的分式线性映射 $w = f(z)$，且要求满足 $f(\mathrm{i}) = w_0, f'(\mathrm{i}) > 0$.

　解　作分式线性映射

$$w_1 = \frac{w - w_0}{R},$$

将 W 平面上的圆域 $|w - w_0| < R$ 映为 W_1 平面上的单位圆内部

$|w_1| < 1$,且使 $w = w_0$ 映为 $w_1 = 0$.

再作 Z 平面的上半平面 $\mathrm{Im}\, z > 0$ 到单位圆 $|w_1| < 1$ 内部的保角映射,它的一般形式为

$$w_1 = \mathrm{e}^{\mathrm{i}\theta}\frac{z - z_0}{z - \overline{z_0}}.$$

如果要求 $w_1 = 0$ 的原象点为 $z = \mathrm{i}$,则此时 $z_0 = \mathrm{i}$.

复合上述两个映射(如图 6-23),得

$$\frac{w - w_0}{R} = \mathrm{e}^{\mathrm{i}\theta}\frac{z - \mathrm{i}}{z + \mathrm{i}},$$

即

$$w = \mathrm{e}^{\mathrm{i}\theta}R\frac{z - \mathrm{i}}{z + \mathrm{i}} + w_0.$$

已知 $f'(\mathrm{i}) > 0$,所以有

$$\arg f'(\mathrm{i}) = 0,$$

$$w' = f'(\mathrm{i}) = \mathrm{e}^{\mathrm{i}\theta}R\,\frac{2\mathrm{i}}{(z + \mathrm{i})^2}\Big|_{z=\mathrm{i}} = R\mathrm{e}^{\mathrm{i}(\theta - \frac{\pi}{2})},$$

所以

$$\theta = \frac{\pi}{2}.$$

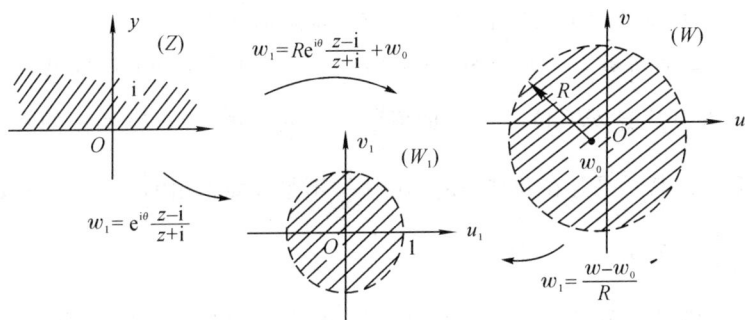

图 6-23

于是所求映射为

$$w = \mathrm{i}R\, \frac{z - \mathrm{i}}{z + \mathrm{i}} + w_0.$$

[*] § 6.5　保角映射的应用

以下我们将保角映射用于某些物理问题,介绍几个解拉普拉斯方程的边值问题与二维平面区域中的一些有关问题的例子.

6.5.1　拉普拉斯方程的边值问题

边值问题 1　狄里赫勒 Dirichlet 问题　设 A 是有界单连通区域,u_0 是 A 的边界 $bd(A)$ 上的连续函数,则必存在着一个在闭域 $\overline{A}$ 上的实值连续函数 u,使 u 在 A 内调和,在 $bd(A)$ 上的值为 u_0,且此解是唯一的.

在第三章中,由定理 3.3.3 导出的公式(3.3.5)即是圆域上狄氏问题的解.

对于拉普拉斯方程边值问题的存在性证明比较困难,我们不作讨论.在本节中主要为了应用,着重于求解的运算.

边值问题 2　纽曼 Neumann 问题　一个在单连通区域 A 内调和、在其边界 $bd(A) = \gamma$ 上的值 $\dfrac{\partial u}{\partial n}$($n$ 为边界的法向量)给定的实值函数 u,其解是存在并唯一的(其中 $\dfrac{\partial u}{\partial n}$ 不是任意给出的,它必须满足 $\displaystyle\int_{\gamma} \frac{\partial u}{\partial n} = 0$[①]).

边值问题 3　一个在单连通区域 A 上调和、在边界 $bd(A) =$

---

① $\displaystyle\int_{\gamma} \frac{\partial u}{\partial n} = \int_{\gamma} (\mathrm{grad}\ u) \cdot n = \int_{A} \mathrm{div\ grad}\ u = \int_{A} \nabla^2 u = 0.$

$\gamma = \gamma_1 + \gamma_2$ 的一部分 γ_1 上给定 u_0 值,另一部分 γ_2 上给定 $\frac{\partial u}{\partial n}$ 值的函数,其解是存在且唯一的.

解拉普拉斯方程的方法是,作一个保角映射函数把区域 A 映为较简单的区域 B. 例如 B 为单位圆盘或上半平面,我们可以先在区域 B 中求解,再经逆映射求得原方程在 A 中的解. 这种步骤是完全合理的,因为直接计算可以证明:若 $f:A \rightarrow B$ 是解析函数,$u:B \rightarrow R$ 是调和函数,则复合函数 $u(f(z))$ 是 A 内的调和函数,如图 6-24.

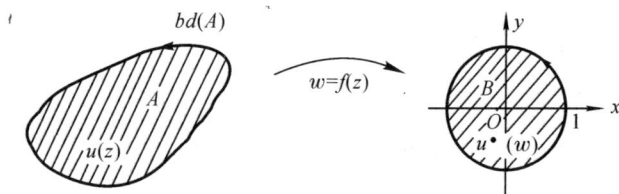

图 6-24

下面我们求解在上半平面 $\{z; \mathrm{Im}\, z > 0\}$ 内调和函数的边值问题.

例 10 求一个在上半平面的边界(实轴)上满足条件:
$$u(z) = a_0 \quad z \in (-\infty, x_1),$$
$$u(z) = a_1 \quad z \in (x_1, x_2),$$
$$\vdots$$
$$u(z) = a_n \quad z \in (x_n, +\infty),$$
$$(\text{其中 } x_1 < x_2 < \cdots < x_n),$$
且在上半平面内调和的函数 $u(z) = u(x, y)$.

解 事实上,我们所求的函数由下面式子给出:
$$u = a_n + \frac{1}{\pi}\big[(a_{n-1} - a_n)\theta_n + (a_{n-2} - a_{n-1})\theta_{n-1} + \cdots$$
$$+ (a_0 - a_1)\theta_1\big]. \tag{6.5.1}$$
其中
$$\theta_k = \arg(z - x_k) \quad (k = 1, 2, \cdots, n), 0 \leqslant \theta_k \leqslant \pi \quad (k = 1, 2, \cdots, n),$$

见图 6-25.

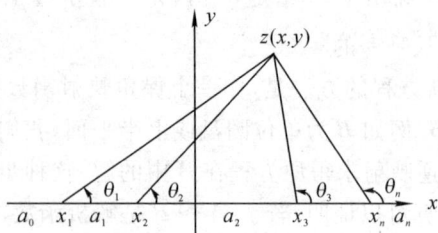

图 6-25

显然,(6.5.1)式是函数

$$w = f(z)$$

$$= a_n \mathrm{i} + \frac{1}{\pi} \big[(a_{n-1} - a_n) \ln(z - x_n)$$

$$+ (a_{n-2} - a_{n-1}) \ln(z - x_{n-1}) + \cdots$$

$$+ (a_0 - a_1) \ln(z - x_1) \big] \tag{6.5.2}$$

的虚部,而上式在上半平面内是解析的,所以 $u = \operatorname{Im} f(z)$ 在上半平面内是调和的,且在 (x_{k-1}, x_k) 中 $u = a_{k-1}(k = 1, 2, \cdots, n+1)$.(记 $x_0 = -\infty, x_{n+1} = +\infty$)

(请读者自己验证)

6.5.2 热传导问题

物理学的一些定律指出,如果温度 T 在一个两维区域内保持稳定状态,则 T 应该是区域中的一个调和函数.

例 11 在第一象限调和的函数 T 在 x 轴上温度值为 $T_0 = 0$,y 轴上温度值恒为 $T_1 = 100$.求出第一象限的温度分布 $T(x, y)$.

(从物理角度考虑,区域近似于一个金属薄板,薄板的两侧是绝缘的,热流限制在平面区域内.)

解 定常温度分布函数 T 满足拉普拉斯方程,即 $\dfrac{\partial^2 T}{\partial x^2} + \dfrac{\partial^2 T}{\partial y^2} = 0$,

且满足第一象限的边界条件 $T_{y=0} = T_0 = 0, T_{x=0} = T_1 = 100.$ 为求解这个边值问题,把求函数 T 转化为求上半平面内解析函数的实部,且满足新的边界条件的拉氏方程的解.这种转化只需作保角映射 $w = f(z) = z^2$ 就能实现,如图 6-26.

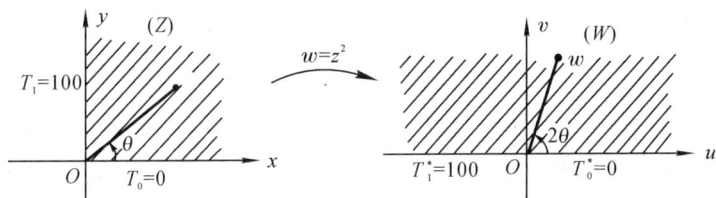

图 6-26

由图 6-26 及(6.5.1)式,在上半平面内调和的函数

$$T^*(u,v) = \frac{1}{\pi}[T_1 - T_0]\arg w$$

$$= \begin{cases} \dfrac{100}{\pi}\arctan \dfrac{v}{u} & u > 0, v \geqslant 0; \\ 50 & v > 0, u = 0; \\ \dfrac{100}{\pi}[\pi + \arctan \dfrac{v}{u}] & u < 0, v \geqslant 0. \end{cases}$$

即

$$T(x,y) = T^*[x^2 - y^2, 2xy].$$

其温度分布如图 6-27 所示.

例 12 热传导在上半平面的单位圆内部进行,如果实轴上 $x > 0$ 时 $T = 10; x < 0$ 时 $T = 0$,上半单位圆周是绝缘体($\dfrac{\partial T}{\partial n} = 0$),试求出在上半单位圆内的温度分布函数 $T(x,y)$ 或 $T(r,\theta)$.

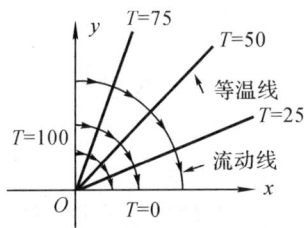

图 6-27

解 对于在区域边界的一部分有 $\dfrac{\partial T}{\partial n} = 0$ 的这种类型,把它映射到半带域去求解比较方便.为此,我们作映射 $w = \ln z$(对数主支),

它可以把上半单位圆的内部 A 映为半带域 B,如图 6-28.

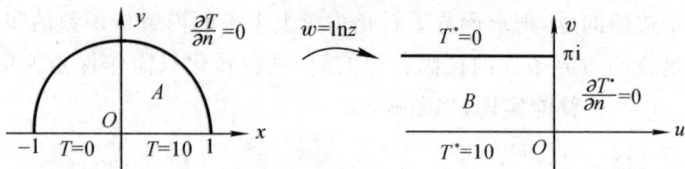

图 6-28

对于在 B 上的调和函数 $T^*(u,v) = T^*[\ln|z|, \arg z] = T(r, \theta)$,因为满足边界条件:$v = 0, u < 0$ 时,$T^* = 10$;$v = \pi, u < 0$ 时,$T^* = 0$;$u = 0$ 且 $0 \leqslant v \leqslant \pi$ 时,$\dfrac{\partial T^*}{\partial u} = 0$. 所以有

$$T^*(u,v) = 10 - \frac{10v}{\pi},$$

它是解析函数 $10(1 + \dfrac{\mathrm{i}}{\pi}\ln z)$ 的实部,所以

$$T(r,\theta) = T^*(\ln|z|, \arg z)$$
$$= 10 - \frac{10\arg z}{\pi},$$

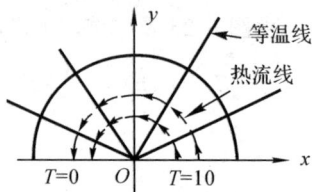

图 6-29

其温度分布如图 6-29 所示.

6.5.3 电位分布

由物理学知,由静电负荷确定的一个电位 φ 必须满足拉氏方程(即是调和的),它的共轭调和函数设为 ψ,此时 $\psi = $ 常数的曲线称为流动线,$\varphi = $ 常数的曲线称为等位线,该两族曲线正交.

例 13 设单连通区域为单位圆内部. 若在上半圆周上电位保持为 $\varphi = 1$,下半圆周上电位保持为 $\varphi = 0$,求圆内的电位分布.

解 我们可以利用分式线性映射

$$w = \frac{z - 1}{\mathrm{i}(z + 1)}$$

将单位圆内部映为上半平面,将单位圆周映为实轴(见图 6-30). 由

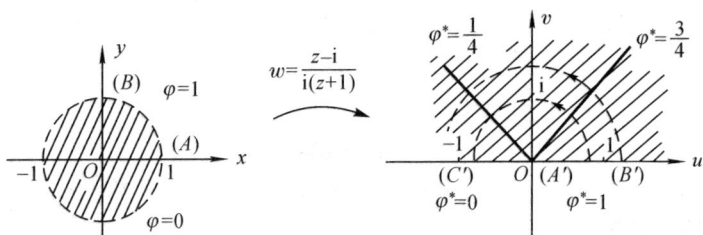

图 6-30

$$\frac{z-1}{\mathrm{i}(z+1)} = \frac{(x-1)+\mathrm{i}y}{\mathrm{i}[(x+\mathrm{i}y)+1]}$$

$$= \frac{2y}{(x+1)^2+y^2} - \frac{x^2+y^2-1}{(x+1)^2+y^2}\mathrm{i},$$

所以

$$u = \frac{2y}{(x+1)^2+y^2}, \quad v = \frac{1-(x^2+y^2)}{(x+1)^2+y^2}.$$

显然

$$\varphi^*(u,v) = \frac{1}{\pi}[\pi - \arg w],$$

这是因为当 $\arg w = 0$ 时,
$\varphi^* = 1$;$\arg w = \pi$ 时,$\varphi^* = 0$,
且它是 $w = \frac{1}{\pi}[\pi + \mathrm{i}\ln w]$ 的
实部,所以

$$\varphi(x,y) = \varphi^*(u,v)$$

$$= 1 - \frac{1}{\pi}\arg(u+\mathrm{i}v).$$

$\arg(u+\mathrm{i}v)$ 的计算,参见第一
章(1.1.6)式.

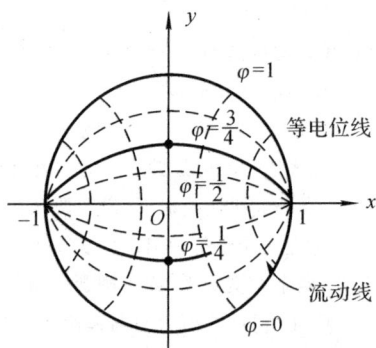

图 6-31

图 6-31 即为电位分布图.

等电位线是一族在 $|z|<1$ 内、过点 $z=-1$ 与 $z=1$、中心在虚轴上

的圆弧段.

1. 设函数 $w = f(z)$ 在区域 D 内解析,且对于 $z_0 \in D$,有 $f'(z_0) \neq 0$,请说明它的几何意义.

2. 黎曼映射定理也可叙述为:设 D 是单连通区域($D \neq \mathbb{C}$),则存在着唯一的双向保角映射 $w = f(z)$,它把 D 映为单位圆内部,且对于任意固定的 $z_0 \in D$,满足 $f(z_0) = 0, f'(z_0) > 0$. 为什么?

3. 如何说明映射 $f(z) = z^2$ 在 $z = 0$ 处是不保角的?

4. 整线性映射为什么具有保圆性?

5. 请描绘出下述各点 $z_1 = \dfrac{1}{2} e^{i\theta_0}, z_2 = 1 + i, z_3 = \dfrac{1}{2}(1 - i), z_4 = -1 + \sqrt{3}\, i$ 在映射 $w = \dfrac{1}{z}$ 下的象点位置.

6. 请描绘出在映射 $w = \dfrac{1}{z}$ 下,W 平面上两条正交直线 $u = 1, v = 2$ 在 Z 平面上的象原曲线.

7. 区域 $D = \{z; 0 < \arg z < \dfrac{\pi}{2}, |z| < 1\}$ 在映射 $w = z^4$ 下的象区域是 W 平面的单位圆内部 $G = \{w; |\omega| < 1\}$ 吗?

8. 请描绘出带域 $D = \{z; \text{Re } z > 0, 0 < \text{Im } z < \pi\}$ 中,与实轴、虚轴平行的正交直线网在映射 $w = e^z$ 下的象曲线族.

9. 分式线性映射是哪些映射的复合映射?请写出复合关系式.

10. 在分式线性映射下,说明两区域之间点的对应最多只可能有两个不动点,除非它是一个恒等映射.(使 $f(z_0) = z_0$ 的点 z_0,称为 $f(z)$ 的不动点)

11. 两条相交圆弧(或一圆弧一直线段)所围的区域,在分式线性映射下,什么时候(1)仍被映射为两圆弧曲线所围的有限区域?(2)被映射为相交于一有限点(或原点)的两条半射线所界的角域?

12. 把角域映射为角域(张角放大或缩小),一般采用什么保角映射?把带域映射为角域、角域映射为带域,一般又采用什么保角映射?

13. 能否找到一个保角映射,将区域 $A = \{z; 1 < |z| < 2\}$ 保角且双向地映

射到区域 $B = \{w; 0 < \mathrm{Re}\, w < 1\}$ 中去?如果能找到,请写出该函数;如果不能找到,请说明理由.

习题六

1. 设光滑曲线在过 $z = 1 + \mathrm{i}$ 点处的切线与 Ox 轴正向夹角为 $\dfrac{\pi}{6}$,问通过映射 $w = z^2$ 后,其象曲线在 $z = 1 + \mathrm{i}$ 的象点处的切线与 Ou 轴正向的夹角是多少?

2. 在映射 $w = \mathrm{i}z$ 下,下列图形映射成什么图形?

(1) 以 $z_1 = \mathrm{i}, z_2 = -1, z_3 = 1$ 为顶点的三角形;

(2) 闭圆域 $\{z; |z - 1| \leqslant 1\}$.

3. 证明:在映射 $w = \mathrm{e}^{\mathrm{i}z}$ 下,$x = C_1$ 与 $y = C_2$ 两直线分别被映射成 $v = u\tan C_1$,

$u^2 + v^2 = \mathrm{e}^{-2C_2}$.

4. 下列区域或曲线在指定的映射下映射成什么区域或曲线?

(1) $\{z; \mathrm{Re}\, z > 0\}$ 与 $w = \mathrm{i}z + \mathrm{i}$;

(2) $\{z; \mathrm{Im}\, z > 0\}$ 与 $w = (1 + \mathrm{i})z$;

(3) $\{z; \mathrm{Re}\, z > 0, 0 < \mathrm{Im}\, z < 2\}$ 与 $w = \mathrm{i}z + 1$;

(4) 直线 $\alpha x + \beta y + \gamma = 0$($\alpha, \beta, \gamma$ 为实数,且 α, β 不同时为零)与 $w = \dfrac{1}{z}$;

(5) 圆周曲线 $x^2 + y^2 + 2x + 2y + 1 = 0$ 与 $w = \dfrac{1}{z}$;

(6) $\{z; \mathrm{Re}\, z > 0, 0 < \mathrm{Im}\, z < 1\}$ 与 $w = \dfrac{\mathrm{i}}{z}$.

5. 求把上半平面映射成单位圆内部的分式线性映射 $w = f(z)$,且使

(1) $w(\mathrm{i}) = 0$, $\arg w'(\mathrm{i}) = -\dfrac{\pi}{2}$;

(2) $w(\mathrm{i}) = 0$, $w(-1) = 1$.

6. 求将单位圆内部映射成单位圆内部的分式线性映射 $w = f(z)$,且使

(1) $w\left(\dfrac{1}{2}\right) = 0$, $\arg w'\left(\dfrac{1}{2}\right) = -\dfrac{\pi}{2}$;

(2) $w\left(\dfrac{1}{2}\right) = 0$, $w(-1) = 1$;

(3) $w(0) = 0, \quad \arg w'(0) = -\dfrac{\pi}{2}$.

7. 试写出分式线性映射,它将 z_1, z_2, z_3 依次映射为 w_1, w_2, w_3. 已知:

(1) $z_1 = 2, z_2 = \mathrm{i}, z_3 = -2; w_1 = 1, w_2 = \mathrm{i}, w_3 = -1$.

(2) $z_1 = 1, z_2 = \mathrm{i}, z_3 = -\mathrm{i}; w_1 = 1, w_2 = 0, w_3 = -1$.

8. 试求将 Z 平面上的点 $-1, 1, \mathrm{i}$ 依次映射为 W 平面上的点 $\infty, 0, 1$ 的分式线性映射,并问此映射将 $\{z; |z| < 1\}$ 映射为什么区域?

9. 试求将 Z 平面上的点 $\infty, 0, 1$ 依次映射为 W 平面上的点 $0, 1, \infty$ 的分式线性映射,并问此映射将 $\{z; \operatorname{Im} z > 0\}$ 映射为 W 平面上什么区域?

10. 求将区域 $A = \{z; |z-1| > 1$ 与 $|z-2| < 2\}$ 映射为区域 $B = \{w; 0 < \operatorname{Re} w < 1\}$ 的保角映射.

11. 求将区域 $A = \{z; |z-\mathrm{i}| < 1\}$ 映射为区域 $B = \{w; |w| < 1\}$ 的保角映射.

12. 求将区域 $A = \{z; \operatorname{Re} z < 0, 0 < \operatorname{Im} z < \pi\}$ 映射为 W 平面上的第一象限的保角映射.

13. 证明映射 $w = \dfrac{1}{z+\mathrm{i}}$ 将区域 $A = \{z; \operatorname{Im} z > 0\}$ 映射为 W 平面上的区域 $B = \{w; |w + \dfrac{\mathrm{i}}{2}| < \dfrac{1}{2}\}$.

14. 函数 $w = \dfrac{\mathrm{i}-z}{\mathrm{i}+z}$ 将 Z 平面上的第一象限映射为 W 平面上的什么区域?

15. 函数 $w = \dfrac{z-1}{z+1}$ 将

(1) $\{z; \operatorname{Re} z > 0\}$, (2) $\{z; |z| < 1\}$

映射为 W 平面上的什么区域?

16. 求将下列各区域保角且互为单值地映射为 W 平面上的单位圆内部的任意一个映射(见图 6-32).

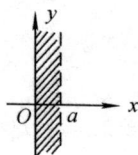 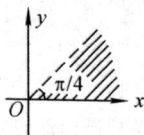 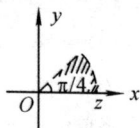

(1)   (2)   (3)

图 6-32

(1) $\{z; 0 < \mathrm{Re}\, z < a\}$;

(2) $\{z; 0 < \arg z < \dfrac{\pi}{4}\}$;

(3) $\{z; 0 < \arg z < \dfrac{\pi}{4}, |z| < 2\}$.

17. 求将区域 $\{z; 0 < \arg z < \dfrac{\pi}{2}\}$ 映射为 $\{w; |w| < 1\}$，且使 $z = 1 + \mathrm{i}, 0$ 分别映射为 $w = 0, 1$ 的唯一的保角映射.

18. 求把图 6-33 中由圆弧曲线 C_1 与 C_2 所围成的交角为 α 的月牙形区域映射成角域 $\{w; \varphi_0 < \arg w < \varphi_0 + \alpha\}$ 的保角映射.

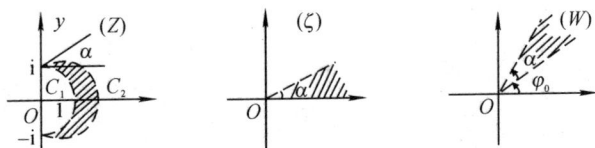

图 6-33

19. 求将下列区域保角且互为单值地映射为 W 平面的上半平面的任意函数.

(1) $\{z; |z| < 2\}$ 与 $\{z; |z - 1| > 1\}$ 的公共区域;

(2) 半带域 $\{z; \mathrm{Re}\, z > 0, 0 < \mathrm{Im}\, z < \alpha\}$.

见图 6-34.

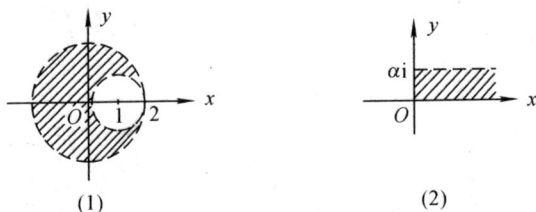

(1)   (2)

图 6-34

附表：某些保角映射及其示意图

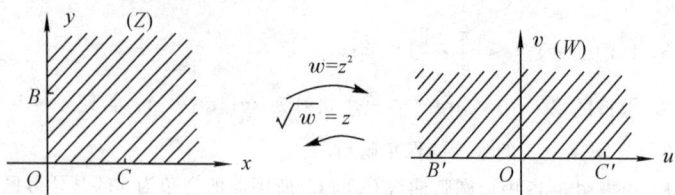

(1)

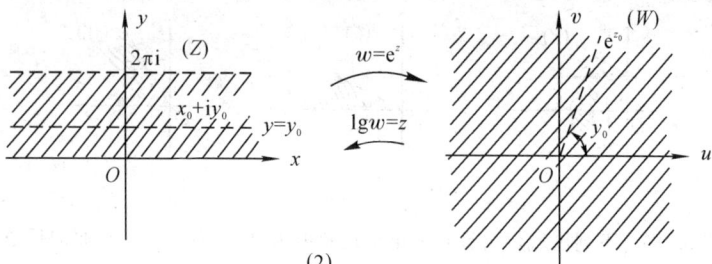

(2)

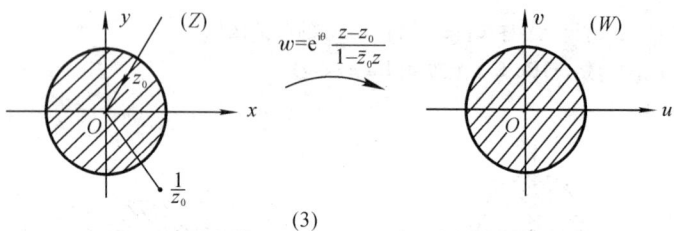

(3)

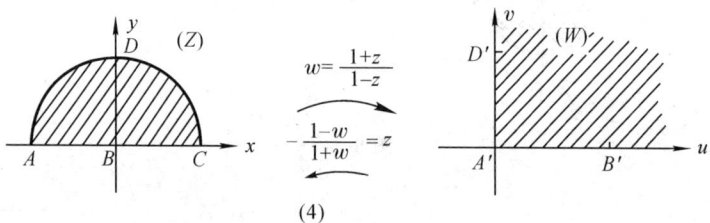

(4)

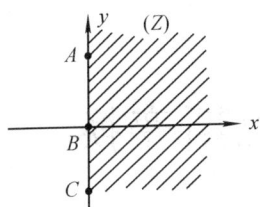
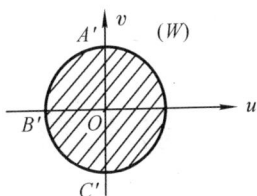

$$w=\frac{z-1}{z+1}$$

$$-\frac{w+1}{w-1}=z$$

(5)

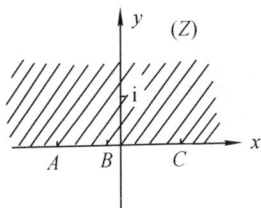
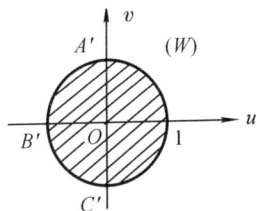

$$w=\frac{z-i}{z+i}$$

$$-i\frac{w+1}{w-1}=z$$

(6)

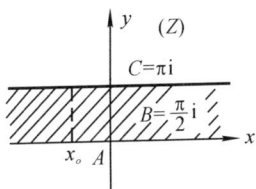
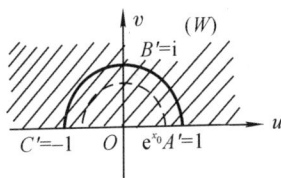

$$w=e^x$$

$$\lg w=z$$

(7)

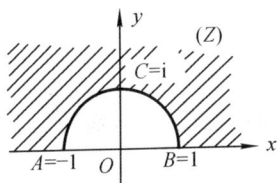
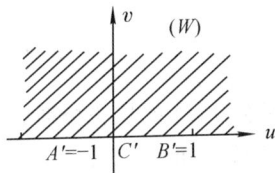

$$w=\frac{1}{2}\left(z+\frac{1}{z}\right)$$

$$\frac{-w+\sqrt{w^2-1}}{2}$$

(8)

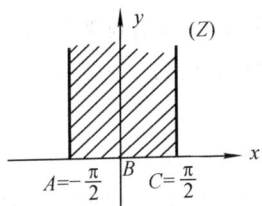
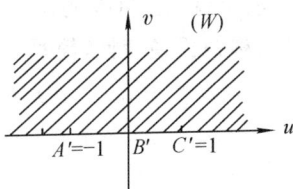

$$w=\sin z$$

$$\sin^{-1}w=z$$

(9)

第七章　　拉普拉斯变换

§7.1　　拉氏变换的基本概念

7.1.1　　拉氏变换的定义

对复值函数 $f(t)^{①}$,若

$$\int_0^\infty f(t)\mathrm{e}^{-st}\mathrm{d}t$$

在复平面 $\mathbb{C}$ 上的某一个区域 $D(s \in D)$ 内收敛于 $F(s)$,则称

$$F(s) = \int_0^\infty f(t)\mathrm{e}^{-st}\mathrm{d}t \tag{7.1.1}$$

为函数 $f(t)$ 的拉普拉斯(Laplace)变换(简称拉氏变换,简写为 LT)或象函数,记为

$$F(s) = L[f(t)].$$

若 $F(s)$ 是 $f(t)$ 的拉氏变换,则称 $f(t)$ 为 $F(s)$ 的拉普拉斯逆变换(简称拉氏逆变换,简写为 ILT)或象原函数,记为

$$f(t) = L^{-1}[F(s)].$$

---

① 设函数 $f(t) = u(t) + \mathrm{i}v(t)$,其中 t 是实的自变量,$u(t)$ 和 $v(t)$ 是实值函数,则称 $f(t)$ 是 t 的复值函数. 若 $u(t)$ 和 $v(t)$ 在 $t = t_0$ 时连续(可微),则称 $f(t)$ 在 t_0 点连续(可微),且 $f'(t) = u'(t) + v'(t)\mathrm{i}$.

例 1 求函数 $f(t) = e^{kt}u(t)$ 的 LT，其中 $u(t)$ 是单位阶跃函数：

$$u(t) = \begin{cases} 1, & t > 0; \\ 0, & t < 0. \end{cases}$$

k 是复常数.

解 当 $\text{Re}(s) > \text{Re}(k)$ 时，

$$L[f(t)] = \int_0^\infty e^{kt}e^{-st}dt = \frac{-1}{s-k}e^{-(s-k)t}\Big|_0^\infty = \frac{1}{s-k},$$

即

$$L[e^{kt}u(t)] = \frac{1}{s-k}, \quad \text{Re}(s) > \text{Re}(k) \quad (7.1.2)$$

或

$$L^{-1}\Big[\frac{1}{s-k}\Big] = e^{kt}u(t).$$

特别当 $k = 0$ 时，

$$L[u(t)] = \frac{1}{s}, \quad \text{Re}(s) > 0. \quad (7.1.3)$$

由于在科技领域里，一般是对以时间为自变量的函数进行拉氏变换，即在 $t < 0$ 时，函数是无意义的，或者是不需要考虑的，所以在拉氏变换中规定象原函数

$$f(t) \equiv 0, \ t < 0.$$

对于具体的象原函数，例如 $e^{kt}u(t)$，$\sin \omega_0 t \cdot u(t)$ 等，在不致混淆的前提下，一律省略 $u(t)$，而写为 e^{kt}，$\sin w_0 t$ 等.

7.1.2 拉氏变换的存在定理

LT 存在定理 若复值函数 $f(t)$ 满足下列条件：

(1) 在 $t \geqslant 0$ 的任意有限区间上分段连续；

(2) 存在常数 $M > 0$ 与 $\sigma_0 > 0$，使得

$$|f(t)| < Me^{\sigma_0 t}, t > 0,$$

则 $L[f(t)]$ 在半平面 $\text{Re}(s) > 0$ 上存在且解析.

这里 σ_0 称为函数 $f(t)$ 的增长指数.

证明　设 $\sigma = \text{Re}(s); \sigma - \sigma_0 \geqslant \delta > 0$,则由条件(2),

$$\int_0^\infty |f(t)\mathrm{e}^{-st}|\mathrm{d}t \leqslant M\int_0^\infty \mathrm{e}^{-(\sigma-\sigma_0)t}\mathrm{d}t \leqslant M\int_0^\infty \mathrm{e}^{-\delta t} = \frac{M}{\delta}. \tag{7.1.4}$$

于是,积分(7.1.1)式在 $\text{Re}(s) \geqslant \sigma_0 + \delta$ 上绝对且一致收敛[①],且 $F(s)$ 存在. 记

$$F(s) = \int_0^\infty f(t)\mathrm{e}^{-st}\mathrm{d}t \quad (\text{Re}(s) \geqslant \sigma_0 + \delta).$$

类似地可以证明积分

$$\int_0^\infty \frac{\mathrm{d}}{\mathrm{d}s}[f(t)\mathrm{e}^{-st}]\mathrm{d}t = -\int_0^\infty tf(t)\mathrm{e}^{-st}\mathrm{d}t \tag{7.1.5}$$

在 $\text{Re}(s) \geqslant \sigma_0 + \delta$ 上也是绝对且一致收敛的.

事实上,

$$\int_0^\infty |tf(t)\mathrm{e}^{-st}|\mathrm{d}t \leqslant M\int_0^\infty t\mathrm{e}^{-(\sigma-\sigma_0)t}\mathrm{d}t \leqslant M\int_0^\infty t\mathrm{e}^{-\delta t}\mathrm{d}t = \frac{M}{\delta^2}.$$

因此,(7.1.5)式左端的积分与微分次序可以交换,于是

$$\frac{\mathrm{d}}{\mathrm{d}s}F(s) = \frac{\mathrm{d}}{\mathrm{d}s}\int_0^\infty f(t)\mathrm{e}^{-st}\mathrm{d}t$$

$$= \int_0^\infty \frac{\mathrm{d}}{\mathrm{d}s}[f(t)\mathrm{e}^{-st}]\mathrm{d}t$$

$$= \int_0^\infty [(-t)f(t)]\mathrm{e}^{-st}\mathrm{d}t.$$

---

① 这里利用了含参变量广义积分一致收敛的一个充分条件:如果存在函数 $\varphi(t)$,使 $|g(t,s)| \leqslant \varphi(t)(s \in D)$,且 $\int_a^b \varphi(t)\mathrm{d}t$ 存在(a,b 可以为无限),则 $\int_a^b g(t,s)\mathrm{d}t$ 在区域 D 内绝对且一致收敛.

由拉氏变换定义,即有

$$F'(s) = L[(-t)f(t)], \qquad (7.1.6)$$

所以,$F(s)$ 在 $\mathrm{Re}(s) \geqslant \sigma_0 + \delta$ 上可导. 由 δ 的任意性,即知 $F(s)$ 在 $\mathrm{Re}(s) > \sigma_0$ 上存在且解析.

例如,$u(t)$,$\cos\omega t$,t^m(m 为自然数)等函数都满足拉氏变换存在定理中的条件(1)与(2):

$$|u(t)| \leqslant 1 \cdot \mathrm{e}^{0t}, \qquad \text{此处 } M = 1, \sigma_0 = 0;$$

$$|\cos\omega t| \leqslant 1 \cdot \mathrm{e}^{0t}, \qquad \text{此处 } M = 1, \sigma_0 = 0;$$

因此在半平面 $\mathrm{Re}(s) > 0$ 上,$L[f(t)]$ 存在且解析.

注意:这个定理的条件并非是必要的.

例 2 求函数 $f(t) = t^a(a > -1)$ 的 LT[1].

解 当 $-1 < a < 0$ 时,$f(t)$ 不满足 LT 存在定理的条件,因为 $t \to 0$ 时 $t^a \to +\infty$,但其 LT 在 $\mathrm{Re}(s) > 0$ 是存在且解析的.

事实上,若 $\mathrm{Re}(s) = \sigma > 0$,则

$$\int_0^\infty |t^a \mathrm{e}^{-st}| \mathrm{d}t = \int_0^\infty t^a \cdot \mathrm{e}^{-\sigma t}\mathrm{d}t = \frac{1}{\sigma^{a+1}}\int_0^\infty u^a \mathrm{e}^{-u}\mathrm{d}u = \frac{\Gamma(a+1)}{\sigma^{a+1}}.$$

$$(7.1.7)$$

由(7.1.7)式知,在 $\mathrm{Re}(s) = \sigma > 0$ 上 $F(s)$ 存在,记

$$F(s) = \int_0^\infty t^a \cdot \mathrm{e}^{-st}\mathrm{d}t.$$

同样,由

$$\int_0^\infty |\frac{\mathrm{d}}{\mathrm{d}s}[t^a \cdot \mathrm{e}^{-st}]|\mathrm{d}t = \int_0^\infty t^{a+1}\mathrm{e}^{-\sigma t}\mathrm{d}t = \frac{\Gamma(a+2)}{\sigma^{a+2}},$$

所以 $\dfrac{\mathrm{d}}{\mathrm{d}s}F(s)$ 存在,即在 $\mathrm{Re}(s) > 0$ 内,$F(s)$ 解析.

根据(7.1.7)式,当 s 为实数,且 $s > 0$ 时,有

---

① 这里函数 $f(t) = t^a$ 省略了因式 $u(t)$.

$$F(s) = \frac{\Gamma(a+1)}{s^{a+1}}.$$

由于 $F(s)$ 与 $\frac{\Gamma(a+1)}{S^{a+1}}$ 在半平面 $\text{Re}(s) > 0$ 上均解析,而且在正实轴上相等,因此由解析函数的唯一性定理可知:它们在 $\text{Re}(s) > 0$ 上处处相等,即

$$L(t^a) = \frac{\Gamma(a+1)}{s^{a+1}}, \quad \text{Re}(s) > 0. \tag{7.1.8}$$

特别,当 a 是非负整数 n 时,

$$L[t^n] = \frac{n!}{s^{n+1}} \quad (n = 0,1,2,\cdots), \quad \text{Re}(s) > 0. \tag{7.1.9}$$

(此处有 $0! = 1$)

由此可见,根据解析函数的唯一性定理,在求一个函数的 LT 或论证 LT 的某些性质时,可以把 s 看作实参数,由此得出的结论对 s 是复参数时也是成立的.

§ 7.2 拉氏变换的基本性质

在介绍拉氏变换基本性质的过程中,我们假定:

(1)凡进行拉氏变换的函数(象原函数 $f(t)$)都满足拉氏变换存在定理中的条件.

(2)象函数的自变量 s 的实部 σ 大于其象原函数的增长指数 σ_0(即 $\text{Re}(s) = \sigma > \sigma_0$).

7.2.1 线性性质

设 α_i 是常数,$F_k(s) = L[f_k(t)], k = 1,2$,则

$$L[\alpha_1 f_1(t) + \alpha_2 f_2(t)] = \alpha_1 F_1(s) + \alpha_2 F_2(s), \tag{7.2.1}$$

或有

$$L^{-1}[\alpha_1 F_1(s) + \alpha_2 F_2(s)] = \alpha_1 f_1(t) + \alpha_2 f_2(t). \quad (7.2.2)$$

例 3 求 $L[\sin \omega t]$（ω 为实数）.

解 因为 $\sin\omega t = \dfrac{1}{2\mathrm{i}}[\mathrm{e}^{\mathrm{i}\omega t} - \mathrm{e}^{-\mathrm{i}\omega t}]$，所以由 $(7.2.1),(7.1.2)$ 式

$$
\begin{aligned}
L[\sin \omega t] &= \frac{1}{2\mathrm{i}}\{L[\mathrm{e}^{\mathrm{i}\omega t}] - L[\mathrm{e}^{-\mathrm{i}\omega t}]\} \\
&= \frac{1}{2\mathrm{i}}\left(\frac{1}{s-\mathrm{i}\omega} - \frac{1}{s+\mathrm{i}\omega}\right) \\
&= \frac{\omega}{s^2 + \omega^2},
\end{aligned}
$$

即

$$L[\sin \omega t] = \frac{\omega}{s^2 + \omega^2}, \quad \mathrm{Re}(s) > 0. \quad (7.2.3)$$

同理可得

$$L[\cos \omega t] = \frac{s}{s^2 + \omega^2}, \qquad \mathrm{Re}(s) > 0; \quad (7.2.4)$$

$$L[\mathrm{sh}\ \omega t] = \frac{\omega}{s^2 - \omega^2}, \qquad \mathrm{Re}(s) > |\omega|; \quad (7.2.5)$$

$$L[\mathrm{sh}\ \omega t] = \frac{s}{s^2 - \omega^2}, \qquad \mathrm{Re}(s) > |\omega|. \quad (7.2.6)$$

例 4 求 $f(t) = \sin^2 t$ 的 LT.

解 因为 $f(t) = \sin^2 t = \dfrac{1}{2}(1 - \cos 2t)$，所以由 $(7.1.3)$，$(7.2.4)$ 式，

$$
\begin{aligned}
L[\sin^2 t] &= \frac{1}{2}[L(1) - L(\cos 2t)] \\
&= \frac{1}{2}\left(\frac{1}{s} - \frac{s}{s^2 + 4}\right).
\end{aligned}
$$

例 5 求 $L^{-1}\left[\dfrac{s}{(s+2)(s+4)}\right]$.

解 由于 $\dfrac{s}{(s+2)(s+4)} = \dfrac{2}{s+4} - \dfrac{1}{s+2}$，所以由 $(7.2.2)$ 与 $(7.1.2)$ 式，

$$L^{-1}\left[\frac{s}{(s+2)(s+4)}\right]=L^{-1}\left[\frac{2}{s+4}\right]-L^{-1}\left(\frac{1}{s+2}\right)$$
$$=2\mathrm{e}^{-4t}-\mathrm{e}^{-2t}.$$

7.2.2 平移性质

1. 时移性质

若 $L[f(t)]=F(s)$，则对于 $t_0>0$，有
$$L[f(t-t_0)]=\mathrm{e}^{-st_0}F(s) \tag{7.2.7}$$
或
$$L^{-1}[\mathrm{e}^{-st_0}F(s)]=f(t-t_0) \qquad (t_0>0).$$

注意：因为 $t<0$ 时，$f(t)\equiv0$，所以 $t<t_0$ 时，$f(t-t_0)\equiv0$，故上式中的 $f(t-t_0)$ 即为 $f(t-t_0)u(t-t_0)$. 见图 7-1.

证明

$$L[f(t-t_0)]$$

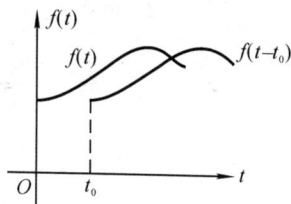

图 7-1

$$=\int_0^\infty f(t-t_0)\mathrm{e}^{-st}\mathrm{d}t$$

$$=\int_0^{t_0} f(t-t_0)\mathrm{e}^{-st}\mathrm{d}t$$

$$\quad+\int_{t_0}^\infty f(t-t_0)\mathrm{e}^{-st}\mathrm{d}t$$

$$=\int_0^\infty f(u)\mathrm{e}^{-s(u+t_0)}\mathrm{d}u$$

$$=\mathrm{e}^{-st_0}\int_0^\infty f(u)\mathrm{e}^{-su}\mathrm{d}u$$

$$=\mathrm{e}^{-st_0}F(s).$$

例 6 求函数 $u(t-\tau)=\begin{cases}0,t<\tau\\1,t>\tau\end{cases}$ 的 LT.

解 由(7.1.3) 式,$L[u(t)] = \dfrac{1}{s}$,由(7.2.7) 式,有

$$L[u(t - \tau)] = \frac{1}{s}\mathrm{e}^{-s\tau}.$$

例 7 求矩形脉冲 $f(t) = \begin{cases} 1, 0 < t < \tau \\ 0, 其他 \end{cases}$ 的 LT.

解 因为 $f(t) = u(t) - u(t - \tau)$,由例 6 立即可得

$$L[f(t)] = \frac{1}{s}[1 - \mathrm{e}^{-s\tau}]. \tag{7.2.8}$$

下面我们将会看到,用时移性质求周期函数的 LT 是很方便的. 在 LT 理论中,周期为 T 的函数是指 $f(t) \equiv 0, t < 0$ 和 $f(t) \equiv f(t + T), t > 0(T > 0)$.

设 $f(t)$ 是周期为 T 的函数(见图 7-2),我们定义

$$f_1(t) = \begin{cases} f(t), 0 < t < T; \\ 0, 其他. \end{cases}$$

于是

$$f(t) = f_1(t) + f_1(t - T) \\ + f_1(t - 2T) + \cdots.$$

记

$$F_1(s) = L[f_1(t)] \\ = \int_0^r f(t)\mathrm{e}^{-st}\mathrm{d}t,$$

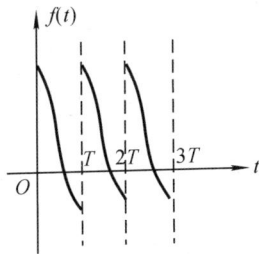

图 7-2

由时移性质

$$L[f(t)] = F_1(s) + F_1(s)\mathrm{e}^{-Ts} + F_1(s)\mathrm{e}^{-2Ts} + \cdots \\ = F_1(s)(1 + \mathrm{e}^{-Ts} + \mathrm{e}^{-2Ts} + \cdots),$$

当 $\mathrm{Re}(s) > 0$ 时,有 $|\mathrm{e}^{-Ts}| < 1$,所以上式圆括号内是一个公比的模小于 1 的等比级数,从而

$$L[f(t)] = \frac{\int_0^T f(t)\mathrm{e}^{-st}\mathrm{d}t}{1 - \mathrm{e}^{-Ts}}. \tag{7.2.9}$$

例 8 求如图 7-3 所示的矩形波的 LT.

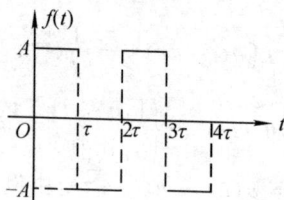

图 7-3

解 矩形波的解析式为

$$f(t) = f_1(t) \qquad 0 < t < 2\tau,$$

且

$$f(t) = f(t - 2\tau) \qquad t > 2\tau.$$

其中

$$f_1(t) = \begin{cases} A, & 0 < t < \tau; \\ -A, & t < t < 2\tau; \\ 0, & 其他. \end{cases}$$

$$F_1(s) = L[f_1(t)]$$

$$= \int_0^{2\tau} f_1(t)e^{-st}dt$$

$$= A\left[\int_0^{\tau} e^{-st}dt - \int_{\tau}^{2\tau} e^{-st}dt\right]$$

$$= \frac{A}{s}[1 - 2e^{-s\tau} + e^{-2s\tau}]$$

$$= \frac{A}{s}(1 - e^{-\tau s})^2.$$

由(7.2.9)式

$$L[f(t)] = \frac{A}{s} \frac{(1 - e^{-\tau s})^2}{1 - e^{-2\tau s}} = \frac{A}{s}\text{th}\frac{\tau s}{2}.$$

2. **频移性质**

若 $L[f(t)] = F(s)$，则对任意常数 s_0，有

$$L[e^{s_0 t} f(t)] = F(s - s_0). \tag{7.2.10}$$

例 9 求 $L[t^\alpha e^{-\lambda t}]$，其中 $\alpha > -1$。

解 由例 7.2 的 (7.1.8) 式及频移性质 (7.2.10)，立即可得

$$L[t^\alpha e^{-\lambda t}] = \frac{\Gamma(\alpha + 1)}{(s + \lambda)^{\alpha + 1}}. \tag{7.2.11}$$

同理，由 (7.2.3)，(7.2.4) 式及频移性质，可得

$$L[e^{-\lambda t}\sin wt] = \frac{w}{(s + \lambda)^2 + w^2}, \tag{7.2.12}$$

$$L[e^{-\lambda t}\cos wt] = \frac{s + \lambda}{(s + \lambda)^2 + w^2}. \tag{7.2.13}$$

7.2.3 微分性质

1. 象原函数的微分性质

若 $L[f(t)] = F(s)$，且 $f'(t)$ 也是象原函数，则

$$L[f'(t)] = sF(s) - f(0^+) \text{①} \tag{7.2.14}$$

证明

$$L[f'(t)] = \int_0^\infty f'(t)e^{-st}dt$$

$$= f(t)e^{-st}\Big|_0^\infty + s\int_0^\infty f(t)e^{-st}dt$$

$$= sF(s) - f(0^+).$$

推论 若 $f^{(k)}(t)(k = 1, 2, \cdots, n)$ 为象原函数，则

$$L[f^{(n)}(t)] = s^n F(s) - s^{n-1}f(0^+) - s^{n-2}f'(0^+) - \cdots$$
$$- f^{(n-1)}(0^+). \tag{7.2.15}$$

事实上，连续两次应用 (7.2.14) 式，便可得到

$$L[f''(t)] = s[sF(s) - f(0^+)] - f'(0^+)$$
$$= s^2 F(s) - sf(0^+) - f'(0^+).$$

---

① $f(0^+) = \lim\limits_{t \to 0+} f(t)$

如此类推,即可得到(7.2.15)式.

2. 象函数的微分性质

若 $L[f(t)] = F(s)$,则

$$L[(-t)^n f(t)] = F^{(n)}(s), \quad n = 0, 1, 2, \cdots, \quad (7.2.16)$$

此式可由(7.1.6)式推得.

例 10 求 $L[t\sin \omega t]$.

解 由(7.2.3)与(7.2.16)式,

$$L[t\sin \omega t] = -\left(\frac{\omega}{s^2 + \omega^2} \right)',$$

即

$$L[t\sin \omega t] = \frac{2\omega s}{(s^2 + \omega^2)^2}. \quad (7.2.17)$$

同理可得

$$L[t\cos \omega t] = \frac{s^2 - \omega^2}{(s^2 + \omega^2)^2}. \quad (7.2.18)$$

7.2.4 积分性质

1. 象原函数的积分性质

若 $L[f(t)] = F(s)$,则

$$L\left[\int_0^t f(\tau)\mathrm{d}\tau \right] = \frac{1}{s} F(s). \quad (7.2.19)$$

证明 设 $g(t) = \int_0^t f(\tau)\mathrm{d}\tau$,则有 $g'(t) = f(t)$. 因为 $L[f(t)]$ 存在,所以 $g'(t)$ 的象函数存在,且 $g(0) = 0$. 由(7.2.14)式

$$L[f(t)] = L[g'(t)] = sL[g(t)],$$

所以

$$L[g(t)] = \frac{1}{s} L[f(t)].$$

即

$$L\Big[\int_0^t f(\tau)\mathrm{d}\tau\Big] = \frac{1}{s}F(s).$$

重复应用(7.2.19)式可得

$$L\Big[\underbrace{\int_0^t \mathrm{d}t\int_0^t \mathrm{d}t\cdots\int_0^t f(t)\mathrm{d}t}_{n}\Big] = \frac{1}{s^n}F(s). \qquad (7.2.20)$$

象原函数的微分性质与积分性质是分析线性系统的有力工具，它提供了将常微分方程或积分(微分)方程转化为代数方程的可能性，详见§7.4节.

2. 象函数的积分性质

若 $L[f(t)] = F(s)$，积分 $\int_s^\infty F(u)\mathrm{d}u$ 收敛，则 $\dfrac{f(t)}{t}$ 的 LT 存在，且

$$L\Big[\frac{f(t)}{t}\Big] = \int_s^\infty F(u)\mathrm{d}u. \qquad (7.2.21)$$

这里的积分路径位于半平面 $\mathrm{Re}(s) > \sigma_0$ 内，σ_0 是 $f(t)$ 的增长指数.(请读者自证之)

例 11　求正弦积分 $\mathrm{si}t = \int_0^t \dfrac{\sin t}{t}\mathrm{d}t$ 的 LT.

解　由(7.2.19)式可得

$$L[\mathrm{si}t] = L\Big[\int_0^t \frac{\sin t}{t}\mathrm{d}t\Big] = \frac{1}{s}L\Big[\frac{\sin t}{t}\Big].$$

再由(7.2.21)式知

$$L\Big[\frac{\sin t}{t}\Big] = \int_s^\infty L(\sin t)\mathrm{d}s = \int_s^\infty \frac{1}{s^2+1}\mathrm{d}s$$

$$= \arctan s\Big|_s^\infty = \frac{\pi}{2} - \arctan s,$$

所以

$$L[\text{sit}] = \frac{1}{s}\Big[\frac{\pi}{2} - \text{arc tan}s\Big].$$

(7.2.21) 式为

$$L\Big[\frac{f(t)}{t}\Big] = \int_0^\infty \frac{f(t)}{t}\mathrm{e}^{-st}\mathrm{d}t = \int_s^\infty F(u)\mathrm{d}u$$

两边令 $s = 0$，即得

$$\int_0^\infty \frac{f(t)}{t}\mathrm{d}t = \int_0^\infty F(s)\mathrm{d}s. \qquad (7.2.22)$$

此式常用来计算某些广义实积分.

例如当 $f(t) = \sin t$ 时，实积分 $\int_0^\infty \frac{\sin t}{t}\mathrm{d}t$ 的值可由 (7.2.22) 式得

到为 $\frac{\pi}{2}$，该积分值曾在第五章的例 28 中用留数方法计算过，它们是完全一致的.

7.2.5　极限性质

1. 初值关系

若 $L[f(t)] = F(s)$，则

$$f(0^+) = \lim_{s \to \infty} sF(s). \qquad (7.2.23)$$

事实上，在 (7.2.14) 式中令 $s \to \infty$ 即得此式. (证略)

2. 终值关系

若 $L[f(t)] = F(s)$，且 $f(+\infty)$ 存在，$sF(s)$ 的所有奇点在半平面 $\text{Re}(s) < \sigma_0$ 内（其中 σ_0 是 $f(t)$ 的增长指数），则

$$f(+\infty) = \lim_{s \to 0} sF(s). \qquad (7.2.24)$$

事实上，在 (7.2.14) 式中令 $s \to 0$，即得 (7.2.24) 式 (证略).

例 12　若 $L[f(t)] = \frac{1}{s+a}(a > 0)$，求 $f(0), f(+\infty)$.

解　根据 (7.2.23) 式与 (7.2.24) 式，

$$f(0) = \lim_{s \to \infty} sF(s) = \lim_{s \to \infty} \frac{s}{s+a} = 1,$$

$$f(+\infty) = \lim_{s \to 0} sF(s) = \lim_{s \to 0} \frac{s}{s+a} = 0.$$

我们已经知道 $L[\mathrm{e}^{-at}] = \dfrac{1}{s+a}$，即 $f(t) = \mathrm{e}^{-at}$. 显然，上面所求结果与直接由 $f(t)$ 所计算的结果是一致的. 在拉氏变换的应用中，往往先得到 $F(s)$ 再去求出 $f(t)$，但我们有时并不关心象原函数 $f(t)$ 的表达式，而只需要知道 $f(t)$ 在 $t \to +\infty$ 或 $t \to 0$ 时的性态，此时性质 (7.2.23) 与 (7.2.24) 给我们提供了方便，能使我们直接由 $F(s)$ 求出 $f(t)$ 的两个特殊值 $f(0)$ 与 $f(+\infty)$.

注意：应用终值定理时需要注意定理条件是否满足. 例如，象原函数 $f(t)$ 的象函数为 $F(s) = \dfrac{1}{s^2+1}$，此时 $sF(s) = \dfrac{s}{s^2+1}$. 它的奇点为 $s = \pm \mathrm{i}$，位于虚轴上（不在 $\mathrm{Re}(s) < 0$ 内）. 显然 $\lim\limits_{s \to 0} sF(s) = 0$，但是 $f(t) = L^{-1}\left[\dfrac{1}{s^2+1}\right] = \sin t$（其 $\sigma_0 = 0$），且 $\lim\limits_{t \to +\infty} f(t) = \lim\limits_{t \to +\infty} \sin t$ 是不存在的.

7.2.6 卷积性质

1. 卷积的概念

如果

$$\int_{-\infty}^{+\infty} f_1(\tau) f_2(t-\tau) \mathrm{d}\tau \qquad (7.2.25)$$

存在，则称它为函数 $f_1(t)$ 与 $f_2(t)$ 的卷积，记为

$$f_1(t) * f_2(t) = \int_{-\infty}^{+\infty} f_1(\tau) f_2(t-\tau) \mathrm{d}\tau.$$

容易验证，卷积满足交换律、结合律与对加法的分配律，即

$$f_1(t) * f_2(t) = f_2(t) * f_1(t),$$

$$f_1(t) * [f_2(t) * f_3(t)] = [f_1(t) * f_2(t)] * f_3(t),$$

$$f_1(t) * [f_2(t) + f_3(t)] = f_1(t) * f_2(t) + f_1(t) * f_3(t).$$

由于在 LT 中所考虑的函数在 $t < 0$ 时为 0,而

$$\int_{-\infty}^{+\infty} f_1(\tau) f_2(t - \tau) d\tau = \int_{-\infty}^{0} f_1(\tau) f_2(t - \tau) d\tau$$

$$+ \int_{0}^{t} f_1(\tau) f_2(t - \tau) d\tau$$

$$+ \int_{t}^{+\infty} f_1(\tau) f_2(t - \tau) d\tau,$$

所以在 LT 中,

$$f_1(t) * f_2(t) = \int_{0}^{t} f_1(\tau) f_2(t - \tau) d\tau. \qquad (7.2.25)$$

当然,它也满足交换律、结合律与对加法的分配律.

例 13 求函数 $f_1(t) = t$ 和 $f_2(t) = \sin t$ 的卷积,即求 $t * \sin t$.

解 由(7.2.25)式知,

$$t * \sin t = \int_{0}^{t} \tau \sin(t - \tau) d\tau.$$

分部积分一次,可得

$$t * \sin t = \int_{0}^{t} \tau \sin(t - \tau) d\tau$$

$$= \tau \cos(t - \tau) \big|_{0}^{t} - \int_{0}^{t} \cos(t - \tau) d\tau = t - \sin t.$$

例 14 求 $\sin \omega t * \sin \omega t$.

解 $\sin \omega t * \sin \omega t = \int_{0}^{t} \sin \omega \tau \sin[\omega(t - \tau)] d\tau$

$$= \frac{1}{2} \int_{0}^{t} [\cos(2\omega\tau - \omega t) - \cos \omega t] d\tau$$

$$= \frac{1}{2}\Big[\frac{1}{2\omega}\sin(2\omega\tau - \omega t) - \tau\cos \omega t\Big]_0^t$$

$$= \frac{1}{2}\Big[\frac{\sin \omega t}{\omega} - t\cos \omega t\Big].$$

2. 卷积定理

设 $L[f(t)] = F(s), L[g(t)] = G(s)$，则

$$L[f(t) * g(t)] = F(s) \cdot G(s),$$

$$(7.2.26)$$

$$L^{-1}[F(s)G(s)] = f(t) * g(t).$$

证明：设 $f(t), g(t)$ 的增长指数分别为 σ_1 和 σ_2，则在 $\mathrm{Re}(s) >$ $\max(\sigma_1, \sigma_2)$ 内，

$$F(s)G(s) = \int_0^\infty f(\tau)\mathrm{e}^{-s\tau}\mathrm{d}\tau \int_0^\infty g(u)\mathrm{e}^{-su}\mathrm{d}u$$

$$= \int_0^\infty \Big[\int_0^\infty \mathrm{e}^{-s(\tau+u)}f(\tau)g(u)\mathrm{d}u\Big]\mathrm{d}\tau$$

$$\xrightarrow{\tau + u = t} \int_0^\infty \Big[\int_\tau^\infty \mathrm{e}^{-st}f(\tau)g(t - \tau)\mathrm{d}t\Big]\mathrm{d}\tau$$

$$= \int_0^\infty \mathrm{e}^{-st}\Big[\int_0^t f(\tau)g(t - \tau)\mathrm{d}\tau\Big]\mathrm{d}t \quad (\text{见图 7-4})$$

$$= \int_0^\infty [f(t) * g(t)]\mathrm{e}^{-st}\mathrm{d}t$$

$$= L[f(t) * g(t)].$$

在拉氏变换应用中，卷积定理起着十分重要的作用.

例 15 若 $L[f(t)] = \dfrac{1}{(s^2 + 4s + 13)^2}$，求 $f(t)$.

解

$$L[f(t)] = \frac{1}{(s^2 + 4s + 13)^2}$$

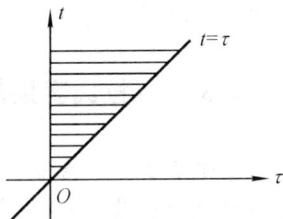

图 7-4

$$= \frac{1}{\left[(s+2)^2+3^2\right]^2}$$

$$= \frac{1}{9} \frac{3}{(s+2)^2+3^2} \cdot \frac{3}{(s+2)^2+3^2}.$$

由频移性质(7.2.12),

$$L^{-1}\left[\frac{3}{(s+2)^2+3^2}\right] = \mathrm{e}^{-2t} \cdot \sin 3t$$

$$f(t) = \frac{1}{9}(\mathrm{e}^{-2t}\sin 3t) * (\mathrm{e}^{-2t}\sin 3t)$$

$$= \frac{1}{9}\int_0^t \mathrm{e}^{-2\tau}\sin 3\tau \cdot \mathrm{e}^{-2(t-\tau)}\sin 3(t-\tau)\mathrm{d}\tau$$

$$= \frac{1}{9}\mathrm{e}^{-2t}\int_0^t \sin 3\tau\sin 3(t-\tau)\mathrm{d}\tau$$

$$= \frac{1}{9}\mathrm{e}^{-2t}\int_0^t \frac{1}{2}\left[\cos(6\tau-3t)-\cos 3t\right]\mathrm{d}\tau$$

$$= \frac{1}{54}\mathrm{e}^{-2t}(\sin 3t - 3t\cos 3t).$$

§7.3　拉氏逆变换

前面我们已讨论了由已知函数 $f(t)$ 求它的象函数 $F(s)$ 的主要公式,同时也得到了相应的由已知象函数 $F(s)$ 获得象原函数的方法,但这些公式在实际应用中仍远远不够.下面我们将再介绍几种由已知象函数 $F(s)$ 求它的象原函数 $f(t)$ 的方法.

7.3.1　拉氏变换的反演公式

定理 7.3.1　若复值函数 $f(t)$ 满足 LT 存在定理条件,则在 $f(t)$ 的任意连续点处,都有

$$f(t) = \frac{1}{2\pi\mathrm{i}}\int_{\sigma-\mathrm{i}\infty}^{\sigma+\mathrm{i}\infty} F(s)\mathrm{e}^{st}\mathrm{d}s. \qquad (7.3.1)$$

其中积分是沿着 S 平面上的任意一条直线 $\mathrm{Re}(s) = \sigma(\sigma > \sigma_0, \sigma_0$ 是 $f(t)$ 的增长指数) 的主值积分[①](证明从略).

(7.3.1) 式称为拉氏变换的反演公式, 即 $f(t) = L^{-1}[F(s)]$ 的具体表达式.

7.3.2 利用留数理论计算象原函数

反演公式 (7.3.1) 是一个复变函数的积分, 它的计算通常是比较困难的, 但当 $F(s)$ 满足一定条件时, 可以利用留数方法来计算这个反演公式, 特别当 $F(s)$ 为 s 的有理函数形式时, 计算更为简单.

定理 7.3.2 若 $F(s)$ 的全部奇点 $s_1, s_2, \cdots, s_n$ 都在 $\mathrm{Re}(s) < \sigma$ 内, 且当 s 在 $\mathrm{Re}(s) \leqslant \sigma$ 上趋于无穷时, $F(s)$ 趋于零, 则

$$f(t) = L^{-1}[F(s)] = \sum_{k=1}^{n} \mathrm{Res}[F(s)\mathrm{e}^{st}; s_k] \qquad t > 0. \quad (7.3.2)$$

证明 作图 7-5 所示的闭曲线 $C = L_R + C_R$, 其中 C_R 是半圆周曲线:

$$\{s; |s - \sigma| = R, \mathrm{Re}(s) \leqslant \sigma\}.$$

L_R 为直线段 $\overline{\sigma - \mathrm{i}R, \sigma + \mathrm{i}R}$, 设 R 充分大, 使得 $F(s)$ 所有的奇点均包含在闭曲线 C 围成的区域内. 由于 e^{st} 在全平面上解析, 所以 $F(s)\mathrm{e}^{st}$ 的奇点就是 $F(s)$ 的奇点. 根据留数定理, 立即可得

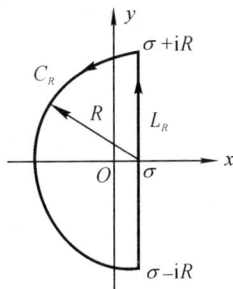

图 7-5

$$\frac{1}{2\pi\mathrm{i}} \oint_C F(s)\mathrm{e}^{st}\mathrm{d}s = \frac{1}{2\pi\mathrm{i}} \int_{\sigma - \mathrm{i}R}^{\sigma + \mathrm{i}R} F(s)\mathrm{e}^{st}\mathrm{d}s$$

---

① 主值积分, 即 $\displaystyle\lim_{R \to +\infty} \int_{\sigma - \mathrm{i}R}^{\sigma + \mathrm{i}R} F(s)\mathrm{e}^{st}\mathrm{d}s = \int_{\sigma - \mathrm{i}\infty}^{\sigma + \mathrm{i}\infty} F(s)\mathrm{e}^{st}\mathrm{d}s.$

$$+\frac{1}{2\pi i}\int_{C_R}F(s)e^{st}ds$$

$$=\sum_{k=1}^{n}\text{Res}[F(s)e^{st};s_k].$$

令 $R\rightarrow+\infty$,并根据第五章约当引理知,当 $t>0$ 时,上式右端第二个积分极限为零,即 $\lim\limits_{R\rightarrow+\infty}\int_{C_R}F(s)e^{st}ds=0$,从而

$$\frac{1}{2\pi i}\int_{\sigma-i\infty}^{\sigma+i\infty}F(s)e^{st}ds=\sum_{k=1}^{n}\text{Res}[F(s)e^{st};s_k]\quad t>0.$$

这就证明了上述定理.

例 16 设 $F(s)=\dfrac{1}{s(s-1)^2}$,求 $f(t)=L^{-1}[F(s)]$.

解 因为 $F(s)$ 有一个单极点 $s=0$,一个二级极点 $s=1$,由 (7.3.2)式可得

$$f(t)\,\text{Res}\Big[\frac{e^{st}}{s(s-1)^2};0\Big]+\text{Res}\Big[\frac{e^{st}}{s(s-1)^2};1\Big]$$

$$=\frac{e^{st}}{3s^2-4s+1}\Big|_{s=0}+\lim_{s\rightarrow1}\frac{d}{ds}\Big[(s-1)^2\frac{e^{st}}{s(s-1)^2}\Big]$$

$$=1+\lim_{s\rightarrow1}\frac{d}{ds}\Big[\frac{1}{s}e^{st}\Big]$$

$$=1+\lim_{s\rightarrow1}\Big(\frac{t}{s}e^{st}-\frac{1}{s^2}e^{st}\Big)$$

$$=1+e^t(t-1),t>0.$$

综上所述,我们可以用多种方法:将 $F(s)$ 分解成部分分式的方法、卷积的方法、留数计算的方法、查表的方法等,由已知象函数求解象原函数.读者可根据已知象函数灵活选用.

我们把经常遇到的一些函数的 LT 置于本书附录中(见附表 Ⅱ).

例 17 用几种不同的方法求 $F(s)=\dfrac{1}{s^2(s+1)}$ 的拉氏逆变换.

解法一 分解 $F(s)$ 为部分分式:

$$F(s)=\frac{1}{s^2(s+1)}=-\frac{1}{s}+\frac{1}{s^2}+\frac{1}{s+1},$$

所以

$$f(t) = L^{-1}\big[\frac{1}{s^2(s+1)}\big]$$

$$= -L^{-1}\big[\frac{1}{s}\big] + L^{-1}\big[\frac{1}{s^2}\big] + L^{-1}\big[\frac{1}{s+1}\big]$$

$$= -1 + t + \mathrm{e}^{-t}.$$

解法二 留数方法:

$s = 0$ 是 $F(s)$ 的二级极点,$s = -1$ 是 $F(s)$ 的单极点,所以

$$f(t) = \mathrm{Res}\big[\frac{\mathrm{e}^{st}}{s^2(s+1)}; 0\big] + \mathrm{Res}\big[\frac{\mathrm{e}^{st}}{s^2(s+1)}; -1\big]$$

$$= \lim_{s \to 0} \frac{\mathrm{d}}{\mathrm{d}s}\left(\frac{\mathrm{e}^{st}}{s+1}\right) + \frac{\mathrm{e}^{st}}{s^2}\bigg|_{s=-1}$$

$$= t - 1 + \mathrm{e}^{-t}.$$

解法三 卷积定理:

因为 $F(s) = \dfrac{1}{s^2(s+1)} = \dfrac{1}{s^2} \cdot \dfrac{1}{s+1}$,所以

$$f(t) = L^{-1}[F(s)]$$

$$= L^{-1}\big[\frac{1}{s^2} \cdot \frac{1}{s+1}\big]$$

$$= t * \mathrm{e}^{-t}$$

$$= \int_0^t \tau \mathrm{e}^{-(t-\tau)}\mathrm{d}\tau$$

$$= \mathrm{e}^{-t}\int_0^t \tau \mathrm{e}^{\tau}\mathrm{d}\tau$$

$$= t - 1 + \mathrm{e}^t.$$

例 18 设 $F(s) = \dfrac{1}{(s-1)(s^2+4s+8)}$,求

$$f(t) = L^{-1}[F(s)].$$

解 将 $F(s)$ 化为部分分式

$$F(s) = \frac{1}{13(s-1)} - \frac{1}{13}\big[\frac{s+5}{(s+2)^2+2^2}\big]$$

$$= \frac{1}{13} \frac{1}{s-1} - \frac{1}{13} \frac{s+2}{(s+2)^2 + 2^2}$$
$$- \frac{1}{13} \cdot \frac{3}{2} \frac{2}{(s+2)^2 + 2^2},$$

所以

$$f(t) = \frac{1}{13} \mathrm{e}^t - \frac{1}{13} \mathrm{e}^{-2t}\cos 2t - \frac{3}{26} \mathrm{e}^{-2t}\sin 2t.$$

请读者试用其他方法求上述 $F(s)$ 的象原函数.

例 19 设 $F(s) = \dfrac{1}{(s^2 + 4s + 13)^2}$, 求 $f(t) = L^{-1}[F(s)]$.

解 由 (7.2.10) 式知 $L[\mathrm{e}^{s_0 t}f(t)] = F(s - s_0)$, 所以

$$L^{-1}[F(s - s_0)] = \mathrm{e}^{s_0 t}f(t),$$

故此有

$$f(t) = L^{-1}\Big[\frac{1}{(s^2 + 4s + 13)^2}\Big]$$
$$= L^{-1}\Big[\frac{1}{[(s+2)^2 + 3^2]^2}\Big]$$
$$= \mathrm{e}^{-2t}L^{-1}\Big[\frac{1}{(s^2 + 3^2)^2}\Big]$$
$$= \frac{1}{9}\mathrm{e}^{-2t}L^{-1}\Big[\frac{3}{s^2 + 3^2} \cdot \frac{3}{s^2 + 3^2}\Big]$$
$$= \frac{1}{9}\mathrm{e}^{-2t}(\sin 3t * \sin 3t).$$

由 § 7.2 例 14 知, 令 $\omega = 3$ 得

$$f(t) = \frac{1}{9}\mathrm{e}^{-2t} \cdot \frac{1}{2}\Big[\frac{\sin 3t}{3} - t\cos 3t\Big]$$
$$= \frac{1}{18}\mathrm{e}^{-2t}\Big[\frac{\sin 3t}{3} - t\cos 3t\Big].$$

7.3.3 利用展开定理计算象原函数

定理 7.3.3 展开定理 如果函数 $F(s)$ 在 ∞ 点处解析, 且 $\lim\limits_{s \to \infty} F(s) = 0$, 即 $F(s)$ 在 $\{z; R < |s| < \infty\}$ 内, 则其罗朗展开式为

$$F(s) = \sum_{n=0}^{\infty} \frac{a_n}{s^{n+1}},$$

那末

$$f(t) = L^{-1}[F(s)] = \sum_{n=0}^{\infty} \frac{a_n}{n!} t^n. \qquad (7.3.3)$$

证明从略.

例 20   求 $f(t) = L^{-1}\left[\dfrac{1}{s} \mathrm{e}^{-\frac{1}{s}}\right]$.

解   因为 $\lim\limits_{s \to \infty} F(s) = \lim \dfrac{1}{s} \mathrm{e}^{\frac{1}{s}} = 0$, 而

$$\frac{1}{s} \mathrm{e}^{-\frac{1}{s}} = \frac{1}{s} \sum_{n=0}^{\infty} \frac{(-1)^n}{n!} \frac{1}{s^n} = \sum_{n=0}^{\infty} \frac{(-1)^n}{(n!)} \frac{1}{s^{n+1}},$$

所以由 (7.3.3) 式得 $f(t) = \sum\limits_{n=0}^{\infty} \dfrac{(-1)^n}{(n!)^2} t^n$.

上述 $f(t)$ 又可记为 $f(t) = J_0(2\sqrt{t})$, 其中 $J_0(t) = \sum\limits_{n=0}^{\infty} \dfrac{(-1)^n}{(n!)^2}\left(\dfrac{t}{2}\right)^{2n}$ 是零阶贝塞尔 (Bessel) 函数.

*§ 7.4 δ 函数简介及其拉氏变换

7.4.1 δ 函数的概念

δ 函数在科学技术领域中的应用相当广泛, 通常用以表示点质量、点电荷、集中力、点光源和尖脉冲等一类理想化的物理现象, 此处只作通俗介绍.

考虑如图 7-6 所示的矩形电流脉冲, 它的解析表示式为

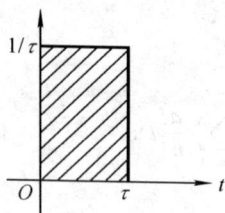

图 7-6

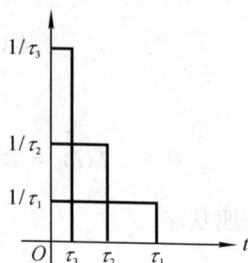

图 7-7

$$\sigma_\tau(t) = \begin{cases} \dfrac{1}{\tau}, & 0 < t < \tau; \\ 0 & \text{其他}. \end{cases} \tag{7.4.1}$$

图中阴影面积的数值为总电量,称为脉冲强度. 在此

$$\int_{-\infty}^{\infty} \sigma_\tau(t)\mathrm{d}t = 1.$$

在脉冲强度不变的条件下,随着 τ 逐渐减少,矩形电流脉冲就变得越来越陡(如图 7-7),因而有

$$\lim_{\tau \to 0} \delta_\tau(t) = \begin{cases} 0, & t \neq 0; \\ \infty, & t = 0. \end{cases} \tag{7.4.2}$$

$$\lim_{\tau \to 0} \int_{-\infty}^{\infty} \delta_\tau(t)\mathrm{d}t = 1. \tag{7.4.3}$$

在经典分析中,$\lim\limits_{\tau \to 0} \delta_\tau(t)$ 是没有意义的,因为没有一个函数满足条件:

$$\begin{cases} \delta(t) = 0, & t \neq 0; \\ \int_{-\infty}^{\infty} \delta(t)\mathrm{d}t = 1. \end{cases} \tag{7.4.4}$$

这是一种广义的函数,叫做 δ 函数. 直观上可以认为 $\lim\limits_{\tau \to 0} \delta_\tau(t)$ 是宽度为 0、振幅为无穷大、强度为 1 的理想单位脉冲. 狄拉克(Dirac)正是依据这种直观想象,以(7.4.4)式作为 δ 函数的定义的,δ 函数通常用图 7-8 表示,图中矢量 1 等于脉冲强度.

在上述讨论中,作时间平移 t_0,就得到如图 7-9 所示的 $t = t_0$ 处的

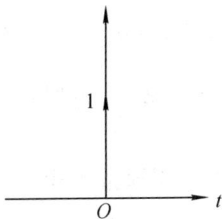

图 7-8

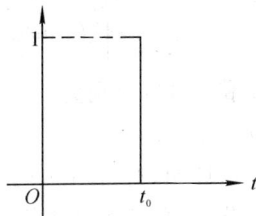

图 7-9

δ 函数 $\delta(t - t_0)$:

$$\begin{cases} \delta(t - t_0) = 0, & t \neq t_0; \\ \displaystyle\int_{-\infty}^{\infty} \delta(t - t_0)\mathrm{d}t = 1. \end{cases} \quad (7.4.5)$$

由上所述,$\delta(t)$ 是函数族 $\delta_\tau(t)$ 的一种广义极限:

$$\delta(t) = \lim_{\tau \to 0} \delta_\tau(t),$$

而(7.4.4)式则是极限过程

$$\int_{-\infty}^{\infty} \delta(t)\mathrm{d}t = \lim_{\tau \to 0} \int_{-\infty}^{\infty} \delta_\tau(t)\mathrm{d}t = 1.$$

我们称 $\delta_\tau(t)$ 为 δ_- 型函数列(族). 它不是唯一的,凡是满足

$$\begin{cases} \displaystyle\lim_{\tau \to 0} \delta_\tau(t) = 0, & t \neq 0 \\ \displaystyle\lim_{\tau \to 0} \int_{-\infty}^{\infty} \delta_\tau(t)\mathrm{d}t = 1 \end{cases}$$

的函数列,均是 δ_- 型函数列. 例如:

(1) 高斯函数列

$$G_x(t) = \frac{1}{\sqrt{\pi x}} \mathrm{e}^{-\frac{t^2}{x}} \quad (x \to 0^+ \text{ 时});$$

(2) $g_\tau(t) = \begin{cases} \dfrac{1}{\tau}, |t| < \dfrac{\tau}{2} \\ 0, \text{其他} \end{cases}$ $(\tau \to 0 \text{ 时})$

都是常见的 δ_- 型函数列,它们的广义极限都是 δ 函数.

我们定义

$$\int_a^b f(t)\delta(t)\mathrm{d}t = \lim_{\tau\to 0}\int_a^b f(t)\delta_\tau(t)\mathrm{d}t. \qquad (7.4.6)$$

其中 a 和 b 可以分别为 $-\infty$, $+\infty$. 当 $a = 0$ 或 $b = 0$ 时, 则分别理解为 0^+ 及 0^-. ①

可以证明, 对 (7.4.6) 式左端的积分可采用通常的积分方法, 如换元积分法、分部积分法等.

设 $f(t)$ 是任意一个连续函数, 则由 (7.4.6) 式可得

$$\int_a^b f(t)\delta(t)\mathrm{d}t = \begin{cases} f(0), & a \leqslant 0 \leqslant b; \\ 0, & a > 0 \text{ 或 } b < 0. \end{cases} \qquad (7.4.7)$$

再由 (7.4.6) 式及变量替换得

$$\int_a^b f(t)\delta(t - t_0)\mathrm{d}t = \begin{cases} f(t_0), & a \leqslant t_0 \leqslant b; \\ 0, & a > t_0 \text{ 或 } b < t_0. \end{cases} \qquad (7.4.8)$$

特别当 $a = -\infty, b = +\infty$ 时,

$$\int_{-\infty}^\infty f(t)\delta(t - t_0)\mathrm{d}t = f(t_0). \qquad (7.4.9)$$

这是 δ 函数最主要的性质, 称为 δ 函数的筛选性.

在 LT 中, δ 函数与常义函数 $f(t)$ 的卷积仍定义为

---

① 当 $a = 0$(或 $b = 0$) 时, 对不同的 δ_- 型函数列, (7.4.6) 式可能有不同的值, 例如取

$$\delta(t) = \lim_{\tau\to 0}\delta_\tau(t), \qquad \delta_\tau(t) = \begin{cases} \dfrac{1}{\tau}, & 0 < t < \tau \\ 0, & \text{其他}, \end{cases}$$

则

$$\int_0^\infty \delta(t)\mathrm{e}^{-st}\mathrm{d}t = \lim_{\tau\to 0}\int_0^\tau \frac{1}{\tau}\mathrm{e}^{-st}\mathrm{d}t = 1.$$

若取

$$\delta(t) = \lim_{\tau\to 0}g_\tau(t), \qquad g_\tau(t) = \begin{cases} \dfrac{1}{\tau}, & |t| > \dfrac{\tau}{2} \\ 0, & \text{其他}, \end{cases}$$

则

$$\int_0^\infty \delta(t)\mathrm{e}^{-st}\mathrm{d}t = \lim_{\tau\to 0}\int_0^{\frac{\tau}{2}} \frac{1}{\tau}\mathrm{e}^{-st}\mathrm{d}t = \frac{1}{2}.$$

故当 $a = 0$(或 $b = 0$) 时, 要明确指出它是 0^- 还是 0^+. 如果不特别说明, 一般规定 $a = 0$ 指 $a = 0^+, b = 0$ 是指 $b = 0^-$.

$$f(t) * \delta(t) = \int_0^t f(\tau)\delta(t - \tau)\mathrm{d}t \qquad t > 0, \qquad (7.4.10)$$

于是

$$\int_0^t f(\tau)\delta(t - \tau)\mathrm{d}\tau = \int_0^t f(t - u)\delta(u)\mathrm{d}u = f(t),$$

即

$$f(t) * \delta(t) = f(t). \qquad (7.4.11)$$

这说明在函数的卷积运算中,$\delta(t)$ 起着单位元素的作用.

δ 函数也有导数. 如果对任意一个有连续导数的函数 $f(t)$,均有

$$\int_a^b f(t)\delta'(t)\mathrm{d}t = -\int_a^b f'(t)\delta(t)\mathrm{d}t, \qquad (7.4.12)$$

则称 $\delta'(t)$ 为 $\delta(t)$ 的导数. 这是一种广义导数,其中 a 和 b 的意义与 (7.4.6) 式同. $\delta'(t)$ 又称一阶脉冲函数(相应的 $\delta(t)$ 称为零阶脉冲函数),它在工程技术中常用来描述集中力矩、电极矩等量.

仿照(7.4.12)式,δ 函数的 n 阶导数 $\delta^{(n)}(t)$ 定义为

$$\int_a^b f(t)\delta^{(n)}(t)\mathrm{d}t = (-1)^n \int_a^b f^{(n)}(t)\delta(t)\mathrm{d}t$$
$$(n = 0, 1, 2, \cdots). \qquad (7.4.13)$$

根据(7.4.13)及(7.4.7)式,立即可得

$$\int_0^\infty f(t)\delta^{(n)}(t)\mathrm{d}t = (-1)^n f^{(n)}(0) \qquad (n = 0, 1, 2, \cdots).$$
$$(7.4.14)$$

δ 函数还可以看作单位阶跃函数 $u(t)$ 的广义导数,即

$$\delta(t) = u'(t). \qquad (7.4.15)$$

事实上,根据(7.4.7)式,

$$\int_{-\infty}^t \delta(t)\mathrm{d}t = u(t),$$

由(7.4.14)式,

$$\delta^{(n)}(t) = u^{(n+1)}(t). \qquad (7.4.16)$$

7.4.2 δ 函数的拉氏变换

根据 LT 的定义

$$L[\delta(t)] = \int_0^\infty e^{-st}\delta(t)dt,$$

由(7.4.7),(7.4.8) 及(7.4.14) 式可得

$$L[\delta(t)] = 1; \qquad\qquad (7.4.17)$$

$$L[\delta(t - t_0)] = e^{-st_0}; \qquad\qquad (7.4.18)$$

$$L[\delta^{(n)}(t)] = s^n. \qquad\qquad (7.4.19)$$

实际上,由(7.4.15) 式及 LT 的微分性质,有

$$L[\delta(t)] = sL[u(t)] = s \cdot \frac{1}{s} = 1^{①};$$

$$L[\delta^{(n)}(t)] = s^n L[\delta(t)] = s^n.$$

由(7.4.17) 式及 LT 的时移性质,有

$$L[\delta(t - t_0)] = e^{-st_0}L[\delta(t)] = e^{-st_0};$$

由 LT 的卷积性质,有

$$L^{-1}[1 \cdot F(s)] = f(t) * \delta(t) = f(t).$$

这些结果表明,LT 的基本性质对 δ 函数仍然成立.

例 21　求 $f(t) = \sum_{n=0}^\infty \delta(t - nT)$ 的 LT.

解　$f(t)$ 表示一系列作用于时刻 $t = nT(n = 0,1,2,\cdots)$ 的单位脉冲(见图 7-9),是以 T 为周期的周期函数:

$$L[f(t)] = \sum_{n=0}^\infty L[\delta(t - nT)] = \sum_{n=0}^\infty e^{-nTn} = \frac{1}{1 - e^{-Tn}}.$$

---

① 由(7.4.6) 式可知,这时(7.2.13) 式中 $f^{(k)}(0)$ 应为

$$f^{(k)}(0) = \delta^{(k)}(0^-), \quad k = 0,1,2,\cdots n - 1.$$

由于 $t \neq 0$ 时,$\delta(t) = 0$,因而 $t \neq 0$ 时,$\delta^{(k)}(t) = 0$,所以 $\delta^{(k)}(0^-) = 0, k = 0,1,2,\cdots$. 故由 (7.2.13) 式得

$$L[\delta^{(n)}(t)] = s^n L[\delta(t)].$$

§7.5 拉氏变换的应用

在电路理论与自动控制理论的研究中,我们常常要对一个系统进行分析和研究,以建立这些系统的数学模型.在许多情况下,这种数学模型可以用一个线性微分方程来描述,这样的系统即为线性系统.根据拉氏变换的线性性质、微分性质及其他性质,可以将一个未知函数所满足的常系数线性微分方程的初值问题经过拉氏变换后,转化为它的象函数所满足的代数方程.解此代数方程,然后再取拉氏逆变换,就得到原微分方程的解.

用拉氏变换方法解常系数线性常微分方程初值问题的步骤,可用以下框图表示(简称 LT 法):

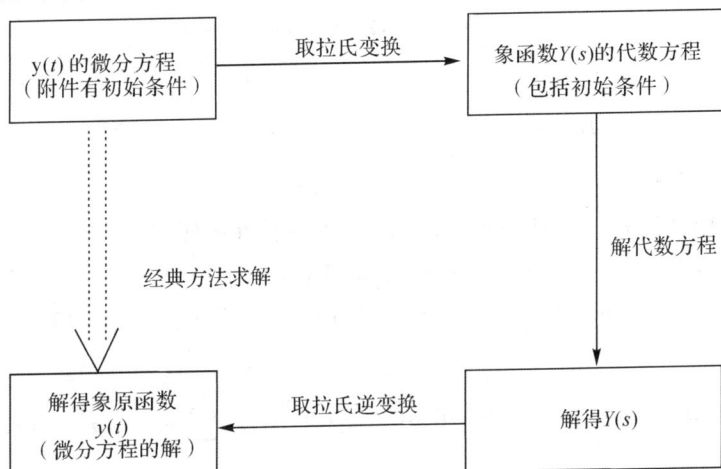

```
┌─────────────────┐    取拉氏变换      ┌─────────────────┐
│  y(t) 的微分方程 │ ──────────────→   │ 象函数 Y(s) 的代数方程│
│  (附件有初始条件) │                   │   (包括初始条件)  │
└─────────────────┘                   └─────────────────┘
         ┊                                      │
         ┊                                      │ 解代数方程
     经典方法求解                                 │
         ┊                                      ▼
┌─────────────────┐    取拉氏逆变换     ┌─────────────────┐
│   解得象原函数   │ ←──────────────   │    解得 Y(s)     │
│      y(t)       │                   │                 │
│  (微分方程的解)  │                   │                 │
└─────────────────┘                   └─────────────────┘
```

与经典方法先求微分方程的通解、然后再根据初始条件确定其任意常数的求特解的方法相比,LT 法有以下几个优点:

(1) LT 法把常系数线性微分方程转化为象函数的代数方程,这个代数方程已"包含"了预先给定的初始条件,因而省去了经典方法中由通解求特解的步骤.

（2）当初始条件全部为零时（这在工程实际中是常见的），用拉氏变换求解更为简便.

本节主要讨论 LT 在解常系数线性常微分方程（或方程组）方面的应用.

7.5.1　常系数线性常微分方程的初值问题

设线性系统可由方程

$$y^{(n)} + a_{n-1}y^{(n-1)} + \cdots + a_1 y' + a_0 y = f(t) \quad (7.5.1)$$

来描述，其中 $a_0, a_1, \cdots, a_{n-1}$ 为常数，而且

$$y^{(k)}(0) = y_k \quad (k = 0,1,2,\cdots,n-1). \quad (7.5.2)$$

设 $L[y(t)] = Y(s), L[f(t)] = F(s)$，因为

$$L[y^{(k)}] = s^k Y(s) - s^{k-1}y_0 - s^{k-2}y_1 - \cdots - y_{k-1}$$
$$(k = 1,2,\cdots,n),$$

记

$$B_k(s) = s^{k-1}y_0 + s^{k-2}y_1 + \cdots + y_{k-1} = \sum_{l=1}^{k} s^{l-1}y_{k-l}$$
$$(k = 1,2,\cdots,n).$$

此时对 (7.5.1) 式两边作 LT，由 LT 的线性性质便有

$$(s^n + a_{n-1}s^{n-1} + \cdots + a_1 s + a_0)Y(s) - [B_n(s)$$
$$+ a_{n-1}B_{n-1}(s) + \cdots + a_1 B_1(s)] = F(s). \quad (7.5.3)$$

记

$$Q(s) = s^n + a_{n-1}s^{n-1} + \cdots + a_1 s + a_0 = \sum_{k=0}^{n} a_n s^n \quad (a_n = 1),$$
$$(7.5.4)$$

$$B(s) = B_n(s) + a_{n-1}B_{n-1}(s) + \cdots + a_1 B_1(s) = \sum_{k=1}^{n} a_k B_k(s)$$
$$= \sum_{k=1}^{n} a_k \sum_{l=1}^{k} s^{l-1}y_{k-l} \quad (a_n = 1). \quad (7.5.5)$$

由(7.5.4)与(7.5.5)式,(7.5.3)式可写为

$$Q(s)Y(s) - B(s) = F(s),$$

其中多项式 $B(s)$ 包含了所有有关的初值条件,解之得

$$Y(s) = \frac{1}{Q(s)}[F(s) + B(s)]. \qquad (7.5.6)$$

再由拉氏逆变换,即可求得原微分方程的解 $y(t)$.

当初始条件均为零时,即 $y_k = 0(k = 0,1,2,\cdots,n - 1)$,$B_k(s) = 0$,从而 $B(s) = 0$.这时,(7.5.6)式简化为

$$Y(s) = \frac{1}{Q(s)}F(s). \qquad (7.5.7)$$

在工程技术中,通常称(7.5.1)式中的 $f(t)$ 为系统的激励(或输入);称满足初值条件(7.5.2)的微分方程(7.5.1)的解 $y(t)$ 为系统的响应(或输出);称 $\frac{1}{Q(s)}$ 为系统的传递函数,它刻画了系统本身的特性.

例 22　求方程 $y'' + 4y' + 3y = \mathrm{e}^{-t}, y(0) = y'(0) = 1$ 的解.

解　设 $L[y(t)] = Y(s)$,对方程的两边取拉氏变换,并考虑到初始条件,得

$$(s^2 + 4s + 3)Y(s) - s - 5 = \frac{1}{s + 1}.$$

这便是 $y(t)$ 的象函数 $Y(s)$ 所满足的代数方程.解出 $Y(s)$,得

$$Y(s) = \frac{s^2 + 6s + 6}{(s + 1)^2(s + 3)}.$$

将它写成部分分式的形式

$$Y(s) = \frac{\frac{7}{4}}{s + 1} + \frac{\frac{1}{2}}{(s + 1)^2} + \frac{-\frac{3}{4}}{s + 3},$$

取拉氏逆变换,最后得

$$y(t) = \frac{1}{4}[(7 + 2t)\mathrm{e}^{-t} - 3\mathrm{e}^{-3t}].$$

这便是所求方程且满足已知初始条件的解.

7.5.2 常系数线性常微分方程组的初值问题

例 23 求方程组

$$\begin{cases} y'' - x'' + x' - y = e^t - 2 \\ 2y'' - x'' - 2y' + x = -t \end{cases}$$

满足初始条件

$$\begin{cases} y(0) = y'(0) = 0 \\ x(0) = x'(0) = 0 \end{cases}$$

的解.

解 对方程组两边取拉氏变换. 设 $L[y(t)] = Y(s)$，$L[x(t)] = X(s)$，并考虑到初始条件，则得

$$\begin{cases} s^2 Y(s) - s^2 X(s) + s X(s) - Y(s) = \dfrac{1}{s-1} - \dfrac{2}{s}, \\ 2s^2 Y(s) - s^2 X(s) - 2s Y(s) + X(s) = -\dfrac{1}{s^2}. \end{cases}$$

整理化简后得

$$\begin{cases} (s+1)Y(s) - s X(s) = \dfrac{-s+2}{s(s-1)^2}, \\ 2s Y(s) - (s+1)X(s) = -\dfrac{1}{s^2(s-1)}. \end{cases}$$

解此代数方程组，得

$$Y(s) = \frac{1}{s(s-1)^2}, \quad X(s) = \frac{2s-1}{s^2(s-1)^2}.$$

利用留数方法计算象原函数对于 $Y(s) = \dfrac{1}{s(s-1)^2}$，由例 16 知

$$y(t) = 1 + e^t(t-1),$$

因为 $X(s) = \dfrac{2s-1}{s^2(s-1)^2}$ 具有两个二级极点：$s = 0, s = 1$，所以

$$x(t) = \lim_{s \to 0} \frac{d}{ds}\left[\frac{2s-1}{(s-1)^2}e^{st}\right] + \lim_{s \to 1}\frac{d}{ds}\left[\frac{2s-1}{s^2}e^{st}\right]$$

$$= \lim_{s \to 0} \left[\frac{2 + (2s - 1)t}{(s - 1)^2} e^{st} - \frac{2(2s - 1)e^{st}}{(s - 1)^3} \right]$$

$$+ \lim_{s \to 1} \left[\frac{2 + (2s - 1)t}{s^2} e^{st} - \frac{2(2s - 1)e^{st}}{s^3} \right]$$

$$= - t + te^t.$$

所以

$$\begin{cases} y(t) = 1 + e^t(t - 1), \\ x(t) = - t + te^t. \end{cases}$$

这就是原微分方程组满足初始条件的解.

例 24 质量为 m 的物体,挂在劲度系数为 k 的弹簧的一端(如图 7-10 所示),作用于物体上的外力为 $f(t)$. 若物体自静止平衡位置 $y = 0$ 开始运动,不考虑阻力,求该物体的运动规律 $y(t)$.

解 根据牛顿(Newton)定律,有

$$my'' = f(t) - ky.$$

其中 $-ky$ 由虎克(Hooke)定理所得,是物体回到平衡位置的弹簧恢复力,所以物体运动的微分方程为

$$my'' + ky = f(t),$$

且

$$y(0) = y'(0) = 0.$$

对方程两边取拉氏变换:设 $L[y(t)] = Y(s), L[f(t)] = F(s)$,且考虑到初始条件,则得

$$ms^2 Y(s) + kY(s) = F(s).$$

记 $\omega_0^2 = \dfrac{k}{m}$,有

$$(s^2 + \omega_0^2)Y(s) = \frac{1}{m}F(s).$$

由此解得

$$Y(s) = \frac{1}{m\omega_0} \left(\frac{\omega_0}{s^2 + \omega_0^2} \right) F(s).$$

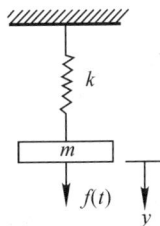

图 7-10

因为 $L[\sin \omega_0 t] = \dfrac{\omega_0}{s^2 + \omega_0^2}$，由卷积定理知

$$y(t) = \frac{1}{m\omega_0}\sin \omega_0 t * f(t)$$

$$= \frac{1}{m\omega_0}\int_0^t f(\tau)\sin \omega_0 (t - \tau)\mathrm{d}\tau. \tag{7.5.8}$$

当具体给出 $f(t)$ 时，可以直接从象函数 $Y(s)$ 的关系式中解出 $y(t)$.

例如，当物体所受的作用力为

$$f(t) = A\sin \omega t \ (A \text{ 为常数})$$

时，

$$L[f(t)] = \frac{A\omega}{s^2 + \omega^2},$$

所以

$$Y(s) = \frac{A}{m\omega_0}\frac{\omega_0}{s^2 + \omega_0^2} \cdot \frac{\omega}{s_2 + \omega^2}$$

$$= \frac{A\omega}{m}\frac{1}{\omega^2 - \omega_0^2}\left(\frac{1}{s^2 + \omega_0^2} - \frac{1}{s^2 + \omega^2}\right).$$

从而

$$y(t) = \frac{A\omega}{m(\omega^2 - \omega_0^2)}\left(\frac{\sin \omega_0 t}{\omega_0} - \frac{\sin \omega t}{\omega}\right)$$

$$= \frac{A}{m\omega_0(\omega^2 - \omega_0^2)}(\omega\sin \omega_0 t - \omega_0\sin \omega t).$$

这里 ω 为作用力的频率（或称扰动频率）. 若 $\omega \neq \omega_0$，运动由两种不同频率的振动复合而成；若 $\omega = \omega_0$（即扰动频率等于系统的固有频率），便产生共振，此时

$$Y(s) = \frac{A}{m\omega_0}\left(\frac{\omega_0}{s^2 + \omega_0^2}\right)^2.$$

由例 14 知

$$y(t) = \frac{A}{m\omega_0}\sin \omega_0 t * \sin \omega_0 t,$$

由例 15 知

$$y(t) = \frac{A}{m\omega_0} \frac{1}{2} \left[\frac{\sin \omega_0 t}{\omega_0} - t\cos \omega_0 t \right]$$
$$= C\sin(\omega_0 t - \varphi).$$

其中

$$C = \frac{A}{2m} \sqrt{1 + \omega_0 t^2}, \quad \varphi = \arccos \frac{1}{\sqrt{1 + \omega_0 t^2}}.$$

显然,从理论上讲,此时振幅 C 将随时间无限增大. 然而事实上在振幅相当大时,系统或者已被破坏,或者已不再满足原来的微分方程.

又如,当 $f(t) = u(t) - u(t - \tau)$ 时,由(7.5.8)式可得

$$y(t) = \frac{1}{m\omega_0} \int_0^t \left[u(\lambda) - u(\lambda - \tau) \right] \sin \omega_0 (t - \lambda) \mathrm{d}\lambda,$$

当 $0 < t < \tau$ 时,

$$y(t) = \frac{1}{m\omega_0} \int_0^t \sin \omega_0 (t - \lambda) \mathrm{d}\lambda = \frac{1}{m\omega_0^2} (1 - \cos \omega_0 t),$$

当 $t > \tau$ 时,

$$\int_0^t \left[u(\lambda) - u(\lambda - \tau) \right] \sin \omega_0 (t - \lambda) \mathrm{d}\lambda$$
$$= \int_0^\tau \left[u(\lambda) - u(\lambda - \tau) \right] \sin \omega_0 (t - \lambda) \mathrm{d}\lambda$$
$$+ \int_\tau^t \left[u(\lambda) - u(\lambda - \tau) \right] \sin \omega_0 (t - \lambda) \mathrm{d}\lambda$$
$$= \int_0^\tau \sin \omega_0 (t - \lambda) \mathrm{d}\lambda.$$

所以

$$y(t) = \frac{1}{m\omega_0} \int_0^\tau \sin \omega_0 (t - \lambda) \mathrm{d}\lambda$$
$$= \frac{1}{m\omega_0} \left[\cos \omega_0 (t - \tau) - \cos \omega_0 t \right].$$

该拉氏逆变换也可以由时移性质得到. 因为

$$F(s) = \frac{1}{s} (1 - \mathrm{e}^{-\tau s}),$$

$$Y(s) = \frac{1}{m} \frac{F(s)}{s^2 + \omega_0^2} = \frac{1}{ms(s^2 + \omega_0^2)}(1 - e^{-\tau s}),$$

而

$$L^{-1}\left[\frac{1}{s(s^2 + \omega_0^2)}\right] = \frac{1}{\omega_0^2} L^{-1}\left[\frac{1}{s} - \frac{s}{s^2 + \omega_0^2}\right]$$

$$= \frac{1}{\omega_0^2}(1 - \cos \omega_0 t),$$

所以

$$L^{-1}\left[\frac{e^{-\tau s}}{s(s^2 + \omega_0^2)}\right] = \frac{1}{\omega_0^2}[1 - \cos \omega_0(t - \tau)u(t - \tau)],$$

$$y(t) = \frac{1}{m\omega_0^2}[(1 - \cos \omega_0 t) - (1 - \cos \omega_0(t - \tau)u(t - \tau)].$$

显然,这与上面的计算结果是一致的.

7.5.3　某些微分积分方程的初值问题

例 25　对 RLC 串联直流电源 E(如图 7-11)的电路系统求回路中的电流 $i(t)$. 图中 $R < 2\sqrt{\dfrac{L}{C}}$,R 为电阻,L 为电感,C 为电容.

解　根据克希霍夫(Kirchhoff)定律,有

$$u_R(t) + u_C(t) + u_L(t) = E.$$

其中

$$U_R(t) = Ri(t),i(t) = C\frac{du_C(t)}{dt},$$

图 7-11

即

$$u_C(t) = \frac{1}{C}\int_0^t i(\tau)d\tau,$$

$$u_L(t) = L\frac{di(t)}{dt}.$$

代入上式,可得

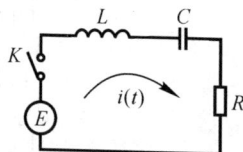

$$L\frac{\mathrm{d}i(t)}{\mathrm{d}t} + Ri(t) + \frac{1}{C}\int_0^t i(\tau)\mathrm{d}\tau = E.$$

$$i(0) = i'(0) = 0.$$

对方程两边取拉氏变换,且设 $L[i(t)] = I(s)$,则有

$$LsI(s) + RI(s) + \frac{1}{Cs}I(s) = \frac{E}{s}.$$

所以

$$I(s) = \frac{\dfrac{E}{s}}{Ls + R + \dfrac{1}{Cs}} = \frac{E}{L} \cdot \frac{1}{s^2 + \dfrac{R}{L}s + \dfrac{1}{CL}}$$

$$= \frac{E}{L} \frac{1}{(s + \dfrac{R}{2L})^2 + (\dfrac{1}{CL} - \dfrac{R^2}{4L^2})}.$$

因为 $R < 2\sqrt{\dfrac{L}{C}}$,故 $\omega^2 = \dfrac{1}{CL} - \dfrac{R^2}{4L^2} > 0, I(s)$ 可改写为

$$I(s) = \frac{E}{L\omega} \frac{\omega}{(s + \dfrac{R}{2L})^2 + \omega^2}.$$

取拉氏逆变换,得

$$i(t) = \frac{E}{L\omega}\mathrm{e}^{-\frac{R}{2L}t}\sin \omega t, \ t > 0.$$

该解表明,在回路中出现了角频率为 ω 的衰减正弦振荡电流.

问题:当 $R \geqslant 2\sqrt{\dfrac{L}{C}}$ 时,电流 $i(t)$ 的表达式如何?

习题七

1. 求下列函数的拉氏变换:

(1) $f(t) = \sin t\cos t$;

(2) $f(t) = \mathrm{sh}\, at$;

(3) $f(t) = \cos^2 t$;

(4) $f(t) = t^2$.

2. 求下列函数的拉氏变换:

$$(1)\ f(t) = \begin{cases} \sin t, & 0 \leqslant t \leqslant \pi; \\ 0, & t > \pi. \end{cases}$$

$$(2)\ f(t) = \begin{cases} 0, 0 \leqslant t \leqslant 1; \\ 1, 1 < t < 2; \\ 0, t \geqslant 2. \end{cases}$$

3. 求下列函数的象原函数：

$(1)\ F(s) = \dfrac{1}{s^2 + 4}$；
$\qquad\qquad (2)\ F(s) = \dfrac{S}{(s + 3)(s + 5)}$；

$(3)\ F(s) = \dfrac{s^3 - s^2 + s - 1}{s^5}$.

4. 证明 LT 相似性质，即设 $L[f(t)] = F(s)$，则

$$L[f(at)] = \frac{1}{a} F\left(\frac{s}{a}\right) \quad (a > 0).$$

5. 求下列函数的拉氏变换：

$(1)\ f(t) = 1 - te^t$；
$\qquad\qquad (2)\ f(t) = \dfrac{t}{2a} \sin at$；

$(3)\ f(t) = e^{-2t} \sin 5t$；
$\qquad\qquad (4)\ f(t) = u(3t - 4)$；

$(5)\ f(t) = t^2 u(t - 1)$；
$\qquad\qquad (6)\ f(t) = t^{\frac{1}{2}} e^{-k}$；

$(7)\ f(t) = (t + 1)^n$（n 是一个正整数）；

$(8)\ f(t) = u(t - 1)u(t - 2)$；

$(9)\ f(t) = u(t - 2)\sin t$.

6. 求下列周期函数的拉氏变换：

$(1)\ f(t) = e^{-t}, 0 < t < 2$,

$\qquad f(t) = f(t + 2)$；

(2) 图 7-12 中所示的单位脉冲函数.

7. 利用 $(7.2.22)$ 式求下列积分值：

$(1)\ \displaystyle\int_0^{+\infty} \frac{\sin \omega t}{t} dt$；

$(2)\ \displaystyle\int_0^{+\infty} \frac{1}{t}(e^{-at} - e^{-bt})dt, (a > 0, b > 0)$.

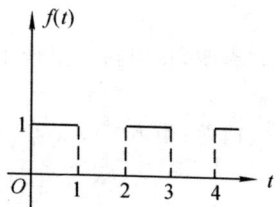

图 7-12

8. 求下列函数的象函数：

$(1)\ f(t) = \displaystyle\int_0^t e^{-x} \sin x \, dx$；
$\qquad (2)\ f(t) = t\displaystyle\int_0^t e^{-x} \sin x \, dx$；

(3) $f(t) = \int_0^t \dfrac{e^{-x}\sin x}{x} dx$;　　　(4) $f(t) = te^{-3t}\sin 2t$;

(5) $f(t) = \int_0^t e^{-3x}\sin 2x dx$.

9. 求下列函数的拉氏逆变换：

(1) $F(s) = \dfrac{1}{(s-1)(s-2)(s-3)}$;

(2) $F(s) = \dfrac{5s+3}{(s-1)(s^2+2s+5)}$;

(3) $F(s) = \dfrac{s}{s^4+5s^2+4}$;　　　(4) $F(s) = \dfrac{e^{-s}}{s(s^2+1)}$;

(5) $F(s) = \ln\dfrac{s+1}{s-1}$;　　　(6) $F(s) = \ln\dfrac{s^2+1}{s^2}$;

(7) $F(s) = \dfrac{s}{(s^2+4)^2}$;　　　(8) $F(s) = \dfrac{s}{(s+1)^2(s^2+1)}$.

10. 求下列函数的卷积：

(1) $\sin t * \cos t$;　　　(2) $t * e^t$;

(3) $f(t) * u(t-a), (a > 0)$;　　　(4) $t * \mathrm{sh}\, t$.

11. 求下列微分方程的解：

(1) $y'' + 2y' - 3y = e^{-t}, y(0) = 0, y'(0) = 1$;

(2) $y'' - y = 4\sin t + 5\cos 2t, y(0) = -1, y'(0) = -2$;

(3) $y'' - 2y' + 2y = 2e^t\cos t, y(0) = y'(0) = 0$;

(4) $y^{(4)} + 2y'' + y = 0, y(0) = y'(0) = y'''(0) = 0, y''(0) = 1$;

(5) $y'' + 4y = \begin{cases} 1, 0 \leqslant t \leqslant 4, \\ 0, t > 4, \end{cases}$　$y(0) = 3, y'(0) = -2$.

12. 求下列积分方程的解：

(1) $y(t) + \int_0^t y(t-u)e^u du = 2t - 3$;

(2) $y(t) - \int_0^t (t-\tau)y(\tau)d\tau = t$.

13. 求下列微分方程组的解：

(1) $\begin{cases} x' + x - y = e^t \\ y' + 3x - 2y = 2e^t \end{cases}$　$x(0) = y(0) = 1$;

(2) $\begin{cases} (2x'' - x' + 9x) - (y'' + y' + 3y) = 0 \\ (2x'' + x' + 7x) - (y'' - y' + 5y) = 0 \end{cases}$

$x(0) = x'(0) = 1, y(0) = y'(0) = 0$;

(3) $\begin{cases} x'' + 2x + \int_0^t y(t)\mathrm{d}t = t \\ x'' + 2x' + y = \sin 2t \end{cases}$ $x(0) = 1, x'(0) = -1$

(4) $\begin{cases} y' - 2z' = f(t) \\ y'' - z'' + z = 0 \end{cases}$ $y(0) = y'(0) = z(0) = z'(0) = 0.$

附录 I 留数公式表

函数	条件	孤立奇点类型	在 z_0 点的留数公式
1. $f(z)$	$\lim_{z\to z_0}(z-z_0)f(z)=0$	可去奇点	$\text{Res}[f(z);z_0]=0$
2. $\dfrac{g(z)}{h(z)}$	z_0 是 $g(z)$ 与 $h(z)$ 的同级零点	可去奇点	$\text{Res}\left[\dfrac{g(z)}{h(z)};z_0\right]=0$
3. $f(z)$	$\lim_{z\to z_0}(z-z_0)f(z)$ 存在且不为零	单极点	$\text{Res}[f;z_0]=\lim_{z\to z_0}(z-z_0)f(z)$
4. $\dfrac{g(z)}{h(z)}$	$g(z_0)\neq 0$ $h(z_0)=0$ $h'(z_0)\neq 0$	单极点	$\text{Res}\left(\dfrac{g}{h};z_0\right)=\dfrac{g(z_0)}{h'(z_0)}$
5. $\dfrac{g(z)}{h(z)}$	z_0 是 $g(z)$ 的 k 级零点，是 $h(z)$ 的 $k+1$ 级零点	单极点	$\text{Res}\left(\dfrac{g}{h};z_0\right)=(k+1)\dfrac{g^{(k)}(z_0)}{h^{(k+1)}(z_0)}$
6. $\dfrac{g(z)}{h(z)}$	$g(z_0)\neq 0$ $h(z_0)=h'(z_0)=0$ $h''(z_0)\neq 0$	二级极点	$\text{Res}\left(\dfrac{g}{h};z_0\right)=2\dfrac{g'(z_0)}{h''(z_0)}-\dfrac{2}{3}\dfrac{g(z_0)h'''(z_0)}{[h''(z_0)]^2}$
7. $\dfrac{g(z)}{(z-z_0)^2}$	$g(z_0)\neq 0$	二级极点	$\text{Res}\left[\dfrac{g(z)}{(z-z_0)^2};z_0\right]=g'(z_0)$

续附录 I

函　数	条　　件	孤立奇点类型	在 z_0 点的留数公式
8. $f(z)$	$f(z) = \dfrac{\varphi(z)}{(z-z_0)^k}$， $\varphi(z)$ 在 z_0 点解析， $\varphi(z_0) \ne 0$.	k 级极点	$\operatorname{Res}[f(z);z_0] = \lim\limits_{z \to z_0} \dfrac{\varphi^{k-1}(z)}{(k-1)!}$
9. $\dfrac{g(z)}{h(z)}$	z_0 是 $g(z)$ 的 l 级零点，是 $h(z)$ 的 $l+k$ 级零点[注]	k 级极点	$\operatorname{Res}\left[\dfrac{g(z)}{h(z)};z_0\right] = \lim\limits_{z \to z_0} \dfrac{\varphi^{k-1}(z)}{(k-1)!}$ 其中 $\varphi(z) = (z-z_0)^k \dfrac{g(z)}{h(z)}$.

注：z_0 是 $f(z)$ 的孤立奇点，$g(z)$ 与 $h(z)$ 在 z_0 点解析.

附录 II 某些定积分的计算公式

积分类型	条 件	公 式
$1.\ I = \displaystyle\int_0^{2\pi} R(\cos\theta,\sin\theta)\mathrm{d}\theta$	R 为有理函数，在 θ 处连续	$I = 2\pi i \sum R[f(z)]$ 在单位圆内孤立奇点处的留数，其中 $f(z) = \dfrac{1}{iz} R\left(\dfrac{z^2+1}{2z}, \dfrac{z^2-1}{2i}\right)$
$2.\ I = \displaystyle\int_{-\infty}^{+\infty} f(x)\mathrm{d}x$	(i) $f(z)$ 在实轴上无奇点 (ii) $f(z)$ 在 $\mathfrak{S}$ 上只有有限个极点 (iii) $\|f(z)\| \le \dfrac{M}{\|z\|^2}$，对充分大 $\|z\|$	$I = 2\pi i \sum [f(z)]$ 在上半平面内极点处的留数.
$3.\ I = \displaystyle\int_{-\infty}^{+\infty} \dfrac{P(x)}{Q(x)}\mathrm{d}x$	(i) $P(x)$ 和 $Q(x)$ 分别为 z 的 n 次和 m 次多项式 (ii) $m \ge n+2$ (iii) $Q(x)$ 在实轴上没有零点	$I = 2\pi i \sum \left\{\dfrac{P(z)}{Q(z)}\right\}$ 在上半平面极点处的留数.

续附录 Ⅱ

积分类型	条件	公　式
4. $I = \int_{-\infty}^{+\infty} e^{iax} f(x) \mathrm{d}x$ ($a > 0$)	(i) $f(z)$ 在实轴上无奇点 (ii) $f(z)$ 在 $\mathbb{C}$ 上只有有限个极点 (iii) $\|f(z)\| \le \dfrac{M}{\|z\|}$, 对充分大 $\|z\|$ (若 $f(z) = \dfrac{P(z)}{Q(z)}$, $m \ge n+1$)	$I = 2\pi i \sum \langle e^{iaz} f(z)$ 在上半平面极 点处的留数 $\rangle$
5. $I_1 = \int_{-\infty}^{+\infty} \cos(ax) f(x) \mathrm{d}(x)$ ($a > 0$)	$f(z)$ 条件同 4	$I_1 = \mathrm{Re}\Big[\int_{-\infty}^{+\infty} e^{iax} f(x) \mathrm{d}x\Big]$
6. $I_2 = \int_{-\infty}^{+\infty} \sin(ax) f(x) \mathrm{d}(x)$ ($a > 0$)	$f(z)$ 条件同 4	$I_2 = \mathrm{Im}\Big[\int_{-\infty}^{+\infty} e^{iax} f(x) \mathrm{d}x\Big]$

附录 Ⅲ 拉氏变换主要公式表

$f(t)$	$F(s) = \int_0^\infty f(t)\mathrm{e}^{-st}\mathrm{d}t$
1. $a_1 f_1(t) + a_2 f_2(t)$	$a_1 F_1(s) + a_2 F_2(s)$，a_1 和 a_2 为常数
2. $f(at)$	$\dfrac{1}{a} F(\dfrac{s}{a})$ $a > 0$
3. $f(t - t_0)u(t - t_0)$	$\mathrm{e}^{-st_0}F(s)$ $t_0 > 0$
4. $\mathrm{e}^{s_0 t}f(t)$	$F(s - s_0)$
5. $f^{(n)}(t)$	$s^n F(s) - s^{n-1}f(0^+) - \cdots$ $- f^{(n-1)}(0^+)$ 要求 $f^{(m)}(t)$ $(m = 1, 2, \cdots, n-1)$ 是象原函数
6. $(-t)^n f(t)$	$F^{(n)}(s)$
7. $\dfrac{1}{t} f(t)$	$\int_s^\infty F(s)\mathrm{d}s$
8. $\int_0^t f(t)\mathrm{d}t$	$\dfrac{1}{s}F(s)$
9. $\int_0^t f_1(\tau)f_2(t - \tau)\mathrm{d}\tau$	$F_1(s)F_2(s)$
10. $f(t) = f(t + T)$	$\dfrac{\int_0^T f(t)\mathrm{e}^{-st}\mathrm{d}t}{1 - \mathrm{e}^{-Ts}}$
11. $\lim\limits_{t \to 0} f(t) = \lim\limits_{s \to \infty} sF(s)$	
12. $\lim\limits_{t \to \infty} f(t) = \lim\limits_{s \to 0} SF(s)$	要求 $\lim\limits_{t \to +\infty} f(t)$ 存在，$SF(s)$ 的奇点在 $\mathrm{Re}(s) < \sigma_0$ 内

附录 Ⅳ   拉氏变换简表

	$f(t)$	$F(s)$
1	1	$\dfrac{1}{s}$
2	e^{at}	$\dfrac{1}{s-a}$
3	$t^m \quad (m>-1)$	$\dfrac{\Gamma(m+1)}{s^{m+1}}$
4	$t^m e^{at} \quad (m>-1)$	$\dfrac{\Gamma(m+1)}{(s-a)^{m+1}}$
5	$\sin at$	$\dfrac{a}{s^2+a^2}$
6	$\cos at$	$\dfrac{s}{s^2+a^2}$
7	$\mathrm{sh}\ at$	$\dfrac{a}{s^2-a^2}$
8	$\mathrm{ch}\ at$	$\dfrac{s}{s^2-a^2}$
9	$t\sin at$	$\dfrac{2as}{(s^2+a^2)^2}$
10	$t\cos at$	$\dfrac{s^2-a^2}{(s^2+a^2)^2}$
11	$t\,\mathrm{sh}\ at$	$\dfrac{2as}{(s^2-a^2)^2}$
12	$t\,\mathrm{ch}\ at$	$\dfrac{s^2+a^2}{(s^2-a^2)^2}$

	$f(t)$	$F(s)$
13	$t^m \sin at \, (m > -1)$	$\dfrac{\Gamma(m+1)}{2\mathrm{i}(s^2+a^2)^{m-1}} \cdot \big[(s+\mathrm{i}a)^{m+1}$ $- (s-\mathrm{i}a)^{m+1}\big]$
14	$t^m \cos at \, (m > -1)$	$\dfrac{\Gamma(m+1)}{2(s^2+a^2)^{m+1}} \cdot \big[(s+\mathrm{i}a)^{m+1}$ $+ (s-\mathrm{i}a)^{m+1}\big]$
15	$\mathrm{e}^{-bt}\sin at$	$\dfrac{a}{(s+b)^2+a^2}$
16	$\mathrm{e}^{-bt}\cos at$	$\dfrac{s+b}{(s+b)^2+a^2}$
17	$\mathrm{e}^{-bt}\sin(at+c)$	$\dfrac{(s+b)\sin c + a\cos c}{(s+b)^2+a^2}$
18	$\mathrm{e}^{-bt}\cos(at+c)$	$\dfrac{(s+b)\cos c - a\sin c}{(s+b)^2+a^2}$
19	$\sin^2 at$	$\dfrac{2a^2}{s(s^2+4a^2)}$
20	$\cos^2 at$	$\dfrac{s^2+2a}{s(s^2+4a^2)}$
21	$\sin at \sin bt$	$\dfrac{2abs}{[s^2+(a+b)^2][s^2+(a-b)^2]}$
22	$\mathrm{e}^{at} - \mathrm{e}^{bt}$	$\dfrac{a-b}{(s-a)(s-b)}$
23	$a\mathrm{e}^{at} - b\mathrm{e}^{bt}$	$\dfrac{(a-b)s}{(s-a)(s-b)}$
24	$\dfrac{1}{a}\sin at - \dfrac{1}{b}\sin bt$	$\dfrac{b^2-a^2}{(s^2+a^2)(s^2+b^2)}$

	$f(t)$	$F(s)$
25	$\cos at - \cos bt$	$\dfrac{(b^2 - a^2)s}{(s^2 + a^2)(s^2 + b^2)}$
26	$\dfrac{1}{a^3}(at - \sin at)$	$\dfrac{1}{s^2(s^2 + a^2)}$
27	$\dfrac{1}{a^4}(\cos at - 1) + \dfrac{1}{2a^2}t^2$	$\dfrac{1}{s^3(s^2 + a^2)}$
28	$\dfrac{1}{a^4}(\operatorname{ch} at - 1) - \dfrac{1}{2a^2}t^2$	$\dfrac{1}{s^2(s^2 - a^2)}$
29	$\dfrac{2}{2a^3}(\sin at - at\cos at)$	$\dfrac{1}{(s^2 + a^2)^2}$
30	$\dfrac{1}{2a}(\sin at + at\cos at)$	$\dfrac{s^2}{(s^2 + a^2)^2}$
31	$\dfrac{1}{a^4}(1 - \cos at) - \dfrac{t}{2a^3}\sin at$	$\dfrac{1}{s(s^2 + a^2)^2}$
32	$(1 - at)e^{-at}$	$\dfrac{s}{(s + a)^2}$
33	$t\left(1 - \dfrac{a}{2}t\right)e^{-at}$	$\dfrac{s}{(s + a)^2}$
34	$\dfrac{1}{a}(1 - e^{-at})$	$\dfrac{1}{s(s + a)}$
35[1]	$\dfrac{1}{ab} + \dfrac{1}{b - a}\left(\dfrac{e^{-bt}}{b} - \dfrac{e^{-at}}{a}\right)$	$\dfrac{1}{s(s + a)(s + b)}$
36[1]	$\dfrac{e^{-at}}{(b - a)(c - a)} + \dfrac{e^{-bt}}{(a - b)(c - b)}$ $+ \dfrac{e^{-ct}}{(a - c)(b - c)}$	$\dfrac{1}{(s + a)(s + b)(s + c)}$

	$f(t)$	$F(s)$
37[1]	$\dfrac{ae^{-at}}{(c-a)(a-b)} + \dfrac{be^{-bt}}{(a-b)(b-c)}$ $+ \dfrac{ce^{-ct}}{(b-c)(c-a)}$	$\dfrac{s}{(s+a)(s+b)(s+c)}$
38[1]	$\dfrac{a^2e^{-at}}{(c-a)(b-a)} + \dfrac{b^2e^{-bt}}{(a-b)(c-b)}$ $+ \dfrac{c^2e^{-ct}}{(b-c)(a-c)}$	$\dfrac{s^2}{(s+a)(s+b)(s+c)}$
39[1]	$\dfrac{e^{-at} - e^{-bt}[1-(a-b)t]}{(a-b)^2}$	$\dfrac{1}{(s+a)(s+b)^2}$
40[1]	$\dfrac{[a-b(a-b)t]e^{-bt} - ae^{-at}}{(a-b)^2}$	$\dfrac{s}{(s+a)(s+b)^2}$
41	$e^{-at} - e^{\frac{at}{2}}\left(\cos\dfrac{\sqrt{3}\,at}{2} - \sqrt{3}\sin\dfrac{\sqrt{3}\,at}{2}\right)$	$\dfrac{3a^2}{s^3+a^3}$
42	$\sin at\,\text{ch}\,at - \cos at\,\text{sh}\,at$	$\dfrac{4a^3}{s^4+4a^4}$
43	$\dfrac{1}{2a^2}\sin at\,\text{sh}\,at$	$\dfrac{s}{s^4+4a^4}$
44	$\dfrac{1}{2a^3}(\text{sh}\,at - \sin at)$	$\dfrac{1}{s^4-a^4}$
45	$\dfrac{1}{2a^2}(\text{ch}\,at - \cos at)$	$\dfrac{s}{s^4-a^4}$
46	$\dfrac{1}{\sqrt{\pi t}}$	$\dfrac{1}{\sqrt{s}}$
47	$2\sqrt{\dfrac{t}{\pi}}$	$\dfrac{1}{s\sqrt{s}}$

	$f(t)$	$F(s)$
48	$\dfrac{1}{\sqrt{\pi t}}e^{at}(1+2at)$	$\dfrac{s}{(s-a)\sqrt{(s-a)}}$
49	$\dfrac{1}{2\sqrt{\pi t^3}}(e^{bt}-e^{at})$	$\sqrt{s-a}-\sqrt{s-b}$
50	$\dfrac{1}{\sqrt{\pi t}}\cos 2\sqrt{at}$	$\dfrac{1}{\sqrt{s}}e^{-\frac{a}{s}}$
51	$\dfrac{1}{\sqrt{\pi t}}\text{ch} 2\sqrt{at}$	$\dfrac{1}{\sqrt{s}}e^{\frac{a}{s}}$
52	$\dfrac{1}{\sqrt{\pi a}}\sin 2\sqrt{at}$	$\dfrac{1}{s\sqrt{s}}e^{-\frac{a}{s}}$
53	$\dfrac{1}{\sqrt{\pi a}}\text{sh} 2\sqrt{at}$	$\dfrac{1}{s\sqrt{s}}e^{\frac{a}{s}}$
54	$\dfrac{1}{t}(e^{bt}-e^{at})$	$\ln\dfrac{s-a}{s-b}$
55	$\dfrac{2}{t}\text{sh} at$	$\ln\dfrac{s+a}{s-a}$
56	$\dfrac{2}{t}(1-\cos at)$	$\ln\dfrac{s^2+a^2}{s^2}$
57	$\dfrac{2}{t}(1-\text{ch} at)$	$\ln\dfrac{s^2-a^2}{s^2}$
58	$\dfrac{1}{t}\sin at$	$\arctan\dfrac{a}{s}$
59	$\dfrac{1}{t}(\text{ch} at-\cos bt)$	$\ln\sqrt{\dfrac{s^2+b^2}{s^2-a^2}}$
60[2]	$\dfrac{1}{\pi t}\sin(2a\sqrt{t})$	$\text{erf}\left(\dfrac{a}{\sqrt{s}}\right)$

续附录 Ⅳ

	$f(t)$	$F(s)$
61[2]	$\dfrac{1}{\sqrt{\pi t}}\mathrm{e}^{-2a\sqrt{t}}$ $\quad(a>0)$	$\dfrac{1}{\sqrt{s}}\mathrm{e}^{\frac{a^2}{s}}\mathrm{erfc}\left(\dfrac{a}{\sqrt{s}}\right)$
62	$\mathrm{erfc}\left(\dfrac{a}{2\sqrt{t}}\right)$	$\dfrac{1}{s}\mathrm{e}^{-a\sqrt{s}}$
63	$\dfrac{1}{\sqrt{t}}\mathrm{e}^{-\frac{a^2}{4t}}$ $\quad(a\geqslant0)$	$\sqrt{\dfrac{\pi}{s}}\mathrm{e}^{-a\sqrt{s}}$
64	$\mathrm{erf}\left(\dfrac{t}{2a}\right)$ $\quad(a>0)$	$\dfrac{1}{s}\mathrm{e}^{a^2s^2}\mathrm{erfc}(as)$
65	$\dfrac{1}{\sqrt{\pi(t+a)}}(a>0)$	$\dfrac{1}{\sqrt{s}}\mathrm{e}^{as}\mathrm{erfc}(\sqrt{as})$
66	$\dfrac{1}{\sqrt{a}}\mathrm{erf}(\sqrt{at})$	$\dfrac{1}{s\sqrt{s+a}}$
67	$\dfrac{1}{\sqrt{a}}\mathrm{e}^{at}\mathrm{erf}(\sqrt{at})$	$\dfrac{1}{\sqrt{s(s-a)}}$
68	$\dfrac{1}{\sqrt{\pi t}}-\sqrt{a}\,\mathrm{e}^{at}\mathrm{erfc}(\sqrt{at})$	$\dfrac{1}{\sqrt{s}+\sqrt{a}}$
69	$\mathrm{e}^{at}\mathrm{erfc}(\sqrt{at})$	$\dfrac{1}{\sqrt{s}(\sqrt{s}+\sqrt{a})}$
70	$\left[\dfrac{t}{a}\right]$ $\quad(a>0)$	$\dfrac{1}{s(\mathrm{e}^{as}-1)}$
71	$|\cos at|$ $\quad(a>0)$	$\dfrac{1}{s^2+a^2}\left(s+\mathrm{ch}^{-1}\dfrac{\pi s}{2a}\right)$
72	$|\sin at|$ $\quad(a>0)$	$\dfrac{a}{s^2+a^2}\mathrm{cth}\dfrac{\pi s}{2a}$
73	$\delta(t)$	1

	$f(t)$	$F(s)$
74	$\delta(t-a)$ $(a>0)$	e^{-as}
75	$\delta'(t)$	s
76	sgn t	$\dfrac{2}{s}$
77	$u(t)$	$\dfrac{1}{s}$
78	$tu(t)$	$\dfrac{1}{s^2}$
79	$t^m u(t)$ $(m>-1)$	$\dfrac{1}{s^{m+1}}\Gamma(m+1)$
80	$\dfrac{1}{\sqrt{\pi t}}\sin\dfrac{1}{2t}$	$\dfrac{1}{\sqrt{s}}e^{-\sqrt{s}}\sin\sqrt{s}$
81	$\dfrac{1}{\sqrt{\pi t}}\cos\dfrac{1}{2t}$	$\dfrac{1}{\sqrt{s}}e^{-\sqrt{s}}\cos\sqrt{s}$
82	$\dfrac{1}{\sqrt{\pi t}}\sin at$	$\sqrt{\dfrac{\sqrt{s^2+a^2}-s}{s^2+a^2}}$
83	$\dfrac{1}{\sqrt{\pi t}}\cos at$	$\sqrt{\dfrac{\sqrt{s^2+a^2}+s}{s^2+a^2}}$
84[3]	$J_0(at)$	$\dfrac{1}{\sqrt{s^2+a^2}}$
85[3]	$I_0(at)$	$\dfrac{1}{\sqrt{s^2-a^2}}$
86	$e^{-\frac{at}{2}}I_0(at)$	$\dfrac{1}{\sqrt{s}\sqrt{s+a}}$

	$f(t)$	$F(s)$
87	$\dfrac{1}{at}J_1(at)$	$\dfrac{1}{s+\sqrt{s^2+a^2}}$
88	$J_m(t)$	$\dfrac{(\sqrt{s^2+1}-s)^n}{\sqrt{s^2+1}}$
89	$\dfrac{1}{t}J_n(at)$ $(n>0)$	$\dfrac{1}{na^n}(\sqrt{s^2+a^2}-s)^n$
90	$t^{\frac{m}{2}}J_n(2\sqrt{t})$	$\dfrac{1}{s^{n+1}}\mathrm{e}^{-\frac{1}{s}}$
91[4]	sit	$\dfrac{1}{s}\mathrm{arc\,cot}\,s$
92[5]	cit	$\dfrac{1}{s}\ln\dfrac{1}{\sqrt{s^2+1}}$
93[6]	$-\mathrm{Ei}(-t)$	$\dfrac{1}{s}\ln(1+s)$
94	$\displaystyle\int_t^\infty \dfrac{I_0(t)}{t}\mathrm{d}t$	$\dfrac{1}{s}\ln(s+\sqrt{s^2+1})$
95[7]	$s(t)$	$\dfrac{1}{2s}\sqrt{\dfrac{\sqrt{s^2+a^2}-s}{s^2+a^2}}$

注释

[1] 式中 a,b,c 为不相等的常数.

[2] $\mathrm{erf}(x)=\dfrac{2}{\sqrt{\pi}}\displaystyle\int_0^x \mathrm{e}^{-t^2}\mathrm{d}t$ 称为误差函数.

$\mathrm{erfc}(x)=1-\mathrm{erf}(x)=\dfrac{2}{\sqrt{\pi}}\displaystyle\int_x^\infty \mathrm{e}^{-t^2}\mathrm{d}t$ 称为余误差函数.

[3] $J_n(z)=\displaystyle\sum_{k=0}^{\infty}\dfrac{(-1)^k}{k!\,\Gamma(n+k+1)}\left(\dfrac{z}{2}\right)^{n+2k}$ 称为第一类 n 阶贝塞尔(Bessel)函数.

$I_n(z)=\mathrm{i}^{-n}J_n(\mathrm{i}z)=\displaystyle\sum_{k=0}^{\infty}\dfrac{1}{k!\,\Gamma(n+k+1)}\left(\dfrac{z}{2}\right)^{n+2k}.$

称为第一类虚宗量的贝塞尔函数,或称为第一类变形的贝塞尔函数.

[4] $\mathrm{sit} = \displaystyle\int_0^t \frac{\sin t}{t}\mathrm{d}t$ 称为正弦积分.

[5] $\mathrm{cit} = \displaystyle\int_{-\infty}^t \frac{\cos t}{t}\mathrm{d}t$ 称为余弦积分.

[6] $\mathrm{Ei}(t) = \displaystyle\int_{-\infty}^t \frac{\mathrm{e}^t}{t}\mathrm{d}t$ 称为指数积分.

[7] $s(t) = \displaystyle\int_0^t \frac{\sin t}{\sqrt{2\pi t}}\mathrm{d}t$；$c(t) = \displaystyle\int_0^t \frac{\cos t}{\sqrt{2\pi t}}\mathrm{d}t$ 称为结尔纳积分.

习题答案

习题一

1. (1) i;

   (2) $-2 + 2i$;

   (3) $\dfrac{1}{2}(3 - 5i)$;

   (4) $5 + 14i$.

2. (1) $\dfrac{x}{x^2 + y^2}, -\dfrac{y}{x^2 + y^2}$;

   (2) $\dfrac{3x^2 + 5x + 2 + 3y^2}{(3x + 2)^2 + 9y^2}, -\dfrac{y}{(3x + 2)^2 + 9y^2}$;

   (3) $x^3 - 3xy^2, 3x^2 y - y^3$.

3. (1) $2e^{\frac{2\pi}{3}i}$;

   (2) $e^{\frac{\pi}{2}i}$;

   (3) $2\cos \dfrac{\theta}{2} e^{\frac{\theta}{2}i}$（或 $2\cos \dfrac{\theta}{2}(\cos \dfrac{\theta}{2} + i\sin \dfrac{\theta}{2})$）;

   (4) $e^{\pi i}$.

4. $z_1 z_2 = 2e^{\frac{\pi}{12}i}, \dfrac{z_1}{z_2} = \dfrac{1}{2} e^{\frac{5}{12}\pi i}$.

5. (1) $e^{\frac{\frac{\pi}{2} + 2k\pi}{3}i}$ $\quad (k = 0,1,2)$;

   (2) $-16(\sqrt{3} + i)$;

   (3) $\sqrt[4]{2} e^{\frac{\frac{\pi}{4} + 2k\pi}{2}i}$ $\quad (k = 0,1)$.

6. 利用 $|z^2 + 1| \leqslant |z|^2 + 1$.

7. $\cos 3\theta = \cos^3 \theta - 3\cos\theta \cdot \sin^2 \theta$.

8. 利用 $z\bar{z} = |z|^2$.

9. 提示：证明 $P(\bar{z}_0) = \overline{P(z_0)}$.

10. (1) $z_k = e^{\frac{2k+1}{4}\pi i}$ $\quad (k = 0,1,2,3)$;

（2）$z_k = \mathrm{e}^{\frac{2k\pi}{5}i} - \mathrm{i}$ （$k = 0,1,2,3,4$）.

14．（1）负实轴；

（2）$x = \dfrac{1}{2}$ 直线；

（3）右半平面：$\{x + \mathrm{i}y \mid x > 0\}$；

（4）以 $-\mathrm{i}$ 为中心、半径分别为 1 和 2 的同心开圆环；

（5）以原点为中心、2 为半径、虚部大于 1 的圆内弓形区域；

（6）以原点为中心、半径为 2 的圆外，与以 3 为中心、半径为 1 的圆外的公共区域；

（7）以 1 为中心、半径为 2、幅角从 0 到 $\dfrac{\pi}{4}$ 的扇形区域；

（8）以 $y = x$ 为分割线的右下半平面.

习题二

1．左半平面：$G = \{w = u + \mathrm{i}v; u < 0\}$.

2．带域：$G = \{w = u + \mathrm{i}v; 0 < v < 8\}$.

3．圆域：$G = \{w = u + \mathrm{i}v; (u - 3)^2 + v^2 < r^2\}$ 或
$G = \{w; |w - 3| < r\}$.

4．提示：改写 $\dfrac{f(z)}{g(z)} = \dfrac{f(z) - f(z_0)}{g(z) - g(z_0)}$.

5．（1）1；

（2）不存在.

6．（1）$z_1 = 0, z_2 = \mathrm{i}, z_3 = -\mathrm{i}$；

（2）$z_k = a\mathrm{e}^{\frac{(2k+1)\pi}{4}\mathrm{i}}$ （$k = 0,1,2,3$）；

（3）$z = 0$；

（4）$z_k = k\pi\mathrm{i}$ （$k = 0, \pm 1, \pm 2, \cdots$）.

8．（1）在 $(x, y) = (0, 0)$ 可导，但在全平面上处处不解析；

（2）在直线 $y = x$ 上可导，但在全平面上处处不解析；

（3）在全平面 $\mathbb{C}$ 上处处可导，解析；

（4）除在 $z = \mathrm{i}$ 点外处处解析.

10．（1）是；

（2）否.

12. 是.

14. (1) $u(x,y) = -\dfrac{x}{x^2+y^2} + \dfrac{1}{2}$, $\quad f(z) = \dfrac{1}{2} - \dfrac{1}{z}$;

   (2) $u(x,y) = 2(x^2 - y^2) + 1$, $\quad f(z) = 2z^2 + 1$;

   (3) $v(x,y) = - e^x \cos y + C$, $\quad f(z) = - ie^z + iC$;

   (4) $u(x,y) = \dfrac{1}{2}\ln(x^2 + y^2) + C$, $\quad f(z) = \ln z + C$.

15. $a = d = 2, b = c = -1$.

17. (1) $i^{1+i} = ie^{-(\frac{\pi}{2}+2k\pi)}$, 或 $e^{(-\frac{1}{2}+2k)\pi} \cdot e^{(\frac{1}{2}+2k)\pi i} (k = 0, \pm 1, \pm 2, \cdots)$;

   (2) $\cos 2 \cdot \text{ch}1 + i\sin 2 \cdot \text{sh}1$;

   (3) $\ln 5 + i\left[(2k+1)\pi - \arctan \dfrac{4}{3}\right]$ $(k = 0, \pm 1, \pm 2, \cdots)$;

   (4) $e^{(\frac{1}{4}+2k)\pi} \cdot e^{i\frac{\ln 2}{2}}$ $(k = 0, \pm 1, \pm 2, \cdots)$;

   (5) $e^{r_0 \cos\theta_0}$.

18. (1) $e^{3x+2}\cos 3y, e^{3x+2}\sin 3y$;

   (2) $\sin(e^x\cos y + 1) \cdot \text{ch}(e^x\sin y), \cos(e^x\cos y + 1) \cdot \text{sh}(e^x\sin y)$;

   (3) $e^{-2x}\cos(1 - 2y), e^{-2x}\sin(1 - 2y)$;

   (4) $e^{x/(x^2+y^2)} \cdot \cos \dfrac{y}{x^2+y^2}, - e^{x/(x^2+y^2)} \cdot \sin \dfrac{y}{x^2+y^2}$.

19. (1) 成立;

   (2) 当 $\arg z \neq \pi$ 时成立;

   (3) 成立.

20. (1) $z_k = \ln 2 + i(\dfrac{1}{3} + 2k)\pi$ $(k = 0, \pm 1, \pm 2, \cdots)$;

   (2) $z_k = (\dfrac{1}{2} + 2k)\pi i$ $(k = 0, \pm 1, \pm 2, \cdots)$;

   (3) $z = e^{\frac{\pi}{2}i}$.

习题三

1. (1) $2 + \dfrac{i}{2}$.

   (2) (a) $2\pi i$; (b) 1.

   (3) $- \dfrac{i}{3}$.

2. π.

3. 0.

4. 提示:原积分 $= -\mathrm{i}\,\dfrac{1}{r^k}\displaystyle\oint_C f(z)(z-z_0)^{k-1}\mathrm{d}z = 0$,

   其中 $C: |z-z_0| = r > 0$.

5. 提示:$\dfrac{f'(z)}{f(z)}$ 在 C 及其内部解析.

6. (1) 成立;

   (2) 不成立.

7. (1) $2\pi\mathrm{i}$;

   (2) 0;

   (3) 0;

   (4) $\pi\mathrm{i}$;

   (5) 0;

   (6) 0.

8. (1) $-8\pi\mathrm{i}$;

   (2) $-\dfrac{2\pi\mathrm{i}}{3}$;

   (3) 0;

   (4) $-\dfrac{11}{126}\pi\mathrm{i}$.

9. $\displaystyle\oint_C \dfrac{f^{(n)}(z)}{z-z_0}\mathrm{d}z = n!\displaystyle\oint_C \dfrac{f(z)}{(z-z_0)^{n+1}}\mathrm{d}z$.

10. 提示:利用柯西积分公式.

11. 提示:令 $z = \mathrm{e}^{\mathrm{i}\theta}(0 \leqslant \theta \leqslant 2\pi)$,则

    $\mathrm{e}^z = \mathrm{e}^{\mathrm{e}^{\mathrm{i}\theta}} = \mathrm{e}^{\cos\theta}[\cos(\sin\theta) + \mathrm{i}\sin(\sin\theta)]$.

12. (1) $2\pi\mathrm{i}\cos 1$;

    (2) 0;

    (3) $\dfrac{\pi^4}{3}\mathrm{i}$;

    (4) $\pi t^2\mathrm{i}$;

    (5) $-\dfrac{\pi}{54}$;

    (6) $10\pi\mathrm{i}$;

(7) $2\pi i$.

13. 提示：作 $g(z) = \dfrac{1}{f(z)}$，利用柳维尔定理.

14. 提示：作 $F(z) = e^{f(z)}$ 或 $F(z) = \dfrac{1}{f(z) - (M+1)}$，利用柳维尔定理.

习题四

1. (1)（条件）收敛；

   (2) 发散.

2. $2\pi i$.

3. (1) $R = \dfrac{1}{2}, |z| < \dfrac{1}{2}$；

   (2) $R = 1, |z-1| < 1$；

   (3) $R = 1, |z| < 1$；

   (4) $R = 1, |z| < 1$；

   (5) $R = e, |z| < e$；

   (6) $R = 0$；

   (7) $R = +\infty$；

   (8) $R = 1, |z| < 1$.

4. (1) $\dfrac{z-1}{z+1} = \displaystyle\sum_{n=0}^{\infty} (-1)^n \dfrac{(z-1)^{n+1}}{2^{n+1}} \quad |z-1| < 2$；

   (2) $e^z = e\left(\displaystyle\sum_{n=0}^{\infty} \dfrac{(z-1)^n}{n!}\right) \quad |z-1| < +\infty$；

   (3) $\dfrac{1}{1+z^2} = \displaystyle\sum_{n=0}^{\infty} (-1)^n z^{2n} \quad |z| < 1$；

   (4) $\dfrac{1}{(z-2)^2} = \displaystyle\sum_{n=1}^{\infty} n(z-1)^{n-1} \quad |z-1| < 1$；

   (5) $\dfrac{1}{z^2-2z+10} = \dfrac{1}{9}\displaystyle\sum_{n=0}^{\infty} (-1)^n \dfrac{(z-1)^{2n}}{3^{2n}} \quad |z-1| < 3$.

5. (1) $\dfrac{1}{(1+z^2)^2} = \displaystyle\sum_{n=0}^{\infty} (-1)^n (n+1) z^{2n} \quad |z| < 1$；

   (2) $\sin(z^2) = \displaystyle\sum_{n=0}^{\infty} (-1)^n \dfrac{z^{2(2n+1)}}{(2n+1)!} \quad |z| < +\infty$；

(3) $z^2 e^z = \sum\limits_{n=0}^{\infty} \dfrac{z^{n+2}}{n!}$ $|z| < +\infty$.

7. 提示:由 $|\operatorname{Re} C_n| \leqslant |C_n|$.

13. (1) $-\sum\limits_{n=1}^{\infty} \dfrac{z^{n-1}}{3^n} - \sum\limits_{n=1}^{\infty} \dfrac{2^{n-1}}{z^n}$ $2 < |z| < 3$;

(2) $\sum\limits_{n=1}^{\infty} \dfrac{(-1)^{n-1} n}{(z-1)^n}$ $|z-1| > 1$;

(3) $\sin\dfrac{z}{z+1} = -\cos 1 \sum\limits_{n=0}^{\infty} \dfrac{(-1)^n}{(2n+1)!(z+1)^{2n+1}}$

$\qquad\qquad\qquad + \sin 1 \cdot \sum\limits_{n=0}^{\infty} \dfrac{(-1)^n}{2n!(z+1)^{2n}}$ $0 < |z+1| < +\infty$;

(4) $e^{-1/z^2} = \sum\limits_{n=0}^{\infty} (-1)^n \dfrac{1}{n! z^{2n}}$ $(0! = 1), 0 < |z| < +\infty$;

(5) $\dfrac{1}{z(z^2+1)} = \sum\limits_{n=0}^{\infty} (-1)^n z^{2n-1}$ $0 < |z| < 1$;

$\qquad \dfrac{1}{z(z^2+1)} = \sum\limits_{n=0}^{\infty} \dfrac{(-1)^n}{z^{2n+3}}$ $1 < |z| < +\infty$;

(6) $\dfrac{1}{z(z+2)^3} = -\sum\limits_{n=0}^{\infty} \dfrac{(z+2)^{n-3}}{2^{n+1}}$, $0 < |z+2| < 2$;

(7) $\dfrac{1}{(1-z)^3} = \dfrac{1}{2} \sum\limits_{n=2}^{\infty} n(n-1) z^{n-2}$ $|z| < 1$.

15. 提示:取 $C : |z| = 1$. 由罗朗级数的系数公式

$$C_n = J_n(t) = \dfrac{1}{2\pi i} \oint\limits_{|z|=1} \dfrac{e^{\frac{t(z-\frac{1}{z})}{2}}}{z^{n+1}} dz \quad (n = 0, \pm 1, \cdots)$$

再令 $z = e^{i\theta}, 0 \leqslant \theta \leqslant 2\pi$,代入计算而得.

习题五

1. (1) $z = 0$ 单极点;$z = \pm i$ 二级极点;

(2) $z_k = e^{\frac{(2k+1)\pi}{4} i} (k = 0, 1, 2, 3)$ 为单极点;

(3) $z = 0$,三级极点;

(4) $z = 0$,本性奇点;

(5) $z = 0$,可去奇点;$z_k = \dfrac{2k\pi i}{a}$ ($k = \pm 1, \pm 2, \cdots$)二级极点;

(6) $z = 1$,本性奇点;

(7) $z = 1$ 二级极点;

(8) $z = 2i - 1$ 与 $z = -2i - 1$,都是单极点.

2. (1) 单极点 $z_k = e^{\frac{(2k+1)}{4}\pi i}$ ($k = 0, 1, 2, 3$)

$$\text{Res}\left[\frac{1}{z^4 + 1}; z_k\right] = \frac{1}{4} e^{\frac{(2k-3)\pi i}{4}} \quad (k = 0, 1, 2, 3)$$

(2) 单极点 $z_k = k\pi + \dfrac{\pi}{2}$ ($k = 0, \pm 1, \pm 2, \cdots$)

$$\text{Res}[\tan z; z_k] = -1$$

(3) $\text{Res}\left[\dfrac{1 - e^{2z}}{z^n}; 0\right] = \begin{cases} 0, & n = 1, \\ -\dfrac{2^{n-1}}{(n-1)!}, & n > 1; \end{cases}$

(4) $\text{Res}(f; 0) = 2$,其中 $z = 0$ 为二级极点;

(5) $\text{Res}(f; 2) = 1$,其中 $z = 2$ 为本性奇点;

(6) $\text{Res}(f; 0) = 0$, $\text{Res} f(k\pi) = \dfrac{(-1)^k}{k\pi}$;

(7) $\text{Res}(f; 1) = -\cos 1$;

(8) $\text{Res}(f; 1) = 2\dfrac{1}{6}$;

(9) $\text{Res}(f; -1) = (-1)^{n+1} \dfrac{2n!}{(n-1)!(n+1)!}$;

(10) $\text{Res}(f; 0) = \displaystyle\sum_{n=0}^{\infty} \dfrac{(-1)^n}{(n!)^2} t^n$.

3. (1) 0;

(2) $-2\pi i$;

(3) 0;

(4) $\sin t$;

(5) $4\pi i$;

(6) $6\pi i$;

(7) $10\pi i$;

(8) $2\pi i \sin 1$;

(9) $10\pi i$.

4. (1) $2\pi m z_0 i$;

(2) $-2\pi m z_0 i$.

5. $\text{Res}[f_1(z) \cdot f_2(z); z_0] = \varphi_2'(z_0)\text{Res}[f_1(z); z_0]$
$$+ \varphi_1'(z_0)\text{Res}[f_2(z); z_0].$$

*6. (1) 本性奇点，$\text{Res}(f; \infty) = 0$；

   (2) 可去奇点，$\text{Res}(f; \infty) = -1$；

   (3) 本性奇点，$\text{Res}(f; \infty) = 0$；

   (4) 二级极点，$\text{Res}(f; \infty) = \dfrac{1}{3}$；

   (5) 可去奇点，$\text{Res}(f; \infty) = -1$.

*7. (1) $2\pi i$；

   (2) $n \neq 1$ 时积分值为 0；$n = 1$ 时积分值为 $2\pi i$；

   (3) $2\pi i$.

8. (1) $\dfrac{2\pi}{\sqrt{3}}$；

   (2) $\dfrac{\pi}{\sqrt{5}}$；

   (3) $\dfrac{2\pi}{1 - \rho^2}$；

   (4) $\dfrac{\pi}{\sqrt{2}}$；

   (5) $\dfrac{\pi a}{(a^2 - b^2)^{3/2}}$.

9. 提示：$\displaystyle\int_0^\pi \sin^{2n}\theta \mathrm{d}\theta = \frac{1}{2}\int_0^{2\pi} \sin^{2n}\theta \mathrm{d}\theta$.

10. (1) $\dfrac{\pi}{3}$；

   (2) $\dfrac{\pi}{4a}$；

   (3) $\dfrac{\pi}{10}$；

   (4) $\dfrac{(2n)!}{(n!)^2 2^{2n}}\pi$.

11. (1) $\dfrac{\pi}{2e}$；

   (2) $\dfrac{\pi}{2e}$；

(3) $\dfrac{\pi}{a\mathrm{e}^{ab}}$;

(4) $\dfrac{\pi(a\mathrm{e}^{-b}-b\mathrm{e}^{-a})}{2ab(a^2-b^2)}$;

(5) $\dfrac{\pi}{4b^3}(1+ab)\mathrm{e}^{-ab}$;

(6) $\dfrac{\pi}{b}\mathrm{e}^{-bt}\sin at$.

习题六

1. $\dfrac{5}{12}\pi$.

2. (1) 以 $w_1=-1,w_2=-\mathrm{i},w_3=\mathrm{i}$ 为顶点的三角形;

  (2) 闭圆域 $\{w;|w-\mathrm{i}|\leqslant 1\}$.

4. (1) $\{w;\operatorname{Im}w>1\}$;

  (2) $\{w;\operatorname{Im}w>\operatorname{Re}w\}$;

  (3) $\{w;-1<\operatorname{Re}w<1\text{ 且 }\operatorname{Im}w>0\}$;

  (4) 过原点的圆周曲线或直线: $\gamma(u^2+v^2)+au-\beta v=0$;

  (5) $\{w;|w-(-1+\mathrm{i})|=1\}$ 或
    $\{w=u+\mathrm{i}v;(u+1)^2+(v-1)^2=1\}$;

  (6) $\{w;|w+\dfrac{\mathrm{i}}{2}|>\dfrac{1}{2}\text{ 且 }\operatorname{Re}w>0,\operatorname{Im}w<0\}$.

5. (1) $w=\dfrac{z-\mathrm{i}}{z+\mathrm{i}}$;

  (2) $w=-\mathrm{i}\dfrac{z-\mathrm{i}}{z+\mathrm{i}}$.

6. (1) $w=-\dfrac{\mathrm{i}(2z-1)}{2-z}$;

  (2) $w=\dfrac{2z-1}{z-2}$;

  (3) $w=-\mathrm{i}z$.

7. (1) $w=\dfrac{3z+2\mathrm{i}}{z\mathrm{i}+6}$;

  (2) $w=\dfrac{(1+\mathrm{i})(z-\mathrm{i})}{(1+z)+3\mathrm{i}(1-z)}$.

8. $w=-\mathrm{i}\dfrac{z-1}{z+1}$,将 $\{z;|z|<1\}$ 映为 $\{w=u+\mathrm{i}v;v>0\}$.

9. $w = \dfrac{1}{1-z}$,将 $\{x + \mathrm{i}y; y > 0\}$ 映为 $\{u + \mathrm{i}v; v > 0\}$.

10. $w = 2\dfrac{z-2}{z}$.

11. $w = z - \mathrm{i}$.

12. $w = \dfrac{1 + \mathrm{e}^z}{1 - \mathrm{e}^z}$.

14. 上半单位圆内部: $\{w; |w| < 1 \text{ 且 } \operatorname{Im} w > 0\}$.

15. (1) $\{w; |w| < 1\}$;

    (2) $\{w = u + \mathrm{i}v, u < 0\}$.

16. (1) $w = \dfrac{\mathrm{e}^{\frac{\pi z}{a}\mathrm{i}} - \mathrm{i}}{\mathrm{e}^{\frac{\pi z}{a}\mathrm{i}} + \mathrm{i}}$;

    (2) $w = \dfrac{z^4 - \mathrm{i}}{z^4 + \mathrm{i}}$;

    (3) $w = \dfrac{(z^4 + 2^4)^2 - \mathrm{i}(z^4 - 2^4)^2}{(z^4 + 2^4)^2 + \mathrm{i}(z^4 - 2^4)^2}$.

17. $w = -\dfrac{z^2 - 2\mathrm{i}}{z^2 + 2\mathrm{i}}$.

18. $w = \mathrm{e}^{\mathrm{i}(\varphi_0 + \frac{\pi}{2})} \cdot \dfrac{z - \mathrm{i}}{z + \mathrm{i}}$.

19. (1) $w = \mathrm{e}^{\frac{2\pi z}{z-2}\mathrm{i}}$ 或 $w = \mathrm{e}^{-\pi\frac{z+2}{z-2}\mathrm{i}}$;

    (2) $w = \operatorname{ch}\dfrac{\pi z}{a}$ 或 $w = -\dfrac{\operatorname{ch}^2 \dfrac{\pi z}{2a}}{\operatorname{sh}^2 \dfrac{\pi z}{2a}}$

习题七

1. (1) $\dfrac{1}{s^2 + 4}$;

    (2) $\dfrac{a}{s^2 - a^2}$;

    (3) $\dfrac{1}{2s} + \dfrac{s}{2(s^2 + 4)}$;

    (4) $\dfrac{2}{s^3}$.

2. (1) $\dfrac{1}{s^2 + 1}(1 + \mathrm{e}^{-\pi s})$;

(2) $\dfrac{1}{s}(e^{-s} - e^{-2s})$, Res > 0.

3. (1) $\dfrac{1}{2}\sin 2t$;

   (2) $\dfrac{1}{2}(5e^{-5t} - 3e^{-3t})$;

   (3) $t - \dfrac{t^2}{2!} + \dfrac{t^3}{3!} - \dfrac{t^4}{4!}$.

5. (1) $\dfrac{1}{s} - \dfrac{1}{(s-1)^2}$;

   (2) $\dfrac{s}{(s^2 + a^2)^2}$;

   (3) $\dfrac{5}{(s+2)^2 + 5^2}$;

   (4) $\dfrac{1}{s}e^{-\frac{4}{3}s}$;

   (5) $\left(\dfrac{2}{s^3} + \dfrac{2}{s^2} + \dfrac{1}{s}\right)e^{-s}$;

   (6) $\dfrac{\Gamma\left(\dfrac{3}{2}\right)}{(s+\lambda)^{3/2}}$;

   (7) $n!\left(\dfrac{1}{s^{n+1}} + \dfrac{1}{s^n} + \dfrac{1}{2!s^{n-1}} + \cdots + \dfrac{1}{n!s}\right)$;

   (8) $\dfrac{1}{s}e^{-2s}$;

   (9) $\dfrac{\cos 2 + s\sin 2}{s^2 + 1}e^{-2s}$.

6. (1) $\dfrac{1 - e^{-2(s+1)}}{(s+1)(1 - e^{-2s})}$;

   (2) $\dfrac{1}{s(1 + e^{-s})}$;

   (3) $\dfrac{A}{s}\dfrac{e^{-\tau s}}{1 - e^{-\tau s}}$.

7. (1) $\dfrac{\pi}{2}$.

   (2) $\ln \dfrac{b}{a}$.

8. (1) $\dfrac{1}{s[(s+1)^2 + 1]}$;

   (2) $\dfrac{1}{s^2}\dfrac{3s^2 + 4s + 2}{[(s+1)^2 + 1]^2}$;

(3) $\dfrac{1}{s}\left[\dfrac{\pi}{2} - \text{arc tan}(s+1)\right]$;

(4) $\dfrac{4(s+3)}{[(s+3)^2+4]^2}$;

(5) $\dfrac{2}{s[(s+3)^2+4]}$.

9. (1) $\dfrac{1}{2}e^t - e^{2t} + \dfrac{1}{2}e^{3t}$;

(2) $e^t - e^{-t}(\cos 2t - \dfrac{3}{2}\sin 2t)$;

(3) $\dfrac{1}{3}(\cos t - \cos 2t)$;

(4) $[1 - \cos(t-1)]u(t-1)$;

(5) $\dfrac{2}{t}\text{sh}t$;

(6) $\dfrac{2}{t}(1 - \cos t)$;

(7) $\dfrac{1}{4}t\sin 2t$;

(8) $\dfrac{1}{2}(\sin t - te^{-t})$.

10. (1) $\dfrac{1}{2}t\sin t$;

(2) $e^t - t - 1$;

(3) $\begin{cases} 0, & t < a; \\ \displaystyle\int_a^t f(t-\tau)\mathrm{d}\tau, & t \geq a. \end{cases}$

(4) $\text{sh}t - t$.

11. (1) $y(t) = \dfrac{3}{8}e^t - \dfrac{1}{4}e^{-t} - \dfrac{1}{8}e^{-3t}$;

(2) $-2\sin t - \cos 2t$;

(3) $te^t\sin t$;

(4) $\dfrac{1}{2}t\sin t$;

(5) $y(t) = 3\cos 2t - \sin 2t + \dfrac{1}{4}(1 - \cos 2t)$

$\qquad\qquad - \dfrac{1}{4}[1 - \cos 2(t-4)]u(t-4)$.

12. (1) $-3 + 5t - t^2$;

(2) sh t.

13. (1) $\begin{cases} x(t) = \mathrm{e}^t \\ y(t) = \mathrm{e}^t \end{cases}$;

(2) $\begin{cases} x(t) = \dfrac{1}{3}(\mathrm{e}^t + 2\cos 2t + \sin 2t) \\ y(t) = \dfrac{1}{3}(2\mathrm{e}^t - 2\cos 2t - \sin 2t) \end{cases}$;

(3) $\begin{cases} x(t) = -\dfrac{7}{5}\mathrm{e}^t + \dfrac{1}{2}(5 + t - t^2) - \dfrac{1}{20}(\sin 2t + 2\cos 2t) \\ y(t) = \dfrac{21}{5}\mathrm{e}^t + 2t + \dfrac{1}{5}(2\sin 2t - \cos 2t) \end{cases}$;

(4) $\begin{cases} y(t) = \displaystyle\int_0^t f(\tau)[1 - 2\cos(t - \tau)]\mathrm{d}\tau \\ z(t) = -\displaystyle\int_0^t f(\tau)\cos(t - \tau)\mathrm{d}\tau. \end{cases}$